基于区块链的IoT项目实践
——IoT设备、数据的可信应用

熊晓芸 申玉民 胡殿凯 叶晓云 王金龙 ◎ 编著

清華大学出版社
北京

内 容 简 介

本书深入剖析了区块链与物联网技术的融合，并详细分析了这两项前沿技术在各个领域内的应用潜力以及它们结合带来的创新性变革。全书共10章，系统介绍了从区块链技术的基本知识到物联网的核心理论，进而探讨了两者的深度融合过程。每章内容都围绕理论与实践相结合的原则逐步深入，最终通过两个综合实践项目展示了理论的实际应用。

本书分为三部分：第一部分（第1～4章）聚焦区块链与物联网的基础知识及关键技术。这部分内容主要涵盖了区块链与物联网的基本概念、原理、核心技术，以及两种技术融合的趋势与所面临的挑战；第二部分（第5～8章）聚焦"区块链＋物联网"应用项目的关键环节，包括区块链网络环境搭建、物联网设备接入与数据上链、项目性能评测等，详细解析了每个环节的关键实现要素；第三部分（第9、10章）聚焦项目实践，通过构建两个实践项目，从项目背景、需求分析、区块链网络设计到智能合约设计等方面，全面展示了项目的完整构建流程，旨在帮助读者通过实践操作深入理解和掌握项目开发的各方面。

本书适用于高等院校计算机、物联网等相关专业的高年级本科生和研究生课程。读者应具备基础的计算机开发知识和经验。此外，本书亦可作为区块链与物联网技术爱好者及行业从业人员的参考书，同时适合用作相关培训机构的教学指导书。

版权所有，侵权必究。举报：010-62782989，beiqinquan@tup.tsinghua.edu.cn。

图书在版编目（CIP）数据

基于区块链的IoT项目实践 ：IoT设备、数据的可信应用 / 熊晓芸等编著. -- 北京 ：清华大学出版社，2024. 9. --（清华科技大讲堂丛书）. -- ISBN 978-7-302-67112-1

Ⅰ. TP393.4;TP18

中国国家版本馆CIP数据核字第20240VW888号

责任编辑： 贾 斌
封面设计： 刘 键
责任校对： 郝美丽
责任印制： 刘海龙

出版发行： 清华大学出版社
网　　址： https://www.tup.com.cn，https://www.wqxuetang.com
地　　址： 北京清华大学学研大厦A座　　**邮　　编：** 100084
社 总 机： 010-83470000　　**邮　　购：** 010-62786544
投稿与读者服务： 010-62776969，c-service@tup.tsinghua.edu.cn
质量反馈： 010-62772015，zhiliang@tup.tsinghua.edu.cn
课件下载： https://www.tup.com.cn，010-83470236
印 装 者： 艺通印刷（天津）有限公司
经　　销： 全国新华书店
开　　本： 185mm×260mm　　**印　　张：** 13.75　　**字　　数：** 338千字
版　　次： 2024年9月第1版　　**印　　次：** 2024年9月第1次印刷
印　　数： 1～1500
定　　价： 59.00元

产品编号：101703-01

前言

本书系统概述了区块链与物联网的融合应用，旨在深入理解并应用这一领域的关键知识。它全面探讨了两种技术的发展历史、基础理论、核心技术，并深入剖析了它们深度融合的应用前景与挑战。重点聚焦于“区块链＋物联网”应用项目的开发方法，包括环境搭建、设备接入、数据上链和性能测试。书中以 Fabric 为框架，呈现了两个不同类型的“区块链＋物联网”项目落地应用。相关代码基于 Hyperledger Fabric 2.2.0 正式版，可从 GitHub 官网下载。本书旨在采用理论与实践相结合的方法，帮助读者更好地理解区块链与物联网技术的相关概念，并迅速上手实践“区块链＋物联网”项目。

本书内容由三部分共 10 个章节组成。第一部分聚焦区块链与物联网的基础知识及关键技术，包括第 1～4 章；第二部分聚焦“区块链＋物联网”应用项目的关键环节，包括第 5～8 章；第三部分构建了两个具体的实践项目，包括第 9、10 章。

第 1 章全面介绍了区块链技术，涵盖其基本概念、发展历程、核心运行机制以及在多个领域的应用，旨在使读者对区块链技术及其应用有深入理解。

第 2 章对物联网技术进行了精要概述，覆盖了其定义、发展阶段、架构设计和关键技术，以及在各领域的应用实例，为读者深入理解和应用物联网技术提供了坚实基础。

第 3 章着重探讨了“区块链＋物联网”的融合，突出其在数据安全、去中心化和智能合约自动化方面的共同目标。强调了区块链对提升物联网系统的数据安全、可追溯性和设备认证的贡献，使读者充分认识到区块链技术与物联网结合的重要性和潜力，以及这种融合对未来技术发展的意义。

第 4 章深入探索了数字签名算法和数据加密技术，为理解和应用区块链中的加密技术奠定了基础。通过学习这些算法的原理和应用，使读者认识到它们在保障数据传输安全中的关键作用，并通过实际数据加解密实践加深了理解。

第 5 章详细讨论了在“区块链＋物联网”应用场景中搭建和管理 Fabric 区块链网络的步骤和方法，读者将通过实践操作深化理论知识并掌握技能，以便在“区块链＋物联网”应用开发中进行有效利用。

第 6 章集中讨论物联网设备注册和授权的理论基础与实践应用。通过对物联网设备注册和授权过程的细致学习，读者能够在区块链框架内部署物联网设备，并确保这些设备的交易和操作都是安全和经过验证的。

第 7 章详细介绍了设备注册与授权数据上链的过程，以及在节点通信中采用的数据加密算法与数字签名，深入分析了链上链下相结合的混合存储解决方案，使读者应能够把握“区块链＋物联网”在数据上链方面的关键技术，为今后在这一领域的探索和创新奠定坚实的基础。

第 8 章介绍区块链性能基准测试工具 Hyperledger Caliper 的使用和性能评测方法，内容包括了 Caliper 的架构、安装、配置，以及编写和运行性能测试脚本的方法。通过理论与实践，使读者掌握对 Fabric 区块链平台进行性能测试的步骤与方法，为区块链项目的性能优化提供依据。

第 9 章全面介绍了 IoT 区块链可信应用平台的设计和实现，从 IoT 区块链可信应用平台的需求入手，以“可信的人使用可信的设备，生成可信的数据”为建设目标，通过系统分析、智能合约的实现和部署，提供了在 IoT 场景中应用区块链技术的综合视角。

第 10 章深入探讨了基于区块链的产品质量追溯系统的设计和实现，从系统的需求分析开始，详细介绍了基于 Hyperledger Fabric 区块链网络的规划和设计，通过对角色功能和业务场景的深入分析，展示了如何构建一个适应实际业务需求的区块链系统。并通过智能合约的实现与部署，实现了可信的产品质量追溯，为“区块链＋物联网”在其他行业的应用提供了借鉴。

本书读者对象如下：

(1) 高等院校计算机、物联网等工科专业的学生、老师；

(2) 区块链、物联网等行业的工程师及从业人员；

(3) 各类社会、企业培训课程的学员；

(4) 其他对区块链、物联网技术感兴趣的读者。

在本书的编写过程中，得到了来自各方的无私支持和热情帮助。非常感谢 Hyperledger Fabric 开源社区的贡献者以及所有参考文献的作者，你们的敬业精神、严格要求和辛勤努力，是这本书得以问世的关键因素。

在此特别感谢青岛理工大学信息与控制工程学院的研究生郑文虎、谢镇玺、李一昕、周尚卓、周晓晨、吴云亭，计算机科学与技术专业本科生张杰同学，为本书材料收集、校对、代码调试等工作付出了很多心血，你们的帮助和努力使得本书能够如期交稿。

由于编者水平有限，书中难免存在疏漏和错误。欢迎广大读者和专家批评指正，让本书得以不断完善。

编　者

2024 年 7 月

目录

第1章

区块链技术基础

本章学习目标

(1) 理解区块链的基本概念,包括其定义、结构和技术特点。

(2) 了解区块链的发展历程,掌握区块链的运行机制。

(3) 熟悉国内外几种典型的区块链平台。

(4) 掌握区块链的关键技术,包括分布式存储、密码学应用、共识算法、智能合约和区块链扩展技术。

(5) 了解区块链在溯源、供应链、智慧城市和电子政务等方面的应用。

1.1 区块链概述

1.1.1 区块链基本概念

1. 区块链定义

区块链通常被定义为一种基于密码学原理、分布式计算和去中心化网络等技术的分布式账本系统,可以用于记录和验证交易,实现去中心化的数字货币和智能合约等应用。

区块链的定义可以从狭义和广义两个角度来理解。

狭义区块链是一种链式数据结构,它按照时间顺序,将数据区块通过哈希值顺序相连,以实现数据的"篡改可知"。它是比特币(Bitcoin)的底层技术,主要用于实现去中心化的数字货币交易和账本记账,具有匿名性、分布式账本、不可篡改等特点。

广义区块链在狭义区块链的基础上进行了概念拓展,是一种基于密码学技术的分布式数据库,它可以在多个节点之间共享、存储和管理数据。在区块链上,数据以区块的形式存储,并通过哈希值和时间戳等技术进行安全保护和验证。每个区块都包含前一个区块的哈希值,这样就形成了一个不可篡改的数据链,任何人都无法随意修改或删除其中的数据。区块链通过网络上的多个节点来共同维护和管理数据,每个节点都保存着完整的数据副本,通过共识算法来确保数据的一致性和可靠性；利用密码学的方式保证数据传输和访问的安全性；采用自动化脚本代码组成的智能合约对数据进行自动操作。

2. 区块链结构

区块链本质上是一个块链,一种线性结构,从创世区块开始,继续连接到该链的每个新确认的块。在区块链中,数据单元通常称为交易,每个区块都包含多个交易,每个区块都包含其前一个区块哈希值的字段,通过固定长度的哈希值在按时间序列确认的区块之间创建链接。图1.1以比特币为例,展示了区块链的链式结构。

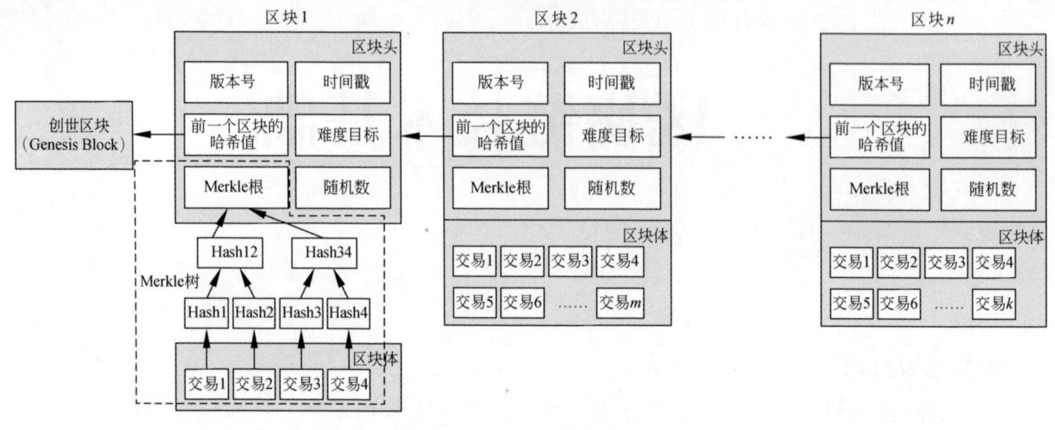

图1.1　区块链的链式结构

一个典型的区块分为两部分:区块体与区块头。

区块体包含了打包至区块的所有交易记录,它们以Merkle树的形式组织,有关Merkle树的详细内容将会在1.1.2节中详细介绍。

区块头包含了关于区块的如下关键信息。

(1) **版本号**:存放着比特币软件版本信息,用于指定交易格式和规则。

(2) **时间戳**:表示区块生成的时间,以秒为单位。

(3) **前一个区块的哈希值**:实际上是前一个区块头的哈希值,用于链接当前区块和前一个区块,以确保区块链的连续性。

(4) **难度目标**:是控制区块的产生速度以及保持区块链网络稳定性的关键参数。

(5) **Merkle根**:包含了区块中所有交易的哈希值,用于验证区块中的交易完整性。

(6) **随机数**:是一个32位的无符号整数,用于工作量证明(Proof of Work,PoW)的计算,以满足难度目标。

通过这种链式结构,链中所有已确认的块都可以通过哈希值进行追溯;无法单独对任何块的数据进行任何形式的更改或删除。

区块链有效融合了共识机制、分布式存储、智能合约、密码学技术,保证了链上数据的安全性、完整性以及不可篡改性,进而为解决多方信任问题提供了技术支持。区块链本身不仅仅是一种技术,还是一种创新的经济模式,它从根本上解决了网络世界中价值交换与转移中存在的欺诈和寻租现象,在网络数字世界构建了信任环境,从而为人类的发展带来新的机遇和挑战。

3. 区块链技术特点

作为一种去中心化的分布式账本技术,区块链最大的特点是可以在不需要中心化机构或中介的情况下,通过网络的共识机制来实现数据的可信共享和交换。区块链具有以下几个主要特点。

1) 去中心化

区块链技术的核心特点之一是去中心化。区块链网络不依赖单一的中央控制机构或单一的硬件设施来运行和维护。它由分散的多个节点组成，每个节点都有权向区块链网络提交交易和数据，并通过共识机制来验证和确认交易的有效性。节点保留账本的完整副本，当新交易发生时，每个节点独立更新，这使得即使部分节点失效，网络仍然可以继续运行，增强了网络的可用性。由于没有中心化机构或中介，因此区块链可以防止单点故障，并提高了区块链网络的安全性和可靠性。此外，去中心化使得交易和数据不受单一实体的控制，提高了数据和交易的透明度和可信度。

2）共识机制

区块链网络中的共识机制是确保所有节点在系统中达成一致意见的关键机制。共识机制可以是各种不同的算法，如工作量证明(PoW)或权益证明(Proof of Stake，PoS)。这些机制确保网络中的所有节点都同意接受和验证新的交易和区块，以确保一致性和安全性。共识机制的目标是防止恶意行为，如双重花费和数据篡改。

3）不可篡改

区块链的数据一旦被写入，很难修改或删除。区块链的不可篡改性来自它的数据结构，即以区块的形式存储数据，并使用哈希算法将前一个区块的哈希值作为后一个区块的一部分。这种数据结构使得区块链中的数据形成了一条不可篡改的链条，如果要修改某个区块的数据，就必须修改它后继所有的区块，这需要极高的计算能力和资源，几乎是不可能的。这种不可篡改性增强了数据的安全性和可信度，使区块链成为存储和传输敏感信息的理想选择。

4）可追溯

区块链是一个分布式数据库，记录了每笔交易的输入和输出。这使得资产的数量变化和交易活动可以被追溯。可追溯性对于监管、审计和透明度非常重要。例如，在供应链管理中，可以追踪产品从原材料到最终消费者的路径，确保质量和可追溯性。

5）规则全透明

区块链技术的基础是开源的，这意味着任何人都可以查看和验证区块链的规则和代码。这种透明性有助于建立信任，因为参与者可以独立验证系统的运行方式，而不必依赖中央机构的承诺。同时，尽管交易方的私有信息是加密的，但链上的数据是公开的，可以被任何人查看，从而确保了一定程度的透明度。

1.1.2　区块链发展历程

如图1.2所示，纵观区块链的发展历史与应用范围，可将其划分为三个阶段：数字货币时代、智能合约时代、大规模应用时代。

1. 数字货币时代(2008—2013年)

2008年，一位化名中本聪(Satoshi Nakamoto)的神秘人物向世界展示了一种革命性的思想——创建一种完全去中心化的电子货币系统，不需要传统的中央银行或政府控制。中本聪的愿景是让每个人都能够在互联网上直接进行价值转移，无须信任任何中介。他的思想集结在一篇题为《比特币：对等网络电子现金系统》的论文中，这篇论文被认为是区块链技术的“诞生之地”。

一年后，2009年1月3日比特币网络正式启动，从那一刻起，人们可以开始使用比特币进行交易。这个网络是一个去中心化的系统，由全球范围内的计算机节点维护，确保了没有

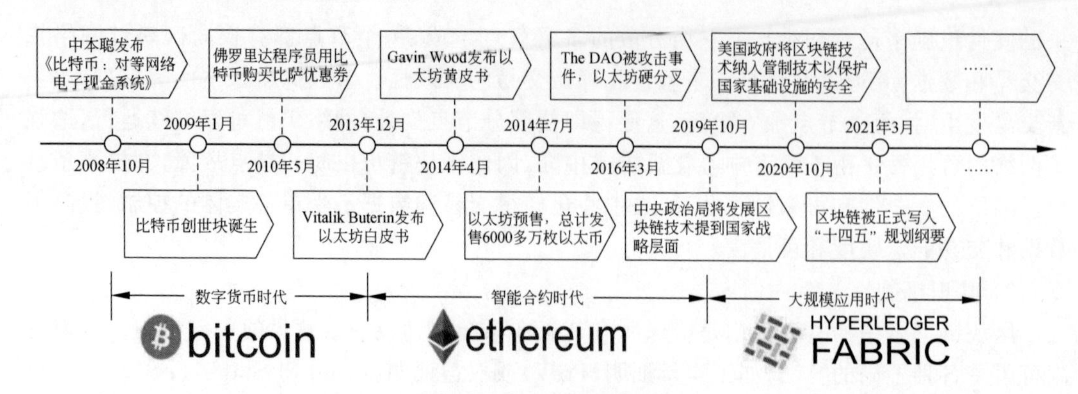

图 1.2 区块链发展阶段

单一的中央控制机构。这就意味着任何人都可以参与比特币网络，查看交易记录并进行交易，而不需要银行或政府的干预。

在比特币网络刚刚启动的几年中，比特币的价值非常低。2010 年 5 月 22 日，程序员拉斯洛·汉耶兹(Laszlo Hanyecz)通过在一个比特币论坛上发布请求，成功地用 1 万枚比特币(BTC)购买了两个比萨，这是第一次有人使用比特币购买实物商品。这个故事成为比特币历史上的一大传奇，因为那时的比特币价格非常低，仅相当于几美分。而今天，1 万枚比特币的价值已经非常巨大。这一事件引发了全球对比特币的关注，也标志着比特币正式进入实体经济。比特币系统的构建标志着区块链正式进入"可编程货币"发展阶段，此阶段区块链主要用于保证数字货币和支付领域的可信度和去中心化。

数字货币时代标志着区块链技术已崭露头角，这一阶段通常被称为区块链 1.0 的发展阶段。在这个阶段，最具代表性的区块链系统平台就是比特币系统。

比特币系统作为区块链 1.0 的代表，具有清晰的架构，如图 1.3 所示。该架构可分为五个关键层次，由下至上依次是存储层、数据层、网络层、共识层、应用层。每个层次都扮演着不可或缺的角色，协同工作以支持比特币的运行和交易。

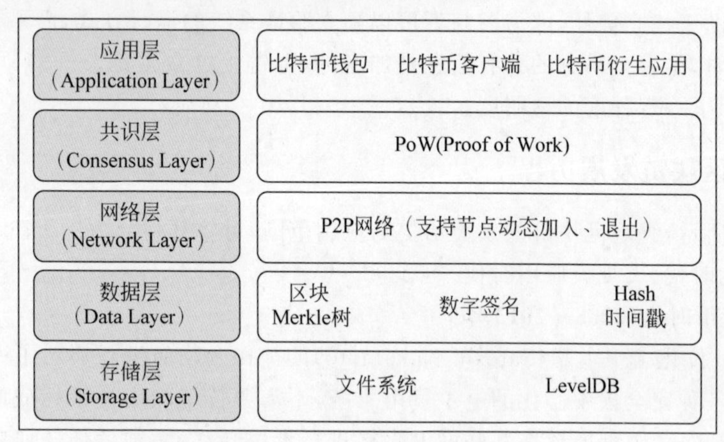

图 1.3 比特币系统总体架构

1) 存储层(Storage Layer)

存储层是比特币系统的底层，负责维护整个区块链的持久性存储。包括存储所有交易和区块数据，确保它们以分布式、去中心化的方式保存在全网中的各个节点上。区块链的存储层采用分布式数据库的形式，以确保数据的安全性和可访问性。数据被分块存储，每个区块包含一定数量的交易记录。

2）数据层(Data Layer)

数据层负责处理区块链中的数据结构和格式，包含了所有的交易数据。每个交易都包括发送者、接收者、交易金额等信息，这些数据被组织成一个连续的数据链表。比特币系统的数据层确保了交易的透明性和可审计性，因为每笔交易都可以被验证和检查。

3）网络层(Network Layer)

网络层是比特币系统的通信基础，负责维护节点的连接和信息传递。比特币网络采用点对点(P2P)网络结构，其中各个节点相互连接，而不依赖单一的中心服务器。网络层允许节点广播交易和区块信息，以便其他节点可以及时同步数据，确保区块链的一致性。

4）共识层(Consensus Layer)

共识层是比特币系统的核心，负责确保所有节点之间对区块链的状态达成一致。比特币采用工作量证明(PoW)共识算法，即挖矿，来决定哪个节点有权创建新的区块。共识层确保只有有效的区块被添加到区块链，同时解决了双重花费问题，使比特币的货币发行和交易可靠而安全。

5）应用层(Application Layer)

应用层是比特币系统的最上层，包括用户界面、钱包应用以及其他与比特币相关的应用。这一层使普通用户能够参与比特币交易和管理他们的资产。比特币的应用层提供了用户友好的方式来创建和管理交易，查询交易历史以及参与比特币生态系统中的其他活动。

通过这个架构，比特币系统成功地实现了数字货币的去中心化和安全交易，为区块链技术的未来发展奠定了基础。

2. 智能合约时代(2013—2019年)

2013年，维塔利克·布特林(Vitalik Buterin)提出了以太坊(Ethereum)，这是一个公共区块链系统，以开源的方式构建，具备智能合约功能。以太坊将其专用加密货币以太币(Ether，ETH)作为支撑，实现了去中心化的以太坊虚拟机(EVM)用于处理点对点合约。随着“智能合约”理念的引入，以太坊为区块链领域带来了创新概念，形成了“可编程金融”模型。通过智能合约的技术支撑，区块链的应用范围逐渐扩大，从最初的货币领域扩展到金融领域的其他合约功能，促使数字资产的无缝转换，进一步创造了数字资产的价值。

智能合约时代代表了区块链2.0的发展阶段，其中最典型的区块链系统平台是以太坊系统。如图1.4所示，以太坊系统的总体架构被划分为七层，自下而上依次为存储层、数据层、网络层、协议层、共识层、合约层、应用层。

与区块链1.0的比特币架构相比，区块链2.0的以太坊架构经历了显著的演进。以太坊架构引入了协议层和合约层，同时也对共识层和应用层进行了重要的调整，存储层、数据层与网络层基本没有变化。下面只介绍新引入及进行了重要调整的四层：协议层、共识层、合约层、应用层。

1）协议层(Protocol Layer)

以太坊的协议层定义了数据传输、通信和区块链互操作的规范，确保不同节点之间能够有效地进行数据传输和交互。协议层包括以太坊协议和以太坊改进提案(EIPs)，主要有

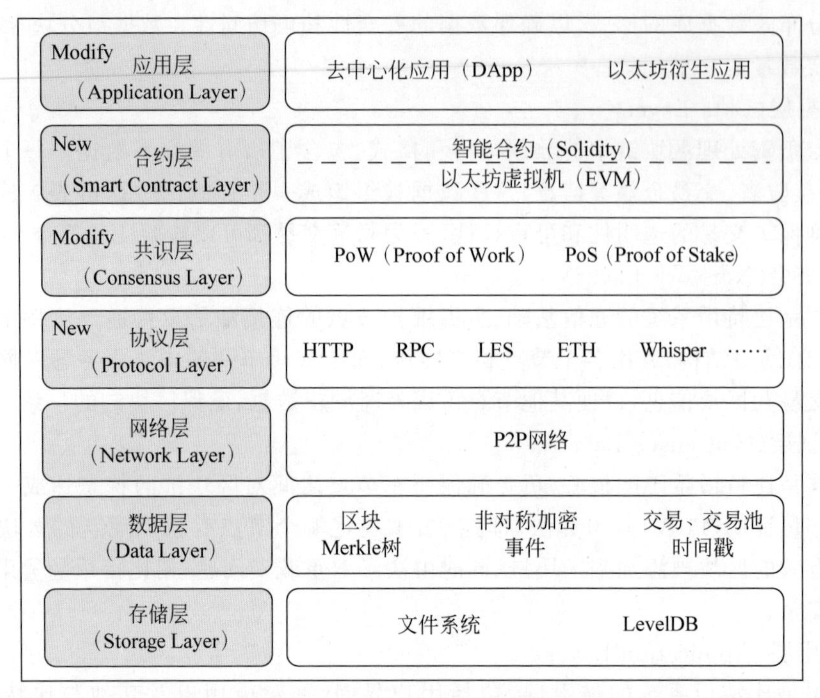

图 1.4 以太坊系统总体架构

HTTP、RPC、LES、ETH、Whisper 协议等。这些规范使以太坊在不同应用场景下表现出更高的灵活性,为系统中的各个模块提供了支持。

以太坊基于 HTTP Client 技术实现了对 HTTP 协议的支持,包括 GET、POST 等 HTTP 方法,这使得以太坊能够与外部系统进行数据交换和通信;外部程序在调用以太坊 API 时需要符合 JSON RPC 协议的规范,以确保与以太坊节点的有效通信和数据传输;轻量级以太坊子协议(LES)允许节点在同步新区块时仅下载区块头信息,而在需要具体交易数据时再获取区块体数据,这有助于减少网络负载和提高性能;Whisper 协议用于去中心化应用(DApp)之间的通信。它提供了安全的、点对点的消息传递机制,确保了隐私和数据的安全传输。

2) 共识层(Consensus Layer)

共识层的主要职责在于确保整个网络中各个节点对交易和数据的一致性达成共识。区块链 2.0,如以太坊,与比特币比,不仅继续保留了工作量证明(PoW)共识机制,还引入了权益证明(PoS)共识机制,这一改进不仅提高了共识效率,还有效地解决了 PoW 所引发的资源浪费问题。

3) 合约层(Smart Contract Layer)

合约层由智能合约与以太坊虚拟机(EVM)构成。智能合约是对运行在以太坊虚拟机上代码的统称。在以太坊系统中,智能合约的开发主要采用 Solidity 编程语言,编译成功后可以被部署到以太坊虚拟机上运行。智能合约的引入赋予了区块链系统可编程的能力,进一步推动区块链进入可编程时代,极大地促进了区块链技术的广泛应用。

4) 应用层(Application Layer)

应用层相较于比特币系统呈现出显著差异,包括开发人员基于以太坊构建的 DApp、以太坊衍生应用等。基于不同的业务需求，DApp 可以实现各种不同的功能，除了去中心化的可信支付功能之外，还可以用于信息存证、数据溯源、数据共享等多种用途。这种多功能性使得 DApp 在金融交易、司法存证、供应链溯源等各领域都具备广泛的应用潜力。

3. 大规模应用时代(2019 年至今)

2019 年被称为区块链应用元年，Facebook、摩根大通、谷歌以及腾讯、阿里等巨头均在这一年高调宣布布局区块链领域。区块链社会治理时代的标志是通证(Token)的出现，通证引领了传统商业模式和生产关系的变革，将数字资产引入实体经济，开始在多个行业中寻求落地应用。2020 年，由于技术进步与政策支持的双重推动，区块链技术开始逐渐渗透到更多行业中，实现了与产业的融合。2021 年，NFT(Non-Fungible Token)崭露头角，成为区块链应用的新热点，推动了数字艺术、虚拟资产等领域的创新。

目前，区块链技术已经不限于数字货币与金融领域，它的应用领域已经扩展到包括物流、人力资源、科学、教育等各行各业。区块链的特点是能够为互联网中代表价值的信息和数据提供确权、计量和存储，这意味着资产可以在区块链上被追踪、管理和交易。这一技术为数据资产提供了去中心化的解决方案，为不同行业带来更高的透明度和效率。

大规模应用时代代表了区块链 3.0 的发展阶段，其中 Hyperledger Fabric 是最具代表性的项目之一，Hyperledger Fabric 是一个开源的、专为企业应用场景设计的许可制分布式账本技术(Distributed Ledger Technology，DLT)平台。Fabric 区块链系统架构共分为七层，如图 1.5 所示，依次为存储层、数据层、通道层、网络层、共识层、合约层、应用层。与以太坊相比，Fabric 区块链系统新增加了通道层，在存储层、数据层、共识层与合约层均有较大变化，网络层与应用层基本没有变化。下面只介绍新引入及进行了重要调整的五层：存储层、数据层、通道层、共识层、合约层。

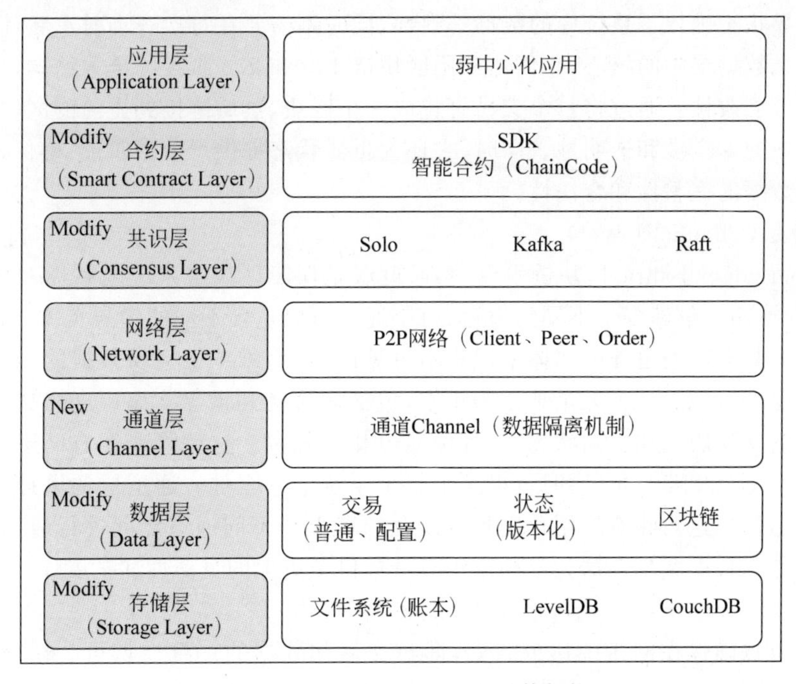

图 1.5 Hyperledger Fabric 总体架构

1）存储层(Storage Layer)

存储层是区块链系统的核心组成部分，它承载了整个系统的账本信息。

账本由两部分构成，分别是区块链和世界状态。区块链数据以文件系统的形式存储，而世界状态则存在于一个专门的状态数据库中，这个数据库用来保存区块链中相关信息的最新记录。

与其他区块链平台(如比特币和以太坊)不同，Hyperledger Fabric 采用了更灵活的存储机制，支持两种主要数据库引擎，分别是 LevelDB 和 CouchDB。LevelDB 是默认的选项，它适用于简单的键值对数据存储；而 CouchDB 则更适合那些状态数据以 JSON 文档形式存储的情况。这种存储结构的多样性为 Fabric 带来了更大的灵活性和可扩展性，使其能够适应不同类型的应用场景。在实际应用中，根据需求和数据结构的特点，用户可以选择合适的存储引擎，以最佳方式来组织和管理他们的数据。

2）数据层(Data Layer)

数据层负责处理区块链网络中的各类重要数据，其中包括交易数据、世界状态数据以及区块链数据。

Hyperledger Fabric 区块链系统中的交易数据可分为两类：一是普通交易，二是配置交易。普通交易类似于传统区块链系统中的区块交易，它们包含着具体的数据转移操作。而配置交易记录了对区块链网络结构的变更，如添加、删除或修改通道、智能合约等配置信息，这有别于传统区块链系统。这种分类形式有助于更好地组织和管理各种交易类型，确保系统的稳定性和可扩展性。

Hyperledger Fabric 区块链系统中另一个核心概念是“世界状态”，它类似于互联网服务系统中的数据库，负责维护区块链上所有数据的最新状态，包括了账户余额、资产拥有者信息等。世界状态确保了系统中的数据一致性，同时不需要在每次查询时重新计算。

区块链是数据层中的核心，它仍然采用区块链 1.0 和 2.0 阶段的链式结构，旨在保护交易数据的不可篡改性。通过将每个交易打包成一个区块，然后链接到先前的区块，区块链确保了交易历史的安全性和透明性。同时，它还为世界状态提供了数据验证，确保了任何时候都可以验证数据的完整性和合法性。

3）通道层(Channel Layer)

在 Hyperledger Fabric 区块链平台中，通道层是保障区块链系统隐私性和数据隔离的关键环节，允许用户创建多个不同的通道，每个通道可以包含不同的参与实体。这一机制确保了通道内的数据对通道外的实体来说是不可见的，从而维护了交易数据的隐私性和安全性。每个通道都对应着一个完全独立的账本，包括区块链和世界状态。这意味着每个通道都有其自己的交易历史和当前状态，与其他通道相互隔离。这种隔离性有助于确保不同实体之间的交易不会相互干扰，同时也提高了整个系统的安全性。通道层的设计还支持不同通道之间的通信。这意味着应用程序和智能合约可以在不同通道之间进行通信，从而实现跨通道的协作和数据共享。这为各种应用场景提供了更大的灵活性和扩展性。

4）共识层(Consensus Layer)

共识层负责确保在网络中达成共识，即对交易和数据的一致性认可。在 Hyperledger Fabric 这个专注于企业级联盟许可链的区块链平台中，共识层采用了不同的共识算法，包括 Solo、Kafka、Raft 等。不同于一些公共区块链，Fabric 的设计目标是满足企业级应用场景，因此默认情况下不包含可能导致拜占庭攻击的拜占庭节点。这意味着 Fabric 的共识机制不再具备抵御拜占庭攻击的特性,相对牺牲了一部分去中心化的特性。然而,这种折中的设计带来了显著的好处。它大幅提高了共识效率,允许在联盟许可链上处理大量数据,并满足了企业级应用对高吞吐量的需求。因为企业应用通常需要高性能和可扩展性,这个设计选择在去中心化和安全性之间找到了平衡。

5) 合约层(Smart Contract Layer)

合约层支持使用 Go 语言编写的智能合约,同时也提供了基于 Go 或 Java 语言编写的软件开发工具包(SDK)。智能合约在 Hyperledger Fabric 中类似于以太坊合约的概念。这些合约定义了如何处理各方之间的交易互动,实现了对区块链上数据的可编程操作。智能合约是一种自动化执行的协议,它规定了在区块链上如何进行交易和数据操作,从而使区块链成为一个具有智能能力的系统。除了智能合约本身,Fabric 区块链还提供了连接智能合约的接口,即 SDK。这个软件开发工具包使开发人员可以更轻松地创建、部署和与智能合约进行交互。SDK 简化了开发过程,提供了便捷的方法来构建应用程序,同时确保与智能合约的通信和数据操作是安全和可靠的。

1.1.3 区块链运行机制

不同区块链的运行机制不尽相同,下面以比特币系统作为范例,深入讨论其核心运行机制。比特币的运行机制主要包括三个关键方面:身份验证、交易流程以及双重支付的防范措施。

1. 身份验证

身份验证是比特币系统的重要组成部分,用户可以通过数字签名来验证其身份,确保只有合法的参与者可以执行交易和添加新区块到区块链。这种身份验证机制是去中心化的,不依赖中央控制机构,使得比特币系统能够保持匿名性和安全性。

比特币系统采用非对称加密方式对用户身份进行验证,在创建比特币账户时,会生成一对密钥,即公钥和私钥。私钥用于数字签名,以确认交易的所有权,而公钥是基于私钥生成的,并公开提供给其他用户。虽然公钥公开可见,但无法通过公钥反推私钥。因此,当用公钥对数据进行加密后,只有对应的私钥才能解密;如果用私钥对信息进行签名,则只有对应的公钥才能验证签名。通过这一对唯一匹配的公私钥,用户能够进行加密和解密操作,同时也能验证数字签名。

2. 交易流程

比特币的交易流程是其核心运行机制之一。交易流程包括用户之间的数字货币交换,这些交易被收集并打包成区块,然后通过共识算法添加到区块链中。这个流程确保了每个交易的有效性和正确的顺序,从而维护了整个系统的一致性。

在比特币系统中,交易流程如图 1.6 所示。假设 Alice 和 Bob 是比特币区块链系统的注册用户,当 Alice 希望向 Bob 转账 3 个比特币时,她首先发起一笔交易。这个交易会在整个区块链网络中传播,使得各个节点都了解到这个交易的发生。在交易被打包前,矿工会对其进行余额校验,以验证交易的合法性。

余额校验是通过检查历史交易信息来核实的,具体而言,就是确认发起交易用户历史上的总收入是否足够支付当前交易中的支出。只有在矿工确认交易合法后,交易才能继续。

矿工会将一段时间内收集的多个交易打包成一个区块，然后开始竞争记账权，即挖矿。

假设 Tom 是第一个找到符合要求 Nounce 值的矿工，他将获得添加区块到区块链上的记账权。Tom 将新区块和 Nounce 值广播到整个网络，其他矿工节点会验证这个区块的内容并进行区块链的同步。当多数矿工验证并认可 Tom 所打包的区块后，Tom 将获得挖矿奖励。这意味着交易随着区块的上链而被宣告为完成，此时 Bob 会收到 3 个比特币。

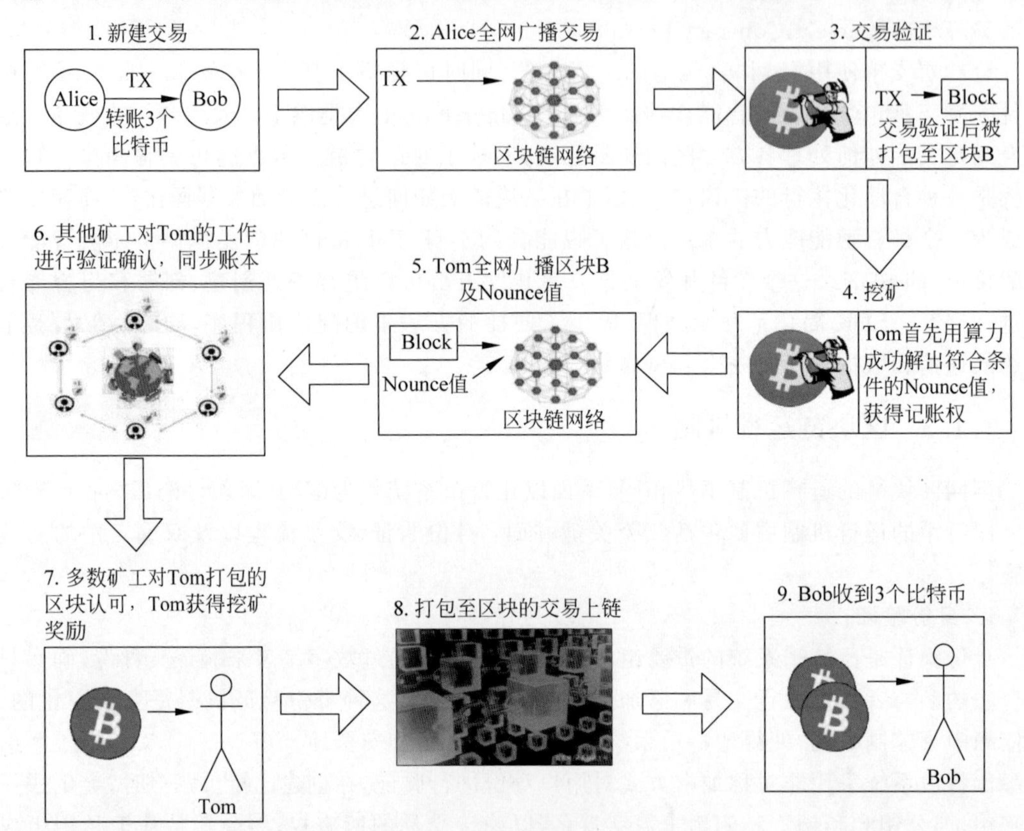

图 1.6　比特币交易流程

3. 双重支付的防范措施

比特币系统采取了一系列措施来避免双重支付问题。双重支付是指同一笔数字货币被用于多次交易，这可能导致欺诈。比特币通过维护一个不断增长的区块链来解决这个问题，以确保每笔交易都经过验证，避免重复支付的发生。

假设 Alice 的账户中有 1 个未花费的比特币（BTC），Alice 试图将这个比特币同时发送给 Bob 和 Tom，这被称为“双重花费”或“双花”。如果两笔交易被分别验证，例如，首先验证了发送给 Bob 的交易，那么发送给 Tom 的交易将被视为无效，反之亦然。如果这两笔交易同时被验证，都被认可为有效，那么就会产生一个临时的区块链分叉情况，不过，比特币规定会选择最长的分叉链作为有效链进行扩展，新产生区块将依照最长的链来添加，而较短链上的区块将被丢弃，相应的交易也会被取消。

为了避免上述情况的发生，上链的区块需要等待至少 6 个后续区块加入链中，才能确认交易的有效性。具体来说，对于一个区块 B_i，要修改其内部的交易记录，至少需要修改 B_i 之后的六个区块，即 $B_{i+1}, B_{i+2}, \cdots, B_{i+6}$。这一过程变得异常困难，因为需要消耗大量的计算能力，随着区块链的延伸，修改的难度也随之增加。实际上，只有拥有全网 51%以上的计算能力的攻击者，才能有可能实施这种修改。因此，这也解释了为什么比特币网络通常采用“等待六次确认”的原则，以确保交易的可信度和安全性。

1.1.4 典型区块链平台

区块链技术是随着比特币的出现而诞生的，现在区块链技术已经广泛地应用于金融、工业、农业、政务等不同领域，以促进更透明和高效的业务流程。随着区块链技术的不断演进，出现了众多的区块链平台，它们可以帮助用户基于现有的软件、基础设施和服务，安全快速地构建区块链应用程序，每个平台都有其独特的特点和应用领域。

按照区块链网络的性质进行分类，可以将区块链平台分为四类：公有区块链、私有区块链、联盟链和混合链。

公有区块链是区块链网络中最常见的类型之一。任何人只要有稳定的互联网连接都可以参与，验证区块内容。比特币是公有链平台的典型示例，它允许任何人访问、读取、写入和参与网络，主要用于数字货币交易。以太坊提供智能合约功能，可用于构建去中心化应用。

私有区块链也称为许可区块链，通常由单个实体或组织完全控制，决定谁可以参与、管理和维护网络，只有被授权的用户才能访问其分布式账本，隐私性非常高。Multichain 是一个用于构建可扩展私有区块链应用程序的平台，适用于企业内部流程优化。Hyperledger Besu 是专为企业和政府部门设计的，支持私有链开发。

联盟链由一组特定的组织成员共同管理和控制区块链网络，是半去中心化的，参与者通常是已知实体或组织，需要获得授权才能参与。这类区块链网络主要由银行、政府和组织使用。Hyperledger Fabric 是联盟链平台，广泛应用于企业领域，支持灵活的隐私控制和多种共识机制。R3 Corda 是专注于金融行业的联盟链平台，支持高度私密的交易和智能合约。

混合链是公有和私有区块链的组合，组织可以设置该网络设置对用户以及他们访问的数据进行严格控制。在某些情况下，组织可以选择公开某些数据，同时保持其他数据的机密性，只有授权用户才能访问。Dragonchain 是一个典型的混合区块链平台，旨在为企业提供快速、灵活的区块链解决方案。它结合了公有链和私有链的特性，允许企业创建自己的私有区块链，并与主网（公有链）互操作。Dragonchain 的设计重点在于数据隐私和合规性。VeChain 是一个混合区块链平台，专注于供应链管理和物联网领域。它结合了公有链的透明度和私有链的数据隐私，用于追踪产品来源、质量和真实性。

上述区块链平台类型提供了不同的应用选择，以满足各种行业和业务需求。接下来，我们将介绍一些典型的国内外区块链平台。

1. 以太坊（Ethereum）

以太坊是一个公有、开源的区块链平台，最初由一位名叫 Vitalk Buterin 的程序员于 2013 年提出，这使其成为历史最悠久的区块链平台之一。以太坊采用工作量证明算法，以在定制的区块链网络上运行智能合约而闻名，也是开发人员构建去中心化应用程序和民主自治组织（DAO）的最佳平台。

以太坊采用 Solidity 编程语言构建智能合约，通过以太坊虚拟机环境（EVM）实现了安全的、去中心化的计算，使开发者能够创建各种不同类型的去中心化应用，可以应用于从金融服务到供应链管理等多个领域。

以太坊智能合约的执行是完全公开透明的，这确保了合约内容不可篡改性和可验证性。以太坊区块链架构如图 1.4 所示。

2. Hyperledger Fabric

Hyperledger Fabric 是 Hyperledger 项目中的一个分布式账本平台，由 Linux Foundation 发起。其前身是 OpenBlockchain 项目，该项目于 2015 年由 IBM 公司开发，旨在为企业级应用程序提供一个高度模块化的架构。2016 年，该项目正式加入了 Hyperledger 项目，并更名为 Hyperledger Fabric。

Hyperledger Fabric 是一个开放源代码平台，是为许可网络设计的联盟链平台，允许多个组织的用户共同管理和维护区块链网络，提供具有智能合约功能的应用程序分布式托管与存储，开发者可以使用 Go、Node. js、Python 等编程语言来编写智能合约。Hyperledger Fabric 采用了可插拔的架构，用户可以选择使用不同的共识算法、身份验证方案和智能合约语言，以满足各种企业级应用程序的需求。

Hyperledger Fabric 的设计目标是为企业级应用程序提供一个高度可扩展、灵活和安全的区块链平台。随着时间的推移，它已成为众多企业级应用程序的首选区块链平台之一。Hyperledger Fabric 的模块化架构如图 1.5 所示，该架构允许企业根据其需求灵活地构建和部署区块链解决方案。

3. FISCO BCOS

FISCO BCOS 是一个由国内企业主导研发的企业级金融联盟链底层平台，它具有开源特性，强调安全性和可控性。这个平台是由金链盟开源工作组协同开发，于 2017 年正式对外开源。FISCO BCOS 的设计理念始于联盟链的实际需求，充分考虑了性能、安全性、可运维性、易用性以及可扩展性等特点。它提供了多种语言的软件开发工具包(SDK)，包括 C++、Java、Python 等，并提供了可视化的中间件工具，极大地加速了区块链网络的搭建、应用程序开发和部署的速度。

此外，FISCO BCOS 通过中国信息通信研究院可信区块链评测功能和性能两项评测，展现了出色的性能表现，单链交易每秒可达两万笔。此外，FISCO BCOS 底层平台的可用性经过了广泛的应用实践检验，数百个应用项目基于这个平台开发，其中超 80 个已在生产环境中稳定运行。这些应用涵盖了文化版权、司法服务、政务服务、物联网、金融、智慧社区等各个领域。

如图 1.7 所示，FISCO BCOS 引入了创新性的“一体两翼多引擎”架构，从而实现了系统吞吐能力的横向扩展，显著提升了性能。此架构还在安全性、可运维性、易用性、可扩展性等方面具备行业领先的优势。FISCO BCOS 的发展为企业级应用提供了一个强大的区块链基础，为各行各业的创新和应用提供了有力支持。

图 1.7　FISCO BCOS 架构

"一体"架构代表了群组的核心结构，支持快速组建联盟和建链，就像我们在社交应用中建立聊天群一样轻松。这一特性根据不同的业务需求和合作伙伴关系，允许企业创建不同的群组，从而实现多个不同账本的数据共享和共识，这将有助于快速拓展业务场景和规模，同时显著简化了链的部署，降低了维护成本。

"两翼"指的是支持并行计算模型和分布式存储的特性，这两者提高了群组结构的扩展性。并行计算模型的应用改变了区块中传统的串行交易执行方式，采用有向无环图（DAG）技术，交易可以并行执行，从而显著提升了性能；分布式存储支持企业节点将数据存储在远端分布式系统中，克服了本地化数据存储的局限性。

"多引擎"是一个涵盖多个功能特性的总称，其中预编译合约，可以突破以太坊虚拟机的性能限制，实现高性能合约的运行；控制台可以让用户快速掌握区块链的使用技巧等。

上述这些功能特性都专注于解决技术和用户体验的痛点，为区块链的开发、运维、治理和监管提供更多的工具支持，使系统处理速度更快、容量更大，同时提高了应用运行环境的安全性和稳定性。这些创新特性使 FISCO BCOS 成为一款强大而高效的区块链平台，满足了各种企业需求，同时提高了整个区块链生态系统的可用性和可扩展性。

4. 长安链

"长安链 · ChainMaker"是由北京微芯研究院、清华大学、北京航空航天大学、腾讯、百度和京东等知名高校和企业联合研发的项目。它具有自主可控、灵活装配、软硬件一体化、开源开放等显著特点。长安链作为一个开源区块链底层软件平台，采用了混合区块链技术。它的主链采用工作量证明机制，同时支持自定义子链，可应用于众多领域，包括企业级应用、供应链管理、金融服务、物联网等。

除了区块链的核心框架，长安链还包含丰富的组件库和工具集，旨在高效、精准地满足用户对不同区块链的实施需求，以构建高性能、高可信、高安全的新型数字基础设施。长安链也是国内首个自主可控的区块链软硬件技术体系。

如图 1.8 所示，长安链的架构可以从下至上分为以下六个层次。

（1）**基础设施层**：该层包括公有云和私有云，提供了虚拟机、物理机等基础运行环境，为长安链提供了必要的计算机资源。

（2）**存储资源层**：该层主要是为长安链节点提供数据存储服务，确保数据的可靠性和安全性。

（3）**基础组件层**：该层提供了密码学、配置管理、日志记录、常用数据结构等通用技术组件，为长安链节点的正常运行提供支持。

（4）**核心模块层**：该层包括共识算法、合约引擎等核心模块。这些核心模块采用可插拔的设计，为用户提供了组装区块链的基础。

（5）**接入层**：该层提供了多种编程语言的软件开发工具包（SDK），以方便应用开发者可以与长安链进行交互和集成。

（6）**前端应用层**：该层包括区块链浏览器、区块链管理平台、智能合约开发的集成开发环境等，使用户可以直接访问区块链底层平台，管理和使用长安链的功能。这些工具让区块链技术更易于使用和掌握。

"长安链 · ChainMaker"项目的这种综合性架构旨在提供一个强大而灵活的区块链平台，适用于广泛的应用领域，同时满足了企业和开发者的不同需求。它有助于构建可信赖、

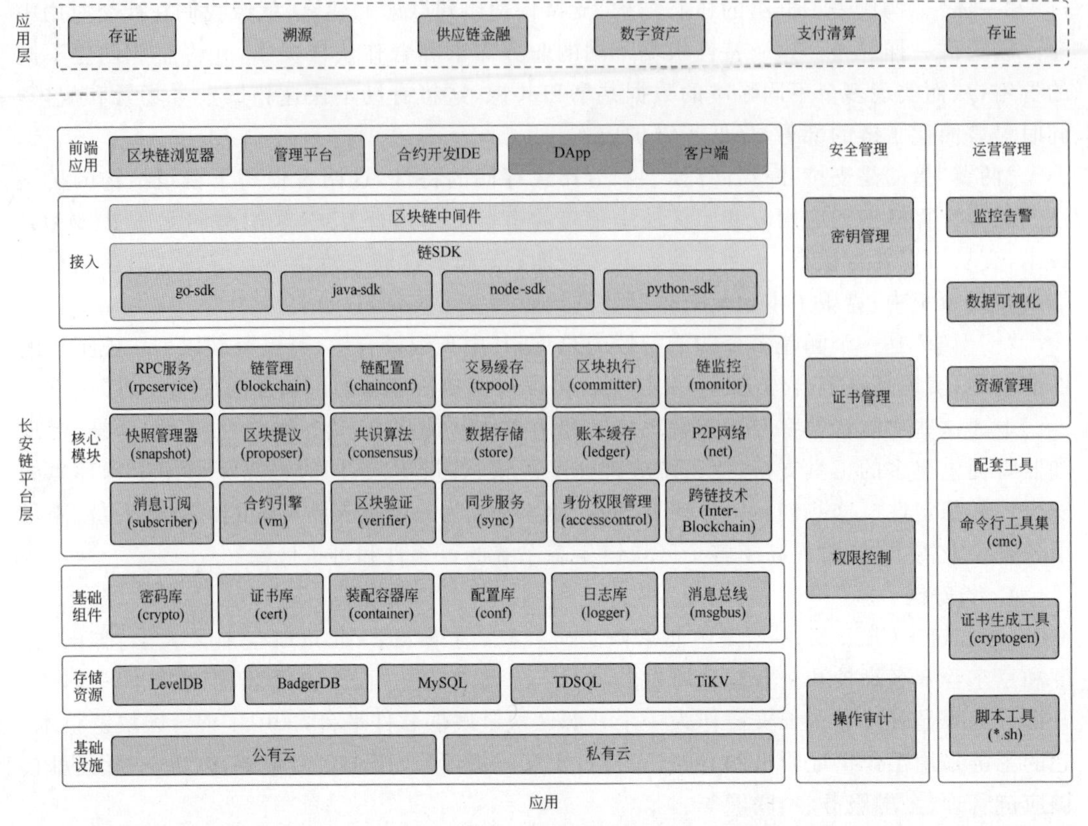

图 1.8 长安链架构

高性能的数字基础设施，为区块链技术的应用提供了坚实的基础。

1.2 区块链关键技术

1.2.1 分布式存储

分布式存储是区块链的关键技术之一，旨在应对传统中心化存储的局限性。它是一种数据存储技术，其中数据被分散存储在网络上的多个节点中，允许多个参与者共享和记录这些数据。分布式存储技术具有以下关键特性。

1. 去中心化

分布式存储摆脱了传统中心化存储的依赖，数据不再集中在单一服务器或数据库上，而是分布在网络中的多个节点上。这提高了系统的可靠性和访问效率，同时减少了对单点故障的风险。

2. 数据冗余

通常，分布式存储会对数据进行冗余备份，这意味着数据会存储在多个节点上的多个副本中。这有助于确保数据的高可用性，即使某个节点出现问题，系统仍然可以从其他节点获取数据，提高了数据的容错性。

3. 共享与共识

在分布式存储中，数据是共享的，多个节点可以同时访问和管理相同的数据。在区块链中，节点通过共识算法来确保数据状态的一致性，从而保证了所有节点之间的数据同步。

4. 可扩展性

分布式存储可以轻松扩展，通过增加节点或存储空间，以适应不断增长的数据量和用户数量。这为区块链系统提供了出色的可扩展性，可以满足不同应用场景的需求。

5. 安全性

分布式存储通常采用加密技术来确保数据的隐私和安全。在区块链中，数据存储在多个节点上，每个节点都有自己的私钥和公钥，这实现了分布式的身份验证和数据加密，提高了数据的安全性。

6. 去信任化

分布式存储使数据的存储和管理不再依赖单一中心化第三方，而是由网络中的多个节点协同管理和验证。这降低了对单一实体的信任，增加了系统的去信任化和透明性。

一个常见的示例是比特币的区块链。比特币区块链中的数据，如交易记录，被分布式存储在全球数千个节点上。每个节点都包含完整的比特币区块链副本，这确保了数据的安全性和可用性，同时也实现了去中心化的交易记录和验证。

1.2.2　密码学应用

1. 哈希函数

哈希函数是一种特殊的散列函数，其主要功能是将任意长度的输入数据转换为固定长度的字符串，这个输出被称为哈希值。通常情况下，哈希值的长度明显小于输入数据的长度。哈希函数的特性在计算机科学和信息安全领域具有广泛的应用，它被视为一种单向密码体制，也就是一个从明文到密文的不可逆映射。这意味着通过哈希值无法反推出原始输入数据，从而确保了输入数据的安全及隐私。

哈希函数的一个重要的特点是，只有相同的输入数据可以生成相同的哈希值，即使输入数据只有微小的差异，也会导致完全不同的哈希值。此外，哈希函数能够高效地处理不同长度的输入数据，使其在计算速度上表现出色。

假设有两个文档，一个包含“Hello, World!”，另一个包含“Hello, World?”。这两个文档只有一个字符不同，但通过哈希函数处理后，它们的哈希值会截然不同，如下所示。

```
    SHA-256("Hello, World!") =
dffd6021bb2bd5b0af676290809ec3a53191dd81c7f70a4b28688a362182986f
    SHA-256("Hello, World?") =
f16c3bb0532537acd5b2e418f2b1235b29181e35cffee7cc29d84de4a1d62e4d
```

即使只有一个字符的不同，哈希函数也产生了迥然不同的结果。

上述 SHA-256 的 Go 语言实现代码如下所示：

```
1.  package main
2.
3.  import (
4.   "crypto/sha256"
5.   "encoding/hex"
6.   "fmt"
7.  )
8.
```

```
9.  func main() {
10.   inputData := "Hello, World!"
11.   encodedData := []byte(inputData)           // 将字符串转换为字节数组
12.   sha256Hash := sha256.New()
13.   sha256Hash.Write(encodedData)              // 计算哈希值
14.   result := sha256Hash.Sum(nil)              // 获取哈希值的字节表示
15.   hexResult := hex.EncodeToString(result)    // 将哈希值转换为十六进制表示
16.   fmt.Println(hexResult)
17.  }
```

在区块链中，交易被打包成区块，这些区块按照时间顺序连接在一起形成一个链。哈希函数被用来处理区块中的数据，计算出哈希值，并将它们存储在区块头中。同时，区块头还包含了父区块的哈希值。通过这种方式，区块之间相互连接，从而保证了数据的完整性和安全性。

在比特币中，广泛采用双 SHA-256 哈希函数。这个函数将任意长度的数据经过两次 SHA-256 哈希运算，最终生成一个长度为 256 位(32 字节)的二进制数字，用于统一存储和识别。这一哈希值成为区块链中的独特标识，确保了交易的真实性和数据的完整性。

双 SHA-256 的 Go 语言实现代码如下所示：

```
1.  package main
2.  import (
3.   "crypto/sha256"
4.   "encoding/hex"
5.   "fmt"
6.  )
7.
8.  func main() {
9.   // 输入数据，两个不同的交易
10.  transaction1 := "Transaction data 1"
11.  transaction2 := "Transaction data 2"
12.
13.  // 第一次 SHA-256 哈希
14.  hash1 := sha256.Sum256([]byte(transaction1))
15.  hash2 := sha256.Sum256([]byte(transaction2))
16.
17.  // 将两个哈希值连接在一起
18.  combinedHash := append(hash1[:], hash2[:]...)
19.
20.  // 第二次 SHA-256 哈希
21.  doubleHash := sha256.Sum256(combinedHash)
22.
23.  // 将哈希值转换为十六进制表示
24.  hexResult := hex.EncodeToString(doubleHash[:])
25.  fmt.Println(hexResult)
26. }
```

在这个示例中，我们首先对两个不同的交易(transaction1 和 transaction2)分别应用 SHA-256 哈希。然后，我们将这两个哈希值连接在一起，形成一个新的字节数组，最后再次应用 SHA-256 哈希来计算双哈希值。请注意，实际的比特币交易使用更复杂的结构，并包

括其他字段，但上述示例演示了如何计算双 SHA-256 哈希。

2. Merkle 树

Merkle 树（Merkle Tree）是区块链技术中的一项关键数据结构，具有快速验证和维护数据完整性的重要功能。它是一种二叉树结构，用于高效、安全地检查大量数据集中的内容。

Merkle 树的核心思想是将大量数据分层整理并生成数字指纹，以便有效地验证数据的完整性。这对于区块链中的交易数据非常重要，因为每个节点需要检查交易是否包含在区块中。Merkle 树中每个叶节点都是数据块或数据块的哈希值。树的每一层都是上一层的叶节点哈希值的组合。这个逐层组合的过程一直持续到达树根，树根的哈希值被称为 Merkle 根。

Merkle 树的构建过程通常如下所示：

（1）将区块中的交易按顺序排列。

（2）对每笔交易进行单独的哈希，形成交易哈希值。

（3）如果交易数量是奇数，则将最后一笔交易复制一次，使得交易数量变为偶数。

（4）两两配对交易哈希值，然后对每一对进行拼接并再次哈希，得到新的哈希值。

（5）重复步骤（4），直到只剩下一个哈希值，即 Merkle 根。

Merkle 树的结构确保了如果数据中的任何一个块发生变化，根节点的哈希值将发生变化。这为数据完整性提供了强大的保障。

如图 1.9 所示，假设我们有一组交易数据：

交易 1：A 给 B 转账 10 BTC

交易 2：C 给 D 转账 5 BTC

交易 3：E 给 F 转账 3 BTC

交易 4：G 给 H 转账 7 BTC

首先，我们对每笔交易进行哈希，得到交易哈希值。然后，将交易哈希值两两配对，并对每一对进行拼接：

Pair 1：SHA-256（交易 1）＋SHA-256（交易 2）

Pair 2：SHA-256（交易 3）＋SHA-256（交易 4）

接着，我们对拼接后的 512 位字符串再次哈希。最后再次对这两个哈希值进行拼接并计算 Merkle 根：

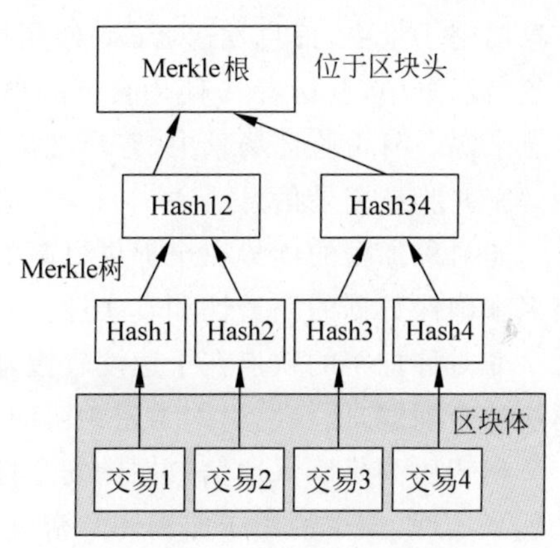

图 1.9　Merkle 树示意图

Merkle Root＝SHA-256（SHA-256（Pair 1）＋SHA-256（Pair 2））

Merkle 根的值将用作区块头中的根哈希值，以验证区块内的交易数据的完整性。通过 Merkle 树，我们可以快速验证任何一笔交易是否包含在区块中，并检测数据是否被篡改，确保区块链的数据安全和一致性。

Merkle 树在区块链技术中有广泛的应用。它的最显著作用之一是减少数据传输和验证的工作量。在比特币等区块链中，Merkle 树允许区块头只包含一个根哈希值，而不必携带所有底层数据，从而提高了网络效率和可扩展性。

另一个关键应用是“简化支付验证（Simplified Payment Verification，SPV）协议”，允许

用户无须下载并运行完整的区块链数据，而是只下载并验证与自己相关的区块头和相关的Merkle证明，即可验证交易数据。这可以减少网络带宽和存储需求，提高交易处理速度，同时也增强了网络的安全性和抵御攻击的能力。在比特币钱包Electrum、以太坊钱包MyEtherWallet中均采用SPV进行轻量级验证。

3. 其他加密机制

为了进一步提高区块链系统的整体安全性和可信度，区块链中采用了综合加密机制，包括非对称加密、密钥协商和对称加密等，它们共同构筑了区块链的安全堡垒。

非对称加密是区块链世界的一项重要安全技术。它被用于保障数据的隐私与验证身份。在非对称加密中，需要同时用到两个相关的密钥：公钥和私钥。公钥是公开分发的，任何人都可以获得。它被用来加密信息，以确保只有持有私钥的人才能解密。私钥是保密的，只有拥有私钥的个体能够解密数据或创建数字签名。私钥的保密性对于数据安全和身份验证至关重要。

常见的非对称加密算法包括RSA、Elgamal、Rabin、Diffie-Hellman(D-H)以及椭圆曲线加密(ECC)算法。这些算法为区块链提供了强大的数据加密和身份验证工具，确保了交易的隐私和完整性。

非对称密钥对具有以下两个重要特点：

(1) 一个密钥(公钥或私钥)用来加密信息，只有另一个密钥能够解密。

(2) 公钥可以公开分发，但无法通过公钥推导出私钥。私钥必须严格保密。

非对称加密技术在区块链中的应用场景主要包括信息加密、数字签名和身份验证。在信息加密场景中，信息发送者(A)使用接收者(B)的公钥对信息加密，只有B能够解密。数字签名场景中，发送者A使用自己的私钥加密信息，接收者B使用A的公钥解密，从而确认信息来源。身份验证场景中，客户端使用私钥加密登录信息，服务器接收并使用客户端的公钥解密并验证登录信息。

非对称加密的优势在于提供更高的安全性，因为它不需要共享密钥，同时可以提供数字签名来确保数据的完整性和真实性。

非对称加密的缺点在于速度较慢，因为它需要更多的计算来完成加密和解密过程。为解决这个问题，区块链引入了密钥协商和对称加密机制。

密钥协商是确保通信数据的安全性的关键环节。在区块链中，密钥协商通过协商对称密钥来实现，该密钥用于加密和解密通信数据。密钥协商过程如下：

(1) 通信双方交换公钥。

(2) 双方协商生成一个对称密钥，该密钥用于后续通信的数据加密和解密。

(3) 生成的对称密钥在通信双方之间保持机密，以确保通信的安全性。

对称加密是高效的数据加密和解密技术，它使用相同的密钥来加密和解密数据。尽管速度较快，但对称密钥的管理是一个关键挑战。

综合加密机制在区块链中的应用非常广泛。它确保了数据的隐私和完整性，保护了区块链上的交易和信息。它支持身份验证和数字签名，以防止未经授权的访问和数据篡改。它有助于密钥管理，确保密钥的机密性和安全性。

1.2.3 共识算法

由于区块链系统的去中心化属性，它在信息传输和价值转移方面采用共识机制，以确保每一笔交易在整个网络中都保持一致和准确。这一共识机制是区块链技术的基本组成部分,也是保障系统稳定运行的至关重要因素。

在区块链中,共识机制是一种协议或规则的集合,它使所有网络节点能够就交易的有效性达成一致意见。这种共识机制在没有中央权威的情况下,使区块链系统能够协调大规模的交易和数据传输,确保了整个网络的可靠性。

区块链共识机制的核心目标是避免双重支付和确保交易的真实性。这意味着当一个用户试图发送加密货币或执行其他交易时,其他节点都会验证和记录这一交易,从而防止欺诈和错误。这种协作机制消除了信任的需求,因为所有参与者都可以监督和验证每一笔交易。

不同的区块链系统可以采用不同的共识机制,目前区块链常用的共识算法主要包括实用拜占庭容错(Practical Byzantine Fault Tolerance,PBFT)共识、Raft 共识以及哈希图(Hashgraph)共识等。

1. PBFT

PBFT 是一种经典的拜占庭共识算法,旨在确保分布式网络在存在一定数量的恶意节点时仍能正常运行,并保持共识的正确性。下面让我们深入了解 PBFT 的主要原理和流程,以更好地理解它在确保分布式系统可靠性方面的作用。

PBFT 的核心思想是将参与共识的节点划分为主节点和副节点。主节点负责将交易打包成区块,而副节点则参与验证这些交易并将其转发。PBFT 的共识过程如图 1.10 所示,主要分为三个关键阶段:预准备、准备和接受。

(1) 预准备阶段:主节点会收集交易并对它们进行排序,然后提出一个合法的区块提案。这个提案会被广播给其他节点,包括副节点。

(2) 准备阶段:其他节点首先验证主节点提出的区块提案的合法性,验证通过后,它们会按照区块中交易的顺序逐一执行这些交易,并生成摘要,然后将这些摘要进行广播。

(3) 接受阶段:节点会接受来自至少 $2f+1$ 个其他节点(这里假设最多有 f 个恶意节点)的相同摘要,并在收到足够数量的投票后,便会存储该区块以及新的状态。

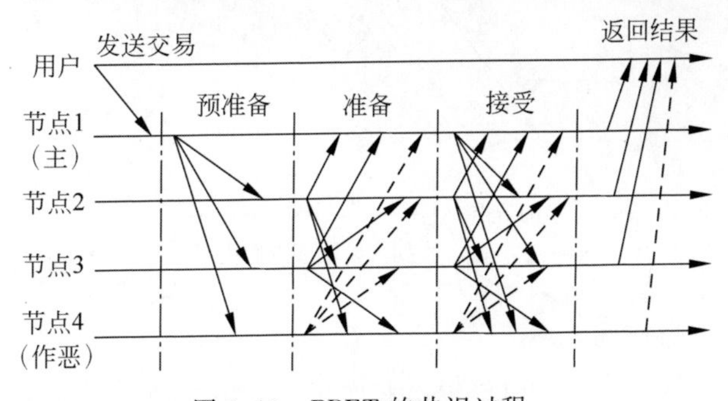

图 1.10　PBFT 的共识过程

这种方式可以确保在存在一些恶意节点的情况下,网络仍然能够就交易的有效性达成共识,从而维护整个系统的一致性和正确性。

需要指出的是,在 Hyperledger Fabric 的早期版本的共识机制中,曾经使用 PBFT 共识算法。然而,由于各种原因,后来被 Raft 共识算法所替代。这个转变表明了共识算法的选择取决于特定的需求和环境,以便更好地满足分布式系统的需求。

2. Raft

Raft是一种典型的容错共识算法，以其高可用性而闻名。目前，Hyperledger Fabric正在使用Raft共识算法。

Raft共识算法中，网络节点被分为三类：主节点、从节点以及候选节点，如图1.11所示，节点类型在特定条件下可以相互转换。节点的划分和节点类型的转换在确保分布式系统的可靠性和连续性方面起到了关键作用。

1）主节点

主节点主要负责管理日志的同步，处理来自客户端的请求，并与从节点保持持续的心跳联系。在正常情况下，一个Raft集群只有一个主节点，这个主节点负责协调和管理整个系统，确保数据的一致性和正确性。

2）从节点

从节点主要负责响应主节点的日志同步请求，回应候选节点的邀票请求，以及把客户端请求从节点的事务转发(重定向)给主节点。从节点只能简单地响应来自主节点或者候选节点的请求，不能主动发起请求。在特定情况下，如主节点宕机或Raft集群初次启动，从节点有可能会转换为候选节点，以发起新的主节点选举。

3）候选节点

候选节点的主要职责是发起主节点选举。当Raft集群初次启动或者当前的主节点宕机时，从节点会转换为候选节点，并发起选举过程。候选节点需要获得超过半数的其他节点的投票才能胜出，成功选举后将成为新的主节点。候选节点仅在选举新主节点时扮演这个角色，一旦选举成功，它们将变为新的主节点，管理日志同步和系统的正常运行。

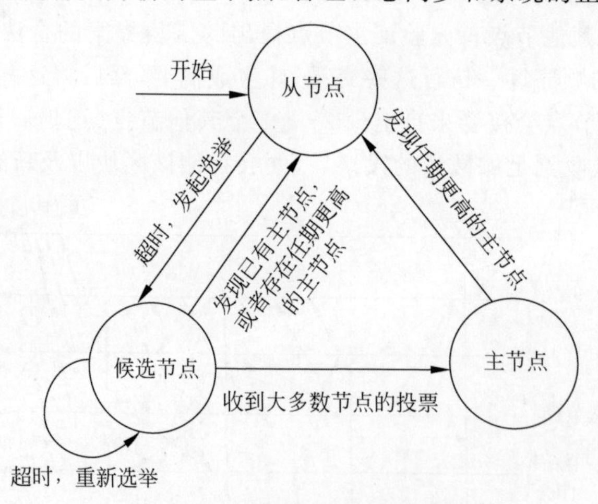

图1.11 Raft集群节点类型转换图

当网络正常运行时，只存在两类节点，即主节点和从节点。主节点负责将交易打包成区块，并将这些区块数据推送给从节点，以确保整个系统的数据同步。在这个过程中，主节点定期发送心跳信息，这些心跳信息会重置从节点的生存计时器，从而确保从节点了解主节点的活跃状态。当主节点遭遇崩溃或故障，这时从节点会自动转换为候选节点，并启动一轮新的主节点选举过程，以确保网络的自动恢复。

Raft共识算法的关键在于自动选举机制。这一机制确保了即使系统中的一些节点发生崩溃或故障，网络仍然能够迅速选择新的主节点，以维持系统的可用性。在某些联盟链中，可以降低对拜占庭容错的需求，而选择使用崩溃容错机制，以提高共识过程的速度。这意味着 Raft 算法在某些情况下能够提高共识速度，同时确保数据的安全性和可靠性。

3. Hashgraph

Hashgraph 是一种具有创新性的共识算法，于 2016 年首次提出。它通过虚拟投票的方式在基于有向无环图（Directed Acyclic Graph，DAG）结构的账本中实现了无主拜占庭共识（leaderless Byzantine fault tolerance）。这一特性使其成为与 Hyperledger Fabric 等区块链平台结合使用的强大工具，有望提升共识效率。

如图 1.12 所示，在 Hashgraph 中，每个网络成员（例如节点 A、节点 B、节点 C）都维护自己的一条链。这些成员之间通过一种被称为 gossip 协议的方式进行信息交互。成员之间频繁地以随机方式选择其他成员，将信息同步给对方。当一个成员接收到来自其他成员的同步信息时，它会在本地创建一个事件（event），以记录该同步历史。

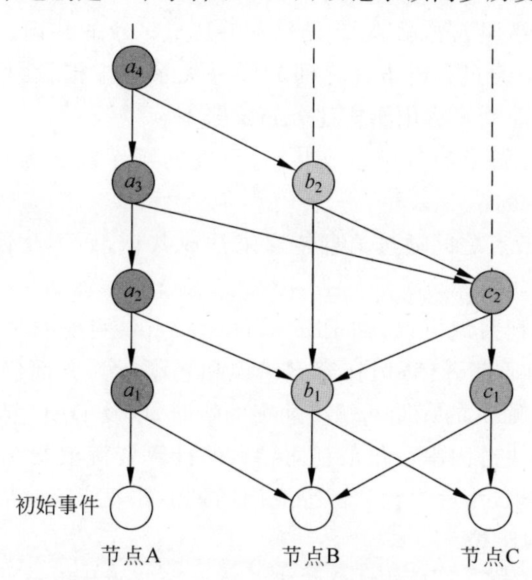

图 1.12 Hashgraph 共识示意

每个事件的结构如图 1.13 所示，包含以下几部分：时间戳、交易清单、两个哈希值以及签名。下面简单介绍前三部分。

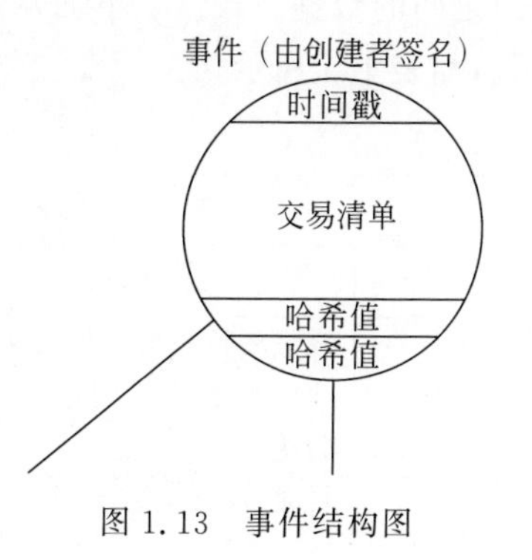

图 1.13 事件结构图

（1）**时间戳**：用于记录同步发生的时间。

（2）**交易清单**：包含零个或多个需要广播给全网的交易。

（3）**两个哈希值**：一个哈希值指向自己链上最新发布的事件，另一个哈希值指向别的节点的最新事件。事实上，第二个哈希值既记录了全网的事件同步历史、构成 Hashgraph 的 DAG 账本，也是虚拟投票的核心。

Hashgraph 使用虚拟投票机制来实现共识，这一机制与传统区块链的工作量证明（Proof of Work）或权益证明（Proof of Stake）等共识算法有所不同。虚拟投票机制的核心思想是通过模拟节点之间的通信和交流来达成共识，而不需要实际的物理投票。每个节点都可以将自己的事件广播给网络中的其他节点。接收到事件的节点将其添加到自己的Hashgraph中，并通过对事件的哈希值来验证事件的有效性。节点不断收集其他节点的事件，建立事件之间的关系，并计算事件的顺序。

Hashgraph中的虚拟投票机制原理如下。

(1) **事件交流**：节点之间通过互相传递事件的方式进行通信。当一个节点收到其他节点的事件时，它会检查这些事件的有效性，并将它们添加到自己的Hashgraph中。

(2) **建立虚拟投票**：每个事件都包含了一些关于其他事件的信息，包括对这些事件的"观点"。节点使用这些观点信息来模拟虚拟投票。

(3) **观点**：节点为每个事件提供了一个观点，表示该节点认为这个事件是有效的，并将其包括在其Hashgraph中。观点通常包括了节点认为事件的发生时间和事件的父事件。

(4) **异步拜占庭容错**：Hashgraph的虚拟投票机制是异步拜占庭容错的，这意味着系统可以容忍一定数量的错误或恶意节点，仍然能够达成一致的共识。

(5) **确定事件顺序**：通过分析事件之间的因果关系和虚拟投票，节点能够确定事件的全局顺序。这个全局事件顺序将用于构建分布式账本。

(6) **最终性**：一旦足够多的节点达成共识，事件的顺序被认为是最终的，不会被改变。这确保了共识结果的最终性。

在Hashgraph中，节点之间通过消息传递来达成共识，而不是像区块链那样通过工作量证明来竞争区块的创建权。

相较于传统的拜占庭共识协议，如PBFT，Hashgraph实现的是一种无主拜占庭共识。大幅降低了共识所需的通信开销，但在容忍错误和恶意行为方面仍然具有强大的安全性。此外，它充分利用DAG账本的存储和解决冲突的策略，以及DAG结构的高并发处理优势。这些特性解决了传统区块链因串行化限制而导致的计算资源浪费和性能瓶颈问题，实现了高吞吐量和低延迟的共识，为解决物联网等应用场景中的性能问题提供了新的思路。

4. 三种共识算法的比较

PBFT、Raft以及Hashgraph都是分布式系统中常见的共识算法，它们旨在确保不同节点之间的数据一致性。下面从安全性、性能、选主机制、通信开销和适用场景对它们进行比较，如表1.1所示。

表1.1 三种共识算法的比较

维　度	共识算法		
	PBFT	**Raft**	**Hashgraph**
安全性	强大的拜占庭容错能力，能够容忍少数节点的错误或恶意行为	良好的安全性，但主要用于容忍崩溃错误，而非恶意行为	异步拜占庭容错，提供高度安全性，能容忍错误或恶意节点
性能	性能较差，通信复杂度为$O(n^2)$	性能较好，由于主从结构，通信复杂度较低	高吞吐量，低延迟，性能优秀
选主机制	无主节点，每个节点都有机会提出提案	单一主节点，负责提出和分发提案	无主节点，所有节点都能参与共识

续表

维　　度	共识算法		
	PBFT	Raft	Hashgraph
通信开销	高，需要多轮消息交换	相对较低，因为只有主节点提出提案	相对较低，因为事件的传播是异步的
适用场景	高度安全的环境，如金融系统或政府应用	高可用性和相对较好性能的应用，如分布式数据库	高性能和分布式账本的应用，如金融和供应链管理等领域

在选择共识算法时，开发者需要综合考虑上述各个维度，以确保所选算法满足特定应用的需求。例如，对于需要高度安全和可靠性的系统，PBFT 可能是一个更好的选择；而对于性能要求较高的场景，Hashgraph 可能更为合适。无论如何选择，理解各个算法的优劣和适用场景是作出明智决策的关键。

1.2.4　智能合约

狭义的智能合约是指内嵌于区块链上的自定义程序脚本，广义的智能合约还包含程序脚本的编程语言、编译器、虚拟机、事件、状态机、容错机制等。智能合约可以约束参与方以事先约定的条件与规则自动执行事务，进而减少对中间人的依赖，使区块链能够灵活支持各类去中心化业务应用。智能合约可以实现在区块链上进行资产交换、交易管理、供应链追溯、投票等功能，在保障事务安全公平性的技术上提高了计算效率。

1. 自动执行：提高交易效率

智能合约的自动执行是其最重要的特点之一。一旦事先定义的条件满足，合约会自动执行相应的操作，无须人工干预。这种自动化执行显著减少了交易的延迟和处理时间，提高了交易的效率，尤其适用于需要快速响应的应用场景，如高频交易、供应链跟踪和在线拍卖。此外，由于合约执行不依赖人为干预，消除了人为错误的可能性，自动执行使得一系列复杂的业务逻辑能够以可预测和可靠的方式执行，减少了错误和欺诈的风险。

2. 不可篡改：保持完整性

智能合约的代码一旦部署到区块链上，就变得不可篡改，确保了合约的执行过程具有高度的可信度，没有人能够在合约执行过程中进行恶意修改。这一特性在金融交易和法律合同等需要保持完整性和不可变性的领域尤为重要。通过区块链的分布式性质，合约的安全性得到了增强，任何试图篡改合约的尝试都会在网络中被检测到。

3. 安全性：避免漏洞和错误

智能合约的安全性是至关重要的。由于合约一旦部署就不可修改，因此编写高质量、安全的代码至关重要。智能合约通常使用高级编程语言编写，但合约的复杂性和执行环境的特殊性意味着需要特别小心。审慎的代码编写、安全审计和漏洞修复是确保合同安全性的必要步骤，任何漏洞或错误都可能导致不可逆的损失，例如资金丢失或信息泄露。

4. 自足性：独立执行任务

智能合约通常具有自足性，它们可以自动访问区块链上的数据和状态，并基于这些信息执行预定的逻辑。它们不需要外部输入或干预，可以独立执行任务。这种特点使得智能合约可以适应多种应用场景，从金融服务到供应链追溯，尤其适合自动化业务流程和建立去中心化应用程序，可以处理数字资产、记录数据、执行计算和与其他合约进行互动，例如自动化支付、供应链管理和去中心化自治组织。

5. 透明性：建立信任

智能合约的代码和执行结果是公开可查的，任何人都可以查看合约的代码和历史执行记录。这种透明性有助于建立信任，参与者可以独立验证合约的运行方式，而不必依赖中央机构的承诺。透明性还可以用于监管和审计，监管机构可以随时审查合约的执行情况，确保合同遵循法规。

6. 多用途：适用于各种领域

智能合约不仅限于金融交易领域，它们具有广泛的应用。它们可以用于创建去中心化应用(DApp)以解决供应链管理、投票、数字身份验证、物联网和不动产登记等各种业务问题。在供应链管理中，跟踪产品的流向和质量。在投票系统中，它们可以用于建立透明和安全的选举系统。在数字身份验证中，它们可以用于管理和验证个人身份。智能合约的多用途性使得它们成为解决各种业务问题的有力工具。

7. 共识机制：确保验证和执行

智能合约的执行需要经过区块链网络中的节点的验证和共识。只有当足够多的节点同意执行合约时，它才会被部署到区块链上。这确保了合约的执行是经过验证的，是可信的，并防止了恶意行为。在公有链中，共识机制的参与者通常会收取费用，以鼓励他们验证和执行合约。

8. 编程语言：选择合适的工具

不同的区块链平台支持不同的编程语言用于编写智能合约，具体取决于区块链平台的支持。例如，以太坊使用 Solidity 语言，Hyperledger Fabric 支持 Go、node. js、Java、Python 语言。选择合适的编程语言取决于项目的需求和开发人员的熟练程度。不同的语言有不同的特点和工具，可以满足不同的用例。

1.2.5 区块链扩展技术

区块链的扩展技术能够增强区块链在各种场景中的适用性。下面详细讲解跨链技术、区块链大规模基础设施、多方安全计算以及与其他数字化技术的结合(如物联网、人工智能和 5G)。

1. 跨链技术：实现多链互联

跨链技术是一种使不同区块链网络之间能够互相通信和交互的技术。通过跨链技术，不同区块链之间可以实现资产的跨链转移、信息的跨链查询和智能合约的跨链执行等功能，优化了底层链的独立、垂直封闭体系，促进了不同区块链网络之间的互联互通。其示意图如图 1.14 所示，这有点像各种不同的银行能够互相合作和共享资金。

区块链领域目前对跨链已有初步的探索和积累，总结出了公证人机制、中继链、哈希锁定等跨链方案。各种跨链方案虽然有着不同的优缺点与适用场景，但是都解决了各区块链底层之间难以互联互信的问题，并通过横向扩展的方式突破了单链架构下的性能瓶颈。

2. 区块链大规模基础设施：构建可扩展网络

为了提升区块链网络的可扩展性与大规模组网能力，区块链大规模基础设施应运而生。这些基础设施包括区块链的多层级组网模式、区块链即服务(BaaS)、中间件等基本解决方案。多层级组网模式通过对区块链节点的分层管理实现区块链组网的大规模横向扩展性，

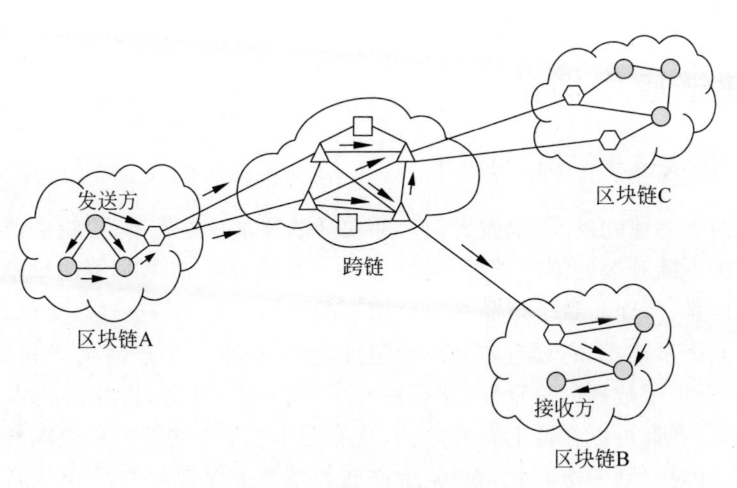

图 1.14　跨链技术示意图

就像建立多层级的网络基础设施一样；区块链即服务指将区块链框架嵌入云服务中，利用云服务设施的部署和管理优势，为用户提供快速便捷地创建、管理和维护区块链网络及应用的一站式区块链服务，就像租用云计算资源一样；中间件可以实现区块链网络的快速部署和可视化监控运维、智能合约的便捷开发、业务场景的快速落地，为用户提供便捷的区块链生态配套服务。

3. 多方安全计算：保护隐私的计算技术

多方安全计算（Multi-Party Computation，MPC）是一种保护隐私的计算技术，可以在多个参与方之间进行安全的计算，而不暴露私密数据。区块链技术与 MPC 技术的结合可以实现多企业、机构之间的高效安全数据共享，促进跨部门、跨机构、跨领域系统数据的互联互通，在保护数据隐私的基础上提升多方数据协作的效率，更好地发挥数据价值。

4. 与其他数字化技术的结合：发掘潜在可能性

区块链业界持续探索区块链技术与其他数字化技术的融合应用与发展方向，形成了许多有参考价值的方案。

1）物联网技术

区块链和物联网技术的结合可以实现设备之间的可信互联和数据的安全共享。通过将物联网设备的身份和数据记录到区块链中，可以确保设备的身份认证和数据的可靠性，从而实现物联网设备间的安全通信和智能合作。想象一下，您的智能家居设备如何通过区块链进行互联和数据共享。

2）人工智能技术

区块链和人工智能技术的结合可以实现去中心化的智能合约和智能合作。通过在区块链上执行智能合约，并结合人工智能技术，可以实现更加智能化和自动化的业务逻辑和决策。想象一下，机器学习如何在区块链上智能地执行合同。

3）5G 技术

5G 技术是下一代移动通信技术，具有高速、低延迟、高可靠性等特点，将对区块链应用产生积极影响。5G 技术可以为区块链应用提供更快速的通信和更稳定的连接，促进区块链应用在物联网、智慧城市等场景中的广泛应用。想象一下，5G 如何推动区块链在移动设备和智慧城市中的应用。

1.3 区块链应用场景

1.3.1 “区块链＋溯源”的应用

随着电子商务的蓬勃发展，消费者对产品质量的要求日益提高，传统的产品溯源方法已经无法满足这种不断升级的需求，因为它们存在一系列问题，如数据篡改风险、信息不透明、核实产品来源困难，从而导致了产品溯源可信度的问题。为了解决这一难题，我们可以采用区块链的分布式账本技术，它具有防篡改的特性，能够记录每个产品生产和交易步骤，确保数据不可篡改，保证了数据的完整性，从而提高了可信度。此外，区块链技术也强调信息的透明性，每个参与者都可以在链上查看数据，这有助于在消费者与产品之间建立信任。

举例来说，针对食品安全问题，农场、生产商和零售商可以将产品相关的信息上传到区块链网络中。消费者扫描产品上的二维码，即可迅速获得详细信息，如产品来自哪个农场、采用了什么种植方法以及收获日期是什么时间。这种透明度帮助消费者更好地了解食品的质量和安全性。

同样，在医药品领域，制药公司和药店可以使用区块链记录每个药物的生产和销售记录。这使得监管机构能够更容易地跟踪和验证药物的来源，确保药物质量和安全性。对于珠宝行业，宝石的来源、切工和重量等信息也可以被记录在区块链上，确保了宝石的真实性和价值。

1.3.2 “区块链＋供应链”的应用

在传统的供应链中，各个实体保存着各自的供应链信息，导致了信息不对称、信息孤岛、数据断层、流程烦琐和信任问题。进而导致交付延迟、损耗和供应链中断等问题。为了应对这些挑战，区块链技术被引入供应链管理，它通过搭建一个透明可靠的统一信息平台，让所有参与者能够实时查看物资的生产、运送等整个过程的状态信息，从而提高供应链管理的效率，实现对供应链中数据和流程的安全管理和透明协调。基于区块链的解决方案具有数据安全性高、流程效率高、成本低等优势。通过使用区块链技术，可实现对供应链中物资的追踪和认证，进而保证物资的质量和安全，提高供应链的可信度和可持续性。

举例来说，一家大型零售商可以使用区块链来追踪商品从生产厂家到商店的全过程，包括原材料采购、生产、运输、仓储等各个环节。每个环节都在区块链上留下记录，确保每个参与者都能够查看和验证这些信息。这不仅可以提高供应链的透明度，也可以帮助快速定位问题，例如货物滞留或质量问题。通过智能合约，物流可以自动触发付款，提高了效率，减少了纠纷。

区块链在供应链管理中的应用广泛，涉及了产品的流动，从原材料采购到最终产品交付。这包括原材料追踪，帮助企业确保原材料的可持续性和合规性；快速定位问题，当问题出现时，区块链记录可以帮助确定问题的源头，加速问题的解决；智能合约支付，通过自动化供应链支付提高了效率。区块链技术为供应链管理带来了新的透明度、可信度和效率，是构建更加可持续和高效供应链的重要工具。

1.3.3　“区块链+智慧城市”的应用

在构建智慧城市过程中，海量设备接入导致数据量激增，数据的隐私性和安全共享成为亟待解决的问题。区块链技术提供了一种解决方案，通过实现低成本设备连接和多个区块链节点参与验证，增强设备运行的安全性和私密性。此外，区块链可降低智慧城市系统复杂度，有效促进系统的高效、智能化运行。

举例来说，城市交通管理可以使用区块链来记录城市交通数据，包括车辆位置、速度和道路状况等，有助于使交通规划更智能，减少拥堵，降低碳排放。同时，市民的个人信息得到了更好的保护，因为数据不再由单一中央机构控制，而是分布在区块链上。区块链用于管理和验证市民的数字身份，提高身份验证的安全性，减少身份盗用，同时让市民更好地控制个人数据。区块链管理城市的能源供应，让市民更容易跟踪能源来源、参与能源市场，并减少能源浪费。这有助于确保能源供应的可持续性。

在智慧城市建设中，区块链技术不仅提高了数据的安全性和可靠性，还促进了智慧城市的可持续发展，提高了居民的生活质量。区块链为构建更智能的城市系统和更安全的数据共享提供了创新的解决方案。

1.3.4　“区块链+电子政务”的应用

电子政务在社会治理中发挥着重要的作用，数据孤岛、数据低质和数据泄露等问题是共性难题，同时业务流程优化和协同效率提升的问题也亟待改进。为解决这些挑战，区块链技术被引入电子政务领域，建立一个实时互联、数据共享、联动协同的智能化机制，以实现政务数据跨部门、跨区域维护和共同利用。这有助于促进业务协同办理，提高流程及数据的透明度，从而提升数字政务的精准处置能力。

举例来说，区块链可用于建立安全的选举系统，确保选举的公平性和透明性。政府可以将土地登记信息记录在区块链上，有效防止不正当的土地使用权转让和纠纷。同时，市民的个人数据可以由他们自行管理和验证，保护数据隐私，并让他们决定与哪些政府部门分享数据。

电子政务的目标在于提高政府服务的效率、可访问性和透明度，而区块链技术为实现这一目标提供了可行方案。它不仅提高了政府数据的安全性和透明性，还能应用于选举安全、土地登记、个人数据隐私等多个领域。这些示例展示了区块链如何为电子政务带来更高的可信度和效率，同时提升了政府服务的质量和可持续性。

1.4　本章小结

本章对区块链技术进行了全面深入的介绍，从基本概念、发展历程到运行机制，再到典型平台和关键技术，最后探讨了区块链在各个领域的应用场景。

在区块链基本概念的部分，本章详细解释了区块链的定义、结构和技术特点，为读者理解后续内容提供了坚实的理论基础。在介绍区块链的发展历程时，本章按照时间线将区块链的发展划分为三个主要阶段：数字货币时代、智能合约时代和大规模应用时代，展示了区块链技术的迅猛发展和应用领域的不断扩展。

在讨论区块链的运行机制时，本章从身份验证、交易流程和防止双重支付三方面进行了详细的说明。在典型区块链平台的部分，本章选取了以太坊、Hyperledger Fabric、FISCO BCOS和长安链等四种具有代表性的平台进行介绍，使读者能够更好地理解不同平台的特点和应用。

在区块链关键技术的部分，本章详细探讨了分布式存储、密码学应用、共识算法、智能合约和区块链扩展技术等核心技术，为读者提供了深入了解这些技术的机会。

最后，在探讨区块链的应用场景时，本章介绍了区块链在溯源、供应链、智慧城市和电子政务等领域的应用，展示了区块链技术的广泛应用前景。

通过本章的学习，读者应该能够对区块链技术有全面而深入的理解，并对其在实际应用中的巨大潜力有清晰的认识。

习题 1

一、单项选择题

1. 区块链技术最早是为了解决哪个问题而被提出的？（　　）
A. 数据安全　B. 交易速度　C. 身份验证　D. 数字货币

2. 在区块链结构中，每个区块包含上一个区块的什么信息？（　　）
A. 数据　B. 哈希值　C. 时间戳　D. 地址

3. 下列哪种技术不是区块链关键技术的一部分？（　　）
A. 分布式存储　B. 机器学习　C. 密码学技术　D. 共识算法

4. 在区块链技术中，哪种算法用于在分布式网络中达成一致？（　　）
A. 哈希算法　B. 加密算法　C. 共识算法　D. 排序算法

5. 区块链的主要特点包括（　　）。
A. 高度中心化　B. 不可篡改性　C. 低安全性　D. 缺乏透明度

6. 区块链技术在哪个领域的应用主要是提高数据透明度和追踪性？（　　）
A. 智慧城市　B. 供应链管理　C. 电子政务　D. 数字货币

7. 在区块链的哪个发展阶段，智能合约开始广泛应用？（　　）
A. 数字货币时代　B. 智能合约时代
C. 大规模应用时代　D. 初始阶段

8. 区块链的发展历程中，以下哪个阶段被称为数字货币时代？（　　）
A. 2008—2013 年　B. 2013—2019 年
C. 2019 年至今　D. 1990—2000 年

9. 哪种技术是区块链防止双重支付的关键机制？（　　）
A. 密码学技术　B. 分布式存储　C. 共识算法　D. 智能合约

10. 在区块链网络中，所有参与者都有一份完整数据副本的特点体现了区块链的哪个技术特点？（　　）
A. 去中心化　B. 可追溯性　C. 透明性　D. 匿名性

11. 在区块链中，用于验证和记录交易的算法流程是（　　）。
A. 分布式存储　B. 共识算法　C. 密码学技术　D. 智能合约

12. 区块链中的分布式存储具有哪些特点？（　　）
A. 高度中心化　B. 数据冗余　C. 缺乏可扩展性　D. 低安全性
13. 哪种密码学技术常用于区块链中的数据完整性验证？（　　）
A. 哈希函数　B. 非对称加密　C. 密钥协商　D. 对称加密
14. 智能合约具有哪些特点？（　　）
A. 需要手动执行　B. 可篡改　C. 低安全性　D. 自动执行
15. 在比特币系统中，用户身份的验证是通过哪种加密方式实现的？（　　）
A. 对称加密　B. 非对称加密　C. 哈希加密　D. 明文加密

二、简答题

1. 简述区块链的定义。
2. 描述区块链的主要技术特点。
3. 区块链技术是如何防止双重支付的？
4. 简述智能合约的作用。
5. 区块链在供应链管理中的应用主要解决什么问题？
6. 举例说明区块链在电子政务中的一个应用。
7. 区块链技术如何实现数据的去中心化存储？
8. 什么是共识算法，它在区块链中有什么作用？
9. 为什么说区块链的数据是不可篡改的？
10. 描述区块链在智慧城市建设中的一个可能应用。

第2章

物联网技术概述

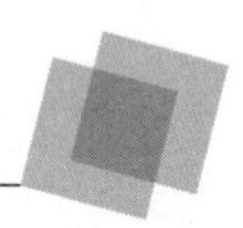

本章学习目标

(1) 了解物联网的基本概念与工作原理。

(2) 掌握物联网的四层架构。

(3) 了解物联网的关键技术与商用平台。

(4) 了解物联网在不同领域中的应用场景和应用方式。

2.1 物联网基础理论

物联网(Internet of Things,IoT)作为一种新兴的信息通信技术,正逐渐渗透到我们生活的方方面面,从工业制造、城市建设到家庭生活、个人健康,物联网都在发挥着越来越重要的作用。本节将对物联网的定义、发展历程以及应用领域进行简要的介绍。

2.1.1 物联网概念与特点

1. 物联网的定义

物联网是一种将各种物体通过网络连接起来的技术,其核心思想是通过各种传感器和设备,收集物体或环境的信息,然后通过网络将这些信息传输到数据处理中心进行分析和处理,最终实现对物体的智能控制和管理。在物联网中,物体可以是车辆、设备、建筑物,甚至是人体。通过物联网,我们可以实时了解物体的状态和环境,从而作出更加精准和智能的决策。

在国际上,众多权威组织给出了对物联网的定义。

国际电信联盟(ITU)在其发布的"ITU 互联网报告 2005:物联网"中,将物联网定义为"通过射频识别(RFID)、无线传感器网、全球定位系统等新一代信息技术,使物体具有智能化识别、位置、跟踪、监控和管理的网络"。

IEEE 对物联网的定义较为宽泛,认为物联网是一种将物体通过嵌入式设备和系统连接到互联网的网络架构,目的是实现物体与物体、人与物体的智能互联,提供先进的服务和应用。

中华人民共和国工业和信息化部对物联网的定义强调了信息传感设备在物联网中的重要作用,将其定义为"通过无线射频识别、无线局域网等信息传感设备,根据约定的协议,将任何物品与互联网连接起来，进行信息交换和通信，以实现智能化识别、定位、跟踪、监控和管理的网络”。

2. 物联网的特征

物联网，作为当今数字化世界的关键组成部分，具有一系列显著的特征，这些特征在实践中为各种领域的应用带来了巨大的潜力和机会。

1）广泛的连接性

（1）**无处不在的网络**：物联网构建了一个覆盖范围极广且无处不在的网络，通过整合各种传感器和设备，实现了从城市街道、农田，到工厂生产线和家庭等各个领域的全面覆盖。这使得物联网能够实时监测和管理不同地点的物体状态，确保了信息的实时性和准确性。物联网的网络展现出极高的灵活性，能够根据应用需求和环境条件选择最适合的接入方式和网络协议，无论是通过通信网、互联网、行业网络，还是采用有线或无线的连接方式，都能提供稳定高效的服务。这种灵活的组网方式促进了设备间的信息交互、资源共享和协同工作，推动了智能化应用的发展。

（2）**大规模连接能力**：物联网能够将各种传感器、设备和物体连接成一个庞大的信息互联网络，实现设备间的信息共享和互通。这种连接性为各种应用场景提供了丰富的数据来源和控制手段，强化了物联网在多个领域中的应用基础。

（3）**多样化的数据源和数据类型**：物联网能从多样的数据源中采集各种类型的信息，如传感数据、位置数据、图像数据和声音数据等，为不同应用提供了全面的信息基础。这些数据可以通过互联网进行传输、存储、处理和分析，为决策制定和问题解决提供了宝贵的资源。这种多样化的数据来源和数据类型进一步丰富了物联网的应用场景，确保了其在实际应用中的高效性和可靠性。

2）智能化处理

（1）**数据分析和挖掘**：物联网设备不断产生着海量的数据，这些数据涵盖了从环境参数到用户行为的各方面。为了从这些庞大的数据集中提取有价值的信息，需要依赖强大的数据处理平台进行深入的分析和挖掘。这些平台通常采用先进的机器学习和数据挖掘技术，能够识别数据中的模式和趋势，为用户提供深刻的洞察和决策支持。通过对数据的深入分析，企业和个人可以获得对其业务和活动的更加准确和全面的了解，从而作出更加明智的决策。

（2）**自动化**：通过将智能算法应用于各种系统和设备，物联网能够实现对这些系统和设备的自动化管理。这不仅提高了工作效率，还帮助节省了大量的资源。在工业领域，这可以表现为更加精细化的生产过程控制和资源分配；在家居领域，这可能是更加智能的能源管理和设备使用。

（3）**技术赋能设备**：物联网通过传感、数据处理和通信等技术，为物体赋予了智能化和自动化的能力。这使得设备能够感知环境、处理数据、作出决策并自主执行操作，从而更加独立地完成复杂任务，为用户提供便利和高效的服务。这种技术赋能不仅提升了设备的智能水平，还使得设备能够灵活适应不同的应用场景，提供丰富和高质量的服务，进而推动社会效率的提升和资源利用的优化。

3）高效的服务

（1）**实时性**：物联网中设备和传感器的实时数据采集和传输能力，为用户提供了获取即时信息和作出快速响应的可能性。这在智能交通、医疗监控等对时间极其敏感的应用场

景中尤为重要。实时获取的信息能够让系统迅速作出最佳反应，优化运作流程，确保了操作的效率和安全性，也增强了系统对突发事件的应对能力。

(2) **个性化服务**：物联网通过深入分析用户行为和偏好，能够提供定制化和更加贴心的服务。这种个性化的服务不仅提升了用户体验，还能更好地满足用户的具体需求，从而在提高服务质量的同时，也增强了用户的满意度和忠诚度。

(3) **资源优化**：物联网通过对各种资源进行有效的管理和优化使用，显著减少了资源浪费，提升了资源利用效率。这不仅表现在对物质资源的节约，还包括对时间和人力等其他类型资源的优化配置。通过精确的数据分析和智能算法，物联网确保资源在正确的时间和地点得到最合理的利用，从而推动了整体效率的提升和可持续发展的实现。

4) 灵活性和可扩展性

(1) **灵活性**：物联网展现出极高的适应性和灵活性，支持多种网络协议和设备类型。这使得它能够灵活地适应各种不同的应用场景和环境需求，确保系统的长期可持续性。无论是设备的部署方式，还是协议的兼容性，物联网都能够提供充足的支持，以满足不断变化和日益复杂的业务需求。

(2) **可扩展性**：随着业务需求的演变和技术的不断进步，物联网系统需要不断地进行扩展和升级。物联网提供了方便的机制来添加新的设备和服务，确保了平台的可扩展性和灵活性。这不仅有助于实现系统的持续完善和优化，还为未来可能出现的新需求和应用场景提供了充分的准备和支持。

5) 安全性和隐私保护

(1) **数据加密**：为了防止数据在传输或存储过程中被窃取或篡改，物联网广泛采用强化的加密技术。这些技术不仅应用于数据本身，也用于保护传输过程中的数据，确保信息的完整性和机密性。通过这种方式，即使数据遭到拦截，未经授权的第三方也无法轻易解读其内容，保障了数据的安全性。

(2) **访问控制与身份验证**：物联网系统通过严格的用户身份认证和细致的访问权限设置来确保只有经过授权的用户才能访问和操作设备及数据。这不仅包括对人员的认证，也涵盖了设备之间的相互验证，保证了系统内部的数据交流和指令传输的安全性。此外，通过对访问行为的记录和分析，系统能够及时发现并阻止任何异常或未授权的访问尝试。

(3) **隐私保护**：在物联网的设计和实施过程中，重视用户隐私的保护是不可忽视的一环。系统需遵守相关的隐私保护法规，采用有效的技术和管理措施来保护用户的个人信息和敏感数据。这包括对用户数据进行匿名化处理，限制对敏感信息的访问，以及确保用户对自己数据的充分控制权。这种对隐私的尊重和保护，不仅有助于增强用户对物联网系统的信任，也是物联网可持续发展的基石。

总体而言，物联网通过其广泛的连接性、智能化处理、高效的服务、灵活性和扩展性以及安全性和隐私保护，正成为连接物理世界和数字世界的重要桥梁，对社会的各个领域产生了深远的影响。随着技术的不断进步和应用的不断拓展，物联网的特点和优势将更加明显，其在未来社会中的作用将越来越重要。

2.1.2 物联网发展历程

物联网的概念起源于20世纪90年代，最早由麻省理工学院的凯文·阿什顿(Kevin

Ashton)提出。他把物联网定义为一种通过互联网连接物体,使它们能够互相交流信息并实现智能管理的技术。随着物联网技术的不断进步,它的应用领域也不断扩展,并在近年来迅速发展。如图 2.1 所示,物联网的发展历程可分为以下四个阶段。

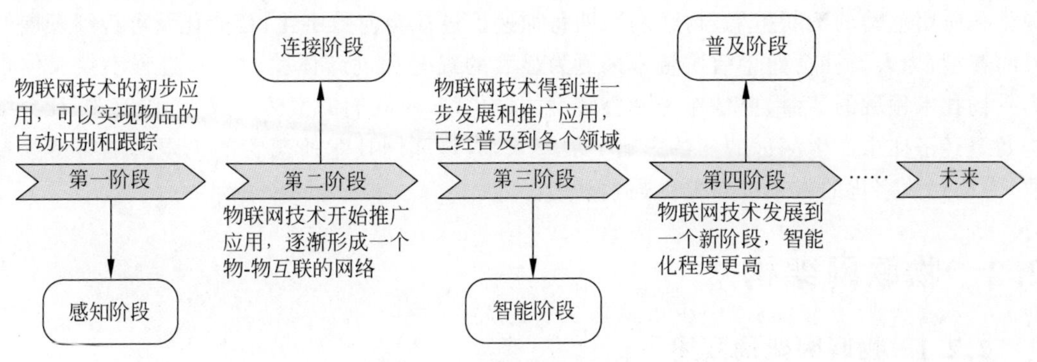

图 2.1 物联网发展历程

1. 第一阶段:感知阶段(20 世纪 90 年代)

在 20 世纪 90 年代,物联网技术迈出了它的第一步,这个阶段主要是关于感知和识别物体,射频识别(RFID)技术的应用在这一时期尤为重要。通过在物品上附加 RFID 标签,并使用 RFID 阅读器进行读取,物品可以被自动识别和跟踪,这标志着物联网初步雏形的形成。1999 年,科学家 Kevin Ashton 在 MIT 创建了 Auto-ID 中心,开始探索利用 RFID 技术将物体连接到互联网的可能性,并首次提出了“物联网”这一概念。

2. 第二阶段:连接阶段(21 世纪初)

21 世纪初,物联网进入了连接阶段。随着互联网的快速发展,物联网技术逐渐普及,物品通过互联网开始相互连接,形成了一个庞大的网络。为了推动物联网的发展,业界开始努力制定一系列标准和协议,以确保不同设备和平台之间的互通性。物联网技术在物流和供应链管理等特定领域得到了初步应用,展示了其巨大的潜力。

3. 第三阶段:智能阶段(2010—2020 年)

2010 年,物联网技术进入了智能阶段,不仅能够连接物品,还能实现智能化。IPv6 的引入解决了地址不足的问题,为物联网的大规模部署铺平了道路。同时,传感器和网络设备的成本大幅下降,智能手机的普及提供了强大的移动终端平台,云计算提供了强大的数据存储和处理能力,大数据技术使得对物联网产生的海量数据进行分析成为可能,这些都进一步推动了物联网的应用和发展。

4. 第四阶段:普及阶段(2020 年至今)

2020 年,物联网技术已经深入到日常生活的各方面,我们进入了一个物联网普及的时代。边缘计算逐渐成为物联网发展的重要趋势,减轻了云端的压力,提高了数据处理效率。人工智能技术与物联网的深度融合,为物联网提供了更加智能化的决策和服务能力。5G 网络的商用推广为物联网提供了更高速、更稳定的网络连接,进一步推动了物联网在智能家居、智慧城市、智能交通、智能医疗等领域的应用。

5. 未来展望

展望未来,物联网的发展前景无限光明,它将在构建智慧社会中发挥关键作用。预计物联网设备的数量将持续增长,最终实现万物互联的愿景。物联网将在智慧城市建设、交通管理、医疗服务等方面发挥重要作用，推动社会向更加智慧、高效的方向发展。

物联网技术的演进历程被划分为感知、连接、智能及普及四个核心阶段，每一阶段均涵盖了技术革新、应用领域拓展、标准制定与社会影响等多个关键维度。随着相关技术的持续深化和应用范畴的不断扩展，物联网预期将加速推进社会向数字化、智能化及可持续发展的方向转型，为人类社会的生活质量带来更为显著的提升和创新体验。这一进程不仅仅体现为一场技术领域的革命，更是作为社会转型的催化剂，对我们的生活方式、工作模式、社会结构乃至经济体系产生深远的变革影响。展望未来，物联网技术所蕴含的无限潜能将持续释放，为构建数字化的未来世界提供强大动力。

2.2 物联网架构

2.2.1 物联网架构概述

物联网的原理是通过各种信息传感器、射频识别(RFID)技术、全球定位系统、红外感应器、激光扫描器等装置与技术，实时采集任何需要监控、连接、互动的物体或过程的各种信息(如声、光、热、电、力等)，然后通过可能的网络接入，实现物与物、物与人之间的泛在连接，从而实现对物品和过程的智能化感知、识别和管理，最终实现"万物互联"的效果。

为了更全面理解物联网是如何实现其功能的，下面我们将探讨物联网的基本架构。如图 2.2 所示，物联网主要由四个层级构成，这些层级协同工作，以确保物联网系统的高效运行。

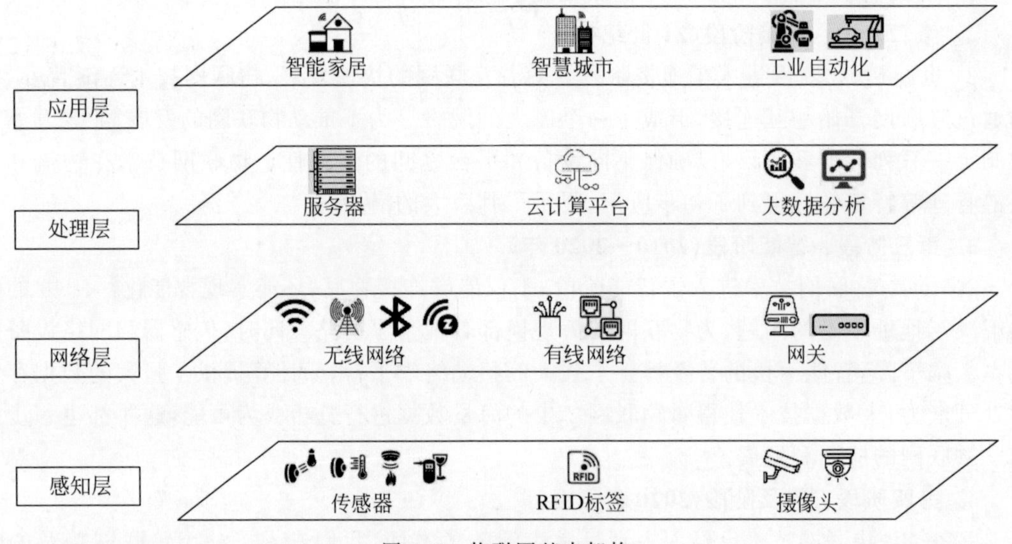

图 2.2 物联网基本架构

物联网的基本架构由感知层、网络层、处理层和应用层组成，实现从数据的收集、传输、处理到应用的完整流程，为实现"万物互联"的愿景奠定了坚实的基础。以下分别介绍每一层的功能以及主要的组成部分。

2.2.2 感知层

感知层也称为感测层，是物联网的底层，其主要职责在于对物理世界中的各种信息进行实时采集和初步处理。感知层是物联网的数据源，其精确性和可靠性直接影响到物联网系统的整体性能。这一层的设备和技术多种多样，包括但不限于各类传感器、射频识别(RFID)技术、智能设备等。

传感器在感知层中扮演着至关重要的角色，它们能够将环境中的物理参数(如温度、湿度、光照强度等)转换为电信号，以便进一步的处理和分析。传感器种类繁多，每种传感器都有其独特的用途和工作原理，可以根据监测目标的不同进行选择和应用。

RFID也是感知层中不可或缺的一部分。通过无线电波进行通信的RFID系统，可以快速且准确地识别和追踪标有RFID标签的物品，被广泛应用于物流、库存管理、资产追踪等领域。

智能设备作为感知层的重要组成部分，其内置的传感器和处理单元使其能够对收集到的数据进行初步处理，并根据预设的规则作出相应的反应，实现智能化的监控和管理。

2.2.3　网络层

网络层的主要任务是确保数据的有效传输和管理。这一层负责将感知层采集到的数据传输到处理层，并将处理层的反馈信息传输回感知层或直接传输至应用层。为了完成这些任务，网络层涵盖了多个关键的组成部分，包括网络设备和连接设备，各种通信网络和协议，如局域网、广域网、无线网络、蜂窝网络等，以及对应的数据传输协议，以确保信息能够安全、快速地从源头传输到目的地。

网络设备是网络层不可或缺的组成部分，它们通过特定的硬件和软件实现数据的路由、转发和处理。常见的网络设备包括路由器、交换机、网关等。这些设备通过不同的连接方式，如有线连接、无线连接、蜂窝网络等，构建起一个覆盖广泛、连接紧密的网络体系，确保数据能够快速、准确地在网络中传输。

通信协议定义了数据传输的规则和标准，确保不同设备间的互通性和数据传输的可靠性。在物联网中，存在多种通信协议，包括但不限于TCP/IP、MQTT、CoAP等。这些协议各有特点，能够满足不同应用场景和设备要求的数据传输需求。

2.2.4　处理层

处理层是物联网的核心，承担着对接收到的大量数据进行进一步存储、分析和处理的任务，目的是从这些数据中提取出有价值的信息并进行优化决策。为实现这一目标，处理层通常包括强大的服务器、数据库、边缘计算设备、云计算平台大数据分析工具等，运用了云计算、边缘计算和大数据分析等一系列先进技术。

云计算提供了强大的计算和存储能力，使得物联网设备可以将数据上传到云端，进行集中处理和分析。这样不仅节约了物联网设备的存储和计算资源，还便于进行更加复杂和深入的数据分析。

边缘计算则是在网络的边缘，靠近数据源头进行数据的处理和分析，减少了数据传输的时间和带宽需求，提高了响应速度和效率。

大数据分析技术运用统计学、机器学习等方法对海量数据进行挖掘和分析，从而发现数据背后的规律和价值。

2.2.5 应用层

应用层是物联网的前端，直接面向用户，负责将处理层提供的信息转换为直接的应用服务，为终端用户提供具体的物联网解决方案。通过对处理层提供的数据和信息进行再加工和应用，应用层能够将抽象的数据转换为具体、直观的服务和结果，更好地满足用户的需求。常见的应用领域包括智慧城市、智能家居和工业物联网等。

在智慧城市中，物联网技术可以用于交通管理、环境监测、公共安全等多个方面，提升城市管理的效率和水平。

在智能家居领域，物联网设备可以实现家电的远程控制、环境的智能调节等功能，提升居民的生活质量。

工业物联网则通过对工业设备的实时监控和维护，提升了工业生产的效率和安全性。

2.3 物联网关键技术

物联网是一个庞大而复杂的生态系统，其核心思想是通过将物体连接到互联网来使它们能够相互通信和交换数据。物联网的关键技术包括传感器与检测技术、网络通信技术、云计算与边缘计算、数据处理与分析技术，以及安全与隐私保护技术。下面我们将逐一对这些关键技术进行介绍。

2.3.1 传感器与检测技术

传感器是物联网系统中收集数据的基本单元。它们可以检测和响应环境中的物理或化学变化，并将这些变化转换为电信号。传感器和检测技术的发展是一个不断进步的过程，其背后涉及多个学科的交叉与融合，如物理、化学、生物学、材料科学和电子工程等。随着技术的发展，未来的传感器预期将更加智能、高效和多功能。

1. 传感器种类

传感器种类繁多，应用广泛，在各个领域都发挥着不可替代的作用。根据其感测的物理或化学量的不同可以分为多种。

(1) **位置和运动传感器**：GPS、加速度计、陀螺仪、磁场传感器等。

(2) **环境传感器**：温度、湿度、大气压、光线、空气质量等。

(3) **生物医学传感器**：心率、血压、血糖、体温等。

(4) **物理传感器**：压力、应变、力、声音、振动等。

(5) **化学和生物传感器**：用于检测特定的化学物质或生物分子，如气体传感器、pH 传感器等。

2. 传感器技术特点

随着技术的发展，传感器正变得更加微型化、集成化和智能化。

(1) **微型化技术**：随着微电子技术的进步，传感器尺寸不断缩小，这使得传感器更加便携，更容易集成到不同的设备中。

(2) **集成化技术**：实现了在单一芯片上集成多种功能，提高了传感器的性能和应用范围。

(3) 智能化技术：传感器内置处理器和存储，支持数据预处理、自校准和自适应等功能，提升了其在复杂环境下的稳定性和可靠性。

3. 材料与技术

传感器的性能在很大程度上取决于其所使用的材料和制造技术。

(1) 纳米技术：使用纳米材料制造的传感器具有更高的灵敏度和选择性。

(2) 微机电系统(MEMS)技术：通过微加工技术制造的微型传感器和执行器实现了复杂功能的微型化。

(3) 光学传感器技术：如光纤传感器、激光雷达(LIDAR)等，在速度和精度方面展现了独特优势。

4. 节能技术

许多传感器依赖电池供电，因此如何减少能耗、延长工作时间成为了一个重要研究方向。节能技术的应用，特别是能量采集技术的发展，为解决这一问题提供了新的思路和方法。

2.3.2　网络通信技术

物联网的网络通信技术是连接各个设备和系统的关键纽带，它包括无线网络、有线网络和各种网络协议。

1. 无线网络

无线网络在物联网中占据了举足轻重的地位，因为它为设备提供了灵活的连接方式。主要的无线网络技术包括以下 3 种。

1) 无线局域网 (WLAN)

无线局域网包括 Wi-Fi、ZigBee 和 Bluetooth 等技术。

Wi-Fi 是最常见的无线网络技术之一，提供高速数据传输，支持 2.4GHz 和 5GHz 频段，广泛应用于家庭和企业网络中。Wi-Fi 6 为最新标准，提供了更高的速度和改进的连接稳定性。

ZigBee 基于 IEEE 802.15.4 标准，设计用于小型、低功耗的设备，如智能家居中的灯光和温控系统，适用于传输距离短、功耗低的应用。

Bluetooth 适用于短距离通信，Bluetooth Low Energy (BLE) 版本特别适用于低功耗设备，如健康监测设备。

2) 无线广域网(WAN)

无线广域网包括低功耗广域网(LPWAN)和蜂窝网络等技术。

LoRa 和 NB-IoT 适用于远距离、低功耗的应用场景。LoRaWA 属于长距离低功耗网络，通过星形拓扑结构，实现城市或农村大范围覆盖。NB-IoT 是窄带物联网，由移动通信运营商提供，特别适用于大量设备的连接和数据收集。

蜂窝网络如 4G/5G，提供覆盖范围广、连接可靠的高速数据传输服务，适用于移动设备和远程连接。5G 网络还支持网络切片，为物联网应用提供定制化服务。

3) 无线个域网(WPAN)

无线个域网包括 RFID/NFC、短距离无线通信技术，常用于物流追踪和近场支付等应用。

2. 有线网络

在某些特定的物联网应用场景中，有线网络技术仍然是不可或缺的。

以太网是最常见的有线网络技术，提供稳定的高速连接，是企业和工业环境中常见的选择。

光纤通信技术提供极高的数据传输速率，能够实现长距离和高速的数据传输，常用于连接城市或广域网络，适用于数据中心和高速网络的核心部分。

电力线通信(Power Line Communication，PLC)通过电力线进行数据传输，避免了额外布线的需要。

串行通信技术如RS-232和RS-485，虽然速度较低，但在工业控制系统中被广泛应用，用于设备间的点对点通信。

3. 常用通信协议

通信协议为物联网设备提供了一种规范化的数据交换格式，确保不同设备和平台间的互操作性。

1) 消息队列遥测传输协议

消息队列遥测传输协议(Message Queuing Telemetry Transport，MQTT)是一种属于网络应用层的轻量级通信协议，采用了发布/订阅的模型，这使得它非常适合于网络条件不稳定且资源有限的环境中使用。该协议提供了三个等级的消息传递保证服务，范围从“不确认”到“确保只有一次传递”，用户可以根据自己应用的需求选择适当的服务质量等级。此外，MQTT还支持持久会话和遗嘱消息的特性，以确保即使客户端断开连接，相关方也能够获得通知。为了保障数据传输的安全性，MQTT协议还支持通过TLS/SSL实现传输加密。

2) 受限应用协议

受限应用协议(Constrained Application Protocol，CoAP)是一种设计用于M2M(机器对机器)通信的网络应用层协议，其基于REST架构，从而便于与HTTP协议集成。CoAP通过使用UDP作为其传输协议来减少通信开销，同时还提供了可选的消息确认机制以增强通信的可靠性。该协议支持多播请求和资源发现机制，进一步提高了网络通信效率。此外，CoAP还内置了观察机制，使得客户端能够订阅资源的变化，从而实时地获得更新。

3) 其他协议

高级消息队列协议(Advanced Message Queuing Protocol，AMQP)是一个更为复杂和功能丰富的消息协议，适用于企业级应用。数据分发服务(Data Distribution Service，DDS)为实时、大规模分布式系统提供了一种数据传输机制。HTTP/2和HTTP/3提供了更高效的HTTP通信方式，尽管仍然比MQTT和CoAP重，但在设备性能较好的环境下是一个不错的选择。

上述协议中，MQTT和CoAP常被认为是为物联网环境优化的协议，它们特别适用于网络条件不稳定且资源受限的设备。而AMQP虽然在物联网中有应用，但它最初是为解决企业消息传递问题而设计的，因此在企业级的系统中更为常见。DDS是一种为大规模分布式系统设计的中间件协议，也广泛应用于物联网场景。HTTP/2和HTTP/3是HTTP协议的新版本，虽然它们对性能进行了优化，但通常被认为比MQTT和CoAP更重，更适用于设备性能较好的环境。

2.3.3 云计算与边缘计算

1. 云计算基础

在云计算的世界中,计算资源被抽象化,并通过网络以服务的形式提供给用户,允许他们在任何时间和地点访问所需资源。这一模式的独特之处在于其自助服务的特性、对广泛网络访问的支持、资源的池化以及可弹性伸缩的能力,它根据用户的使用量进行收费,从而优化成本效益。

云计算的模型分为基础设施即服务(IaaS)、平台即服务(PaaS)和软件即服务(SaaS),它们分别提供从基础计算资源到完整应用程序的不同级别的服务。利用云计算,企业能够节省成本、快速扩展资源、提高灵活性,并确保服务的高可用性。然而,它也带来了对数据安全、隐私保护和合规性的挑战。

2. 边缘计算

边缘计算在数据生成的地点附近进行数据处理,从而提高了系统响应速度并降低了带宽需求。这种计算架构在物理层面上是分散的,能够提供低时延的服务,并对设备的地理位置有着很好的感知能力。

在各种应用场景中,如物联网、智能城市、自动驾驶和工业 4.0,边缘计算通过在本地处理大量数据,实现了快速响应和数据传输效率的优化。尽管边缘计算节点通常资源有限且管理复杂性较高,但它在提高数据安全性和提升系统响应速度方面的优势不容忽视。

3. 云边协同

云边协同结合了云计算的强大计算能力和边缘计算的低时延优势,通过高效的数据流管理、任务调度、资源协同和服务发现机制,实现了数据和服务的最优分配。这种协同作用在智能交通、远程医疗和工业自动化等领域展现了巨大的潜力,它不仅优化了数据处理流程,还提高了系统的整体效能。

4. 技术比较

在对云计算和边缘计算进行深入探索和比较之后,如表 2.1 所示,我们可以更清晰地认识到两者在性能、应用场景,以及安全性和隐私保护方面的差异和优势。

表 2.1 云计算与边缘计算技术对比

特性	技术	
	云计算	边缘计算
处理速度	高,由于资源丰富	依赖边缘节点的资源,可能较低但足以满足时延敏感应用
数据传输效率	高,但可能受到网络延迟的影响	高,因为数据在本地处理
系统稳定性	高,数据中心具有强大的冗余和备份机制	依赖单个或少数几个边缘节点,可能较低
应用场景	计算密集型和数据密集型应用,如大数据分析和机器学习	对时延敏感和需要本地处理的应用,如物联网和实时控制系统
安全性和隐私保护	面临外部攻击的风险较高,但通常有强大的安全措施和加密技术	数据在本地处理,有助于提高数据安全性,但设备本身可能更容易受到攻击
资源	丰富,几乎是无限的	有限,依赖边缘设备的能力

续表

特　性	技　术	
	云计算	边缘计算
管理复杂性	相对较低，由云服务提供商管理	较高，需要在多个分散的节点上进行管理
成本	通常按使用量付费，可根据需求弹性扩展	初始投资可能较高，但长期运营成本可能较低

通过上述技术对比，我们可以看出云计算和边缘计算各自在不同方面的优势和不足，这有助于根据具体应用需求作出更加明智的技术选择。

2.3.4　数据处理与分析技术

物联网数据处理与分析是将从各种传感器和设备收集到的大量数据转化为有用信息和知识的过程。这一过程涉及多个步骤和一系列技术，包括数据预处理、数据存储、数据分析和数据可视化，旨在从海量的原始数据中提取有价值的信息和知识。

1. 数据预处理

数据预处理是物联网数据处理的第一步，目的是提高数据的质量，便于后续分析。这一阶段主要包括数据清洗、数据转换和数据集成。

1）数据清洗

在这一步骤中，目标是识别并去除数据中的错误和不一致。常见的数据清洗工作包括处理缺失值、剔除异常值、消除重复数据等。可以利用 Pandas、OpenRefine 等数据清洗工具，也可以运用 SQL 查询或编写自定义脚本来实现数据清洗。

2）数据转换

数据转换的任务是将原始数据转换为更适合分析的格式。这可能包括数据归一化、数据离散化、特征编码等操作。数据归一化常用于将数值型数据缩放到一个指定的范围，以减少不同特征间的尺度差异对模型的影响；数据离散化则涉及将连续数值转换为离散类别；特征编码则是将类别型特征转换为数值型，以便机器学习模型可以处理。常用的工具和技术包括 Scikit-learn、Pandas 等。

3）数据集成

数据集成的目的是将来自不同来源的数据合并为一个统一、一致的数据集。这个过程可能涉及数据的对齐、冲突解决和数据融合等任务。数据集成的工具和技术手段包括 ETL（Extract，Transform，Load）工具（如 Talend、Apache Nifi）、数据仓库（如 Amazon Redshift、Google BigQuery）等。此外，SQL 也是一个强大的数据集成工具，尤其是在处理关系型数据库时。

2. 数据存储

在物联网环境中，由于设备众多且持续工作，数据的产生量非常庞大。因此，物联网数据存储技术必须具备高效性和可扩展性，以应对海量数据的存储和检索需求。

1）关系数据库

关系数据库主要用于存储结构化数据，如传统的表格数据。它提供了强大的查询和事务处理能力，保证了数据的一致性和完整性。常用的关系数据库系统包括 MySQL、

PostgreSQL 和 Microsoft SQL Server。这些系统支持标准的 SQL 查询语言，通过优化的索引和查询引擎，确保了即使在大量数据面前也能高效地进行数据检索。

2）NoSQL 数据库

NoSQL 数据库适用于存储半结构化或非结构化数据，提供了比关系数据库更为灵活的数据模型。常见的 NoSQL 数据库类型包括文档存储（如 MongoDB、CouchDB）、键值存储（如 Redis、DynamoDB）和列存储（如 Cassandra、HBase）。这些数据库通常能够水平扩展，提供了比关系数据库更高的写入和查询性能，尤其是在处理大量数据时。

3）时间序列数据库

时间序列数据库专为存储和查询时间标记的数据而设计，这类数据在物联网应用中极为常见，如传感器数据。InfluxDB 是一个常用的时间序列数据库，它提供了针对时序数据优化的存储引擎，支持高效的数据写入和复杂的时间范围查询。

4）数据湖

数据湖是一种分布式存储系统，能够存储大量的原始数据，并支持多种数据格式，如文本、图像、视频等。数据湖技术允许用户在需要时对数据进行处理和分析，不需要事先将数据转换为某一固定格式。常用的数据湖解决方案包括 Amazon S3、Azure Data Lake Storage 和 Apache Hadoop。

5）分布式数据库和云存储

为了应对物联网数据的存储需求，分布式数据库和云存储提供了灵活的扩展能力和强大的灾备功能。这些系统通过在多个服务器或数据中心分布数据，确保了数据的可靠性和可访问性。常见的云存储服务包括 Amazon S3、Google Cloud Storage 和 Azure Blob Storage。

3. 数据分析

在物联网环境中，数据分析是对海量设备生成的数据进行加工和理解的关键步骤，目的是从中提取有价值的信息和洞察。这个过程可以分为几个不同的类型，每种类型都有其独特的目的和应用场景。

1）描述性分析

这种分析主要关注于描述和总结过去发生的事件或状态。通过应用统计方法和可视化工具，例如 Tableau 和 Microsoft Power BI，描述性分析帮助人们理解历史数据的主要趋势和模式。

2）诊断性分析

当在数据中发现异常或者需要深入理解某个问题时，诊断性分析就派上用场了。这种分析旨在找出问题的根本原因。常用的技术包括数据挖掘和相关性分析，而工具如 R 和 Python 提供了强大的数据处理和统计建模能力。

3）预测性分析

预测性分析使用历史数据来预测未来的趋势或事件。这通常涉及机器学习和统计模型，如线性回归、决策树和神经网络等。通过工具和框架如 Scikit-learn、TensorFlow 和 PyTorch，预测性分析能够对未来进行准确的预测，从而帮助作出更明智的决策。

4）规范性分析

这种分析不仅仅停留在理解数据和预测未来的层面，还提出了如何通过采取特定的行动来改善或优化当前状况的建议。这可能包括优化供应链、提升设备效率或改进客户体验等方面。优化算法和模拟技术在这里发挥着重要作用,而工具如MATLAB和Simulink提供了强大的计算和模拟功能。

4. 数据可视化

在物联网环境中,数据可视化起着至关重要的作用,它将复杂的数据转换成直观的图形和图表,帮助用户更快更准确地理解数据背后的信息和趋势。

1) 图表和图形

这是最常见的数据可视化形式,包括条形图、折线图、散点图、饼图等。这些图表帮助揭示数据中的模式、趋势和异常。常用的工具和库有Microsoft Excel、Google Charts和D3.js。Excel提供了一套全面的图表制作工具,而Google Charts和D3.js则是用于网页的强大可视化库,支持高度定制和交互式设计。

2) 仪表盘

仪表盘是一个集成了多种可视化组件的界面,它能够提供实时数据监控和分析。常见的仪表盘工具有Tableau、Power BI和Grafana。这些工具允许用户拖拽式搭建仪表盘,集成各种图表和数据源,实现即时的数据展示和分析。

3) 地理信息系统(GIS)

GIS是一种专门用于管理、分析和展示地理空间数据的系统。它可以将位置数据与其他类型的数据结合起来,展示在地图上,从而提供更丰富的地理空间分析。常用的GIS软件有ArcGIS和QGIS,它们提供了一套完整的工具,支持地图制作、空间分析和地理数据管理。

2.3.5 安全与隐私保护技术

在物联网环境中,保护数据的安全和用户的隐私是至关重要的。安全与隐私保护是维护系统稳定和用户信任的关键因素。包括加密技术、认证与授权、安全协议、网络安全、设备安全与隐私保护等技术。

1. 加密技术

在物联网环境中,加密技术发挥着至关重要的作用,保障数据在存储和传输过程中的安全,防止敏感信息泄露和非法访问。这包括了数据加密、通信加密和端到端加密三个主要方面,涵盖了从数据生成、传输到存储的全过程。

1) 数据加密

数据加密涉及对存储在设备或服务器上的数据进行保密处理,从而防止未经授权的访问和篡改。

业界广泛采用了如高级加密标准(Advanced Encryption Standard,AES)这样的对称加密算法,它提供了高度的安全保障并被用于众多安全需求较高的场景。除此之外,RSA加密算法作为非对称加密算法也被用于安全通信和数字签名,而数据加密标准(Data Encryption Standard,DES)和三重数据加密(Triple DES,3DES)算法则提供了其他的加密选择。OpenSSL和GnuPG等提供了丰富的加密算法库,助力实现数据的安全加密。

2) 通信加密

通信加密则聚焦保护物联网设备与服务器之间传输的数据,确保其不会在传输过程中被窃取或篡改。

安全套接层/安全传输层(Secure Sockets Layer/Transport Layer Security,SSL/TLS)协议在这里扮演了关键角色,为网络通信提供了必要的安全和数据完整性保障。此外,数据包传输层安全(Datagram Transport Layer Security,DTLS)协议作为一种基于TLS的协议,针对数据报文提供了安全保护,非常适用于物联网场景。在实践中,OpenSSL和mbed TLS等工具广泛应用于实现安全的通信连接。

3）端到端加密

端到端加密技术保障了数据在传输过程中的完整性和保密性,确保只有通信的两端才能解密和访问原始数据。

这种加密方式对于防止中间人攻击尤为重要,常见的应用场景包括即时通信、邮件通信以及物联网设备数据传输等。优良保密(Pretty Good Privacy,PGP)协议和Signal Protocol等在这一领域发挥了重要作用,提供了加密、解密、数字签名和数字信封等服务,从而确保了数据通信的安全性。

2. 认证与授权

在物联网的环境中,认证确保了与系统交互的实体是合法的,而授权则决定了这些实体能够访问和操作的资源范围。通过有效的认证和授权机制,可以防止未经授权的访问和操控,确保系统的安全稳定运行。

1）设备认证

在设备认证方面,物联网设备需要被验证其合法性才能接入网络和服务。硬件安全模块(HSM)和受信任的平台模块(TPM)提供了强化硬件层面安全性的手段,帮助确保设备认证过程的安全性和可靠性。这些模块通常嵌入在设备的硬件中,能够安全地存储加密密钥和执行加密操作,从而提高了认证过程的安全性。

2）用户认证

在用户认证方面,除了传统的用户名和密码之外,多因素认证(MFA)提供了更加安全的认证方法。生物识别技术如指纹识别和面部识别,以及短信验证码等手段,可以与传统的认证方式结合使用,增强系统的安全性。常用的多因素认证解决方案包括Google Authenticator和Authy等。

3）访问控制

在访问控制方面,基于角色的访问控制(RBAC)和基于属性的访问控制(ABAC)是两种常见的控制策略。RBAC通过预定义的角色和权限来控制用户的访问,而ABAC则基于用户的属性和环境条件来动态决定访问权限。这两种策略可以根据不同的应用场景和安全需求进行选择和配置。

3. 安全协议

在物联网环境中,使用安全协议是保护通信和数据传输的重要手段。这些协议通过加密、认证和完整性检查等机制,确保数据在传输过程中的安全性和完整性,防止数据被篡改或泄露。安全协议在物联网设备的接入、配置和数据传输等各个阶段发挥着关键作用。

1）安全引导和配置协议

对于安全引导和配置协议来说,确保物联网设备在初次接入网络时就能建立安全的通信通道至关重要。设备身份认证和密钥交换协议在这一过程中起到了核心作用,它们帮助验证设备的身份并协商加密通信所需的密钥。常见的协议有TLS和DTLS,它们都提供了强大的加密和认证机制来保护通信安全。

2) 安全传输协议

在安全传输协议方面,MQTT over SSL/TLS是一种广泛使用的协议,用于保护基于MQTT的通信。除此之外,CoAPs(Constrained Application Protocol over DTLS)是另一种为资源受限的设备设计的安全协议。CoAPs在CoAP的基础上增加了DTLS的支持,提供了一种既轻量又安全的数据传输方式。这些协议共同为物联网设备提供了多样化的安全通信选项,确保了数据在传输过程中的安全性和完整性。

4. 网络安全

物联网是一个连接物理设备、车辆、家庭用品以及其他嵌入电子产品、软件、传感器、执行器和网络连接的系统,使这些物体能够收集和交换数据。随着物联网设备数量的增长和应用范围的扩展,网络安全成为了一个不可忽视的重要议题。网络安全技术的目的是保护这些设备和传输中的数据免受未授权访问和攻击。

1) 防火墙

防火墙是网络安全的第一道防线,它监控和控制进出网络的数据包,并根据一个应用的安全政策执行访问控制。在物联网环境中,防火墙可以部署在设备级,保护单个物联网设备;在网关级,保护整个局部网络;或者在网络级,保护整个网络架构。常用的防火墙包括Cisco ASA、Palo Alto Networks防火墙以及开源工具(如pfSense)。

2) 入侵检测系统与入侵防御系统

入侵检测系统(IDS)监控网络和系统活动,以寻找恶意活动或违反策略的行为。一旦检测到潜在的威胁,IDS将发出警告给管理员。与之配合使用的入侵防御系统(IPS)能够在检测到威胁时自动采取行动,阻止或减轻攻击。Snort和Suricata是两个广泛使用的开源IDS/IPS工具。

3) 安全事件管理系统

安全事件管理系统(SIEM)技术提供了实时分析和存储网络和系统活动的功能。通过收集和聚合来自不同源的日志文件,SIEM帮助组织快速检测、理解和应对安全威胁。SIEM系统应具备先进的分析和机器学习能力,以便更准确、更快速地检测和响应安全事件。常见的SIEM工具包括Splunk、IBM QRadar和ELK Stack。

5. 设备安全

随着物联网(IoT)设备在各个领域的广泛应用,设备安全成为了一个重要的议题。物联网设备通常包括各种传感器、执行器以及计算和通信模块,这些设备往往处于开放的环境中,容易受到物理和网络攻击。因此,确保这些设备的安全性对于整个物联网系统的安全至关重要。设备安全主要涉及硬件安全和固件安全。

1) 硬件安全

硬件安全关注的是设备物理组件的安全性。通过设计安全的硬件架构,可以防止未授权的物理访问和操作。例如,使用安全芯片(如TPM)可以为设备提供一个安全的启动环境和加密存储空间,确保敏感信息的安全。硬件安全模块(HSM)也是一种常用的工具,它提供了一种安全的方式来生成、存储和管理数字密钥。此外,通过物理隔离敏感组件,使用防篡改封装等手段也能增强硬件的安全性。

2）固件安全

固件是嵌入在硬件设备中的软件，它负责设备的启动和基本操作。固件安全关注的是确保固件代码的完整性和可靠性。黑客可能通过利用固件中的漏洞来攻击设备，因此，定期进行固件的安全审计是非常必要的。这可以通过静态代码分析、动态分析和模糊测试等方法来实现。确保固件更新的安全也是固件安全的一个重要方面，使用安全的启动和更新机制（如签名更新）可以防止恶意固件的安装。

6. 隐私保护

物联网技术通过连接日常物品到互联网，提供了极大的便利和效率改进，但同时也引发了严重的隐私保护问题。由于物联网设备能够收集大量的个人和敏感信息，因此采取有效的隐私保护措施至关重要。隐私保护技术旨在保护用户的个人信息，防止未经授权的访问和滥用。下面详细介绍一些在物联网中常用的隐私保护技术。

1）数据最小化

数据最小化原则指的是只收集实现应用或服务功能所必需的数据，而不是尽可能多地收集信息。这样做不仅可以减少存储和处理数据的负担，还能减少对用户隐私的影响。例如，如果一个智能照明系统只需要知道开或关的状态，那么就不应该收集用户的位置信息。实施数据最小化可以通过数据匿名化、数据加密和限制数据访问等技术手段来实现。

2）用户控制

赋予用户对自己数据的控制权是一种重要的隐私保护方法。这意味着用户应该能够查看、修改和删除存储在物联网设备或服务中的自己的数据。实现用户控制可以通过提供用户友好的界面和透明的数据使用政策来实现。此外，实施强大的身份验证和授权机制也是确保用户能够安全地访问和控制自己数据的关键。

3）隐私影响评估

在开发新的物联网应用或服务前，进行隐私影响评估（PIA）是一种有效的隐私保护方法。PIA 是一种系统的过程，用于识别和评估应用或服务对个人隐私的影响，并提出相应的缓解措施。这可以通过问卷调查、工作坊和风险评估等方法来实现。PIA 有助于组织更好地理解其应用或服务可能对用户隐私产生的影响，并采取适当的措施来保护用户隐私。

2.3.6 物联网平台

物联网平台是连接物理世界和数字世界的关键组件，为设备管理、数据处理和应用开发提供全面的支持。通过提供一站式解决方案，物联网平台简化了物联网项目的复杂性，加快了开发周期，并提高了整个系统的效率和可靠性。这些平台通常包括设备管理、数据可视化、应用开发和安全保护等多个功能模块。接下来，我们将详细讨论这些模块，并对市场上几种流行的物联网平台进行对比分析。物联网平台为设备连接、数据处理和应用开发提供了一站式解决方案。

1. 物联网平台核心功能模块

1）设备管理

设备管理是物联网平台的核心功能之一，它涵盖了从设备注册到设备维护的全过程。设备注册过程通常包括设备识别、设备认证和设备配置等步骤。设备维护包括设备状态监控、故障诊断、远程控制和固件更新等功能。通过设备管理，用户可以确保所有设备的稳定运行，并快速响应任何设备故障或异常情况。

2）数据可视化

数据可视化是将设备收集到的数据转换为直观图表或报告的过程，帮助用户更容易理解数据的趋势和模式。通过可定制的仪表板和图表，用户可以实时监控设备状态和性能指标，从而作出更明智的决策。

3）应用开发

物联网平台提供了一系列开发工具和API，简化了应用开发过程。开发者可以利用这些工具快速构建、测试和部署应用，无须从头开始开发。这不仅加速了项目交付，还提高了开发效率和应用质量。

4）安全保护

随着物联网设备数量的激增，安全问题变得越来越重要。IoT平台提供多层次的安全措施，包括设备认证、数据加密、访问控制和入侵检测等，以保护设备和数据免受威胁。

2. 商用物联网平台

市场上流行的商用物联网平台包括Microsoft Azure IoT Suite、AWS IoT、Google Cloud IoT、IBM Watson IoT、阿里云IoT和华为云IoT等。这些平台各有特点，适用于不同的应用场景。

1）Microsoft Azure IoT Suite

Microsoft Azure IoT Suite是由微软提供的一套全面的物联网解决方案，它支持强大的设备连接和管理，提供了丰富的数据分析和可视化工具，并与其他Azure服务高度集成，适用于需要复杂数据分析和业务流程集成的企业级物联网应用，如智慧城市和智能制造领域。

2）AWS IoT

AWS IoT是亚马逊提供的物联网平台，它以高度可扩展和灵活著称，提供广泛的设备连接和管理功能，并且拥有强大的安全措施和数据处理服务。AWS IoT适用于各种规模的企业和开发者，尤其是那些需要高效设备管理和数据分析的应用，如智能家居和工业物联网领域。

3）Google Cloud IoT

Google Cloud IoT由谷歌提供，强调实时数据处理和分析，提供端到端的数据处理服务和高效的设备管理功能，同时拥有丰富的机器学习和数据分析工具。这个平台特别适用于需要实时数据流分析和大数据处理的应用，如智慧城市和物流监控领域。

4）IBM Watson IoT

IBM Watson IoT是由IBM提供的物联网平台，它利用公司在认知计算方面的强大实力，提供复杂的数据分析和预测建模工具，支持全面的设备管理和数据处理服务，适用于大中型企业，特别是那些需要进行复杂数据分析的应用，如智能制造和能源管理领域。

5）阿里云IoT

阿里云IoT由阿里巴巴集团提供，凭借其强大的云计算和大数据处理能力，为用户提供了丰富的设备连接和管理功能。该平台不仅支持多种设备类型和通信协议，还提供了全面的安全保护措施，确保用户设备和数据的安全。阿里云IoT广泛应用于工业互联网、智慧城市和智能家居等领域，特别适合在亚洲市场运营的企业和开发者，以及需要在中国部署物联网应用的国际公司。

6）华为云 IoT

华为云 IoT 由华为公司提供，该平台以其强大的通信设备和网络技术为基础，为用户提供了一系列的数据分析工具和应用开发资源。通过这些工具和资源，用户能够高效地处理和分析来自各种设备的数据，并快速开发出满足特定需求的物联网应用。在安全方面，华为云 IoT 也提供了全面的安全保护措施，保护用户的设备和数据不受威胁。该平台主要服务于工业制造、智慧城市和物联网网络运营等场景，并适用于中国及全球市场的大中型企业，特别是在通信和网络方面有特殊需求的应用。

2.4 物联网应用领域

物联网在各个行业中得到了广泛应用，包括但不限于智慧城市、智能交通、智能家居、智能农业、智能医疗、智能物流等。这些应用在提高效率、降低成本、改善生活质量、推动产业升级等方面发挥了积极作用，成为物联网发展的典型应用场景。以下将从物流、仓储、医疗和智慧城市四个角度简述物联网在不同场景的应用。

2.4.1 "物联网+物流"的应用

物联网技术在物流领域的应用是物联网和物流行业的强大结合，为现代经济发展带来了革命性的变革。传统的物流运输方式存在一系列问题，如低效率、高成本、风险管理困难等，这些问题对供应链和货物流通产生了不利影响。物联网技术的引入为解决这些问题提供了创新的解决方案，提高了物流效率、降低了运输成本、改善了风险管理，并提高了客户满意度。这一技术趋势将继续推动物流行业的发展，使其更具竞争力和可持续性。

1. 提高物流效率

传感器和设备的安装使得货物和运输工具能够实时通信和共享数据。这意味着物流公司可以准确追踪货物的位置和状态，以及运输工具的性能和运行情况。这种实时监控使物流公司能够更好地规划路线、优化运输计划和资源分配，从而显著提高了物流运输的效率。货物可以更快速、更准确地送达目的地，减少了滞留时间和不必要的等待。

2. 降低运输成本

物联网技术帮助物流公司降低了运输成本。通过实时监控，公司可以避免运输中的停滞、堵塞和浪费，从而节省了燃料成本和人力资源。此外，通过精确的数据收集和分析，公司可以更好地管理库存，减少库存积压和过多的库存管理成本。这些成本节省可以传递给客户，使运输更加经济高效。

3. 风险管理

传统物流中的风险管理常常是一项挑战。物联网技术通过实时数据收集和分析，使物流公司能够更好地应对各种风险情况，如交通拥堵、突发事件、货损和货物遗失。公司可以更快速地采取应对措施，减少潜在的风险和损失。此外，物流公司还可以提供更准确的货物跟踪和保险服务，提高货物安全性，降低风险。

4. 提高客户满意度

物联网技术不仅有助于物流公司提高效率，还提供了更好的客户服务。客户可以实时跟踪他们的货物，了解交货时间，减少了不确定性。此外，物联网技术使客户能够更容易地与物流公司进行沟通，提出问题或特殊要求。这增加了客户的满意度，有助于维护和建立客户忠诚度。

2.4.2 “物联网+仓储”的应用

物联网技术在仓储领域的应用带来了革命性的改变，传统仓储过程中存在货物丢失、盘点困难、自动化程度低等问题，通过在仓储过程中使用物联网技术，可以将货物信息通过网络实时上传到云端，并通过物联网设备实现对货物的实时监控，进而解决传统仓储过程中的问题。“物联网+仓储”的应用使传统仓储变得更加智能、高效和安全。这不仅提高了仓储业务的竞争力，还为企业带来了更多的机会来提供高质量的货物管理和供应链服务。物联网技术在仓储领域的广泛应用将继续推动这个行业的创新和发展。

1. 实时货物跟踪和监控

传统仓储通常需要人工操作和手动记录，容易出现货物丢失和错误。通过将物联网传感器和设备部署在仓库中，可以实现对货物的实时跟踪和监控。传感器可以收集货物的位置、状态和温湿度等信息，然后将这些数据通过网络实时上传到云端。这意味着仓储管理人员可以随时随地访问货物的实时信息，不再依赖手动盘点和记录。这有助于降低货物丢失的风险，提高了货物的可见性。

2. 提高仓储效率

物联网技术可以大幅提高仓储效率。仓库管理人员可以通过实时数据分析来优化货物的存储和分配，以确保货物的快速处理和交付。此外，物联网设备还可以与自动化设备（如自动叉车和机器人）集成，以实现自动化仓储操作。这不仅提高了工作效率，还减少了人力成本。

3. 降低成本

传统仓储过程中的人力和纸质记录带来了额外的成本。物联网技术的应用可以降低这些成本。自动化仓库操作减少了人力需求，而实时监控和数据分析有助于降低废料和损失，减少了额外的成本。此外，减少货物丢失的风险也减轻了损失的负担，从而提高了盈利能力。

4. 货物安全性

通过物联网技术，货物的安全性得到了显著提高。实时监控和数据分析可以及时发现异常情况，如货物被盗或受损。此外，温湿度传感器可以确保货物的质量得到维护，这对于需要特殊温度和湿度条件的货物（如食品和药品）来说尤为重要。

5. 问题诊断和解决

物联网技术还可以帮助仓储管理人员及时发现并解决问题。通过实时数据，可以快速识别潜在的问题，如库存过多或不足，货物停滞，或者仓库操作中的瓶颈。这使管理人员能够迅速采取措施来解决这些问题，保持仓储流程的高效性。

2.4.3 “物联网+医疗”的应用

物联网技术在医疗领域的应用代表着医疗领域的数字化和智能化革命，它有效地应对了传统医疗过程中存在的医疗信息不及时、不准确等问题。通过使用物联网技术，可以将患者的生命体征数据实时传输到云端，并通过物联网设备实现对患者健康状态的实时监控。医生可以通过云端平台实时查看患者的健康数据，并及时了解患者的健康状况。“物联网+医疗”的应用极大地改进了传统医疗过程，提高了患者的医疗体验，加强了医生的治疗能力，降低了医疗成本，实现了更加智能和高效的医疗体系。这一技术趋势将继续推动医疗领域的创新和改进。

1. 实时患者监测

物联网技术的应用允许医疗专业人员实时监测患者的健康状况。通过将生命体征传感器与患者身体连接，例如心率监测器、血压计、血糖仪等，患者的生命体征数据可以实时传输到云端。这些数据可以包括心率、血压、体温、血糖水平等关键指标。医生可以通过云端平台随时查看这些数据，无论患者身在何处。这种实时监测使医生能够更快速地作出干预和治疗决策，提高了患者的生命质量。

2. 远程医疗诊断

物联网技术使得远程医疗诊断成为可能。不仅可以远程监测患者的生命体征，还可以进行远程医疗咨询和诊断。医生和患者之间可以通过视频通话、消息或电话进行交流，医生可以查看患者的数据和症状，提供医疗建议或制订治疗计划。这对于那些身处偏远地区或无法轻松前往医院的患者来说特别有益。

3. 个性化医疗

物联网技术的应用使个性化医疗成为可能。通过实时监测和分析患者的健康数据，医生可以为每位患者制订个性化的治疗计划。这意味着治疗更加精确，减少了不必要的药物使用和医疗资源的浪费。患者可以获得更好的医疗体验，因为医生可以更好地了解他们的健康状况和需求。

4. 医疗效率提升

物联网技术的应用还有助于提高医疗效率。患者的生命体征数据可以自动收集和记录，减少了人工数据输入的错误和延迟。医疗机构可以更好地管理医疗设备和资源，优化排班和治疗计划，提高了医院运营的效率。这降低了医疗成本，同时提供了更好的医疗服务。

5. 降低医疗成本

通过提高医疗效率、减少不必要的检查和医疗资源的浪费，物联网技术可以降低医疗成本。患者不必频繁前往医院进行监测，而是可以在家中接受监测，并通过云端与医生交流。这不仅减少了患者的医疗费用，还有助于医疗保险公司降低理赔成本。

2.4.4 “物联网+智慧城市”的应用

物联网技术的应用对于建设智慧城市具有深远的影响，它为城市管理和服务领域带来了前所未有的机会。通过在城市中部署大量的物联网传感器，可以实时监测城市的交通流量、环境污染、能源消耗等信息，从而进行城市资源的智能调度和管理。“物联网+智慧城市”代表了现代城市管理和治理的未来趋势。通过数字化、智能化和可持续发展的方法，智慧城市将为城市居民提供更好的生活品质，同时也有助于城市的可持续发展和竞争力提升。这个概念将在未来持续引领城市发展的方向。

1. 实时城市监测

在智慧城市中，数以千计的物联网传感器被部署在城市各个角落，包括交通路口、垃圾桶、公共建筑和环境中。这些传感器能够实时监测各种数据，如交通流量、垃圾桶的填充程度、空气质量、温度、湿度、能源使用等。这些数据汇集到一个中心数据库中，使城市管理者和政府部门能够随时随地了解城市的运行情况。

2. 智能资源调度

基于实时数据，城市管理者可以实现智能资源调度。例如，交通数据可以用于优化交通信号，减少拥堵和改善交通流动性。智能垃圾桶可以在需要时自动报告需要清空，提高了垃圾收集的效率。智能能源监测可以帮助城市管理者更有效地管理电力和水资源，减少浪费。这些措施不仅提高了资源利用效率，还有助于降低城市的运营成本。

3. 数字化转型

智慧城市代表了政府行业的数字化转型。传感器和物联网技术的应用使政府部门能够更加高效地提供服务，采取预防性措施，而不是只应对问题。政府可以更好地满足市民的需求，提供更好的城市治理和服务。

4. 生态环境改善

"物联网＋智慧城市"的应用有助于改善城市的生态环境。实时监测空气质量和污染水平使城市能够更及时地应对环境问题。这有助于降低污染水平，改善居民的健康状况。同时，智能绿化和节能措施可以减少城市的碳排放，有助于应对气候变化。

5. 提高生活质量

"物联网＋智慧城市"的建设旨在提高居民的生活质量。通过智能交通系统、更高效的能源使用、更洁净的环境和更好的公共服务，居民可以享受更便捷、更舒适的城市生活。智慧城市还可以提供更多的文化和娱乐活动，增强社交联系，提升城市的吸引力。

2.5 本章小结

本章对物联网技术进行了全面的概述，从物联网的基本概念、发展历程、架构设计，到关键技术的讲解，以及物联网在不同领域中的应用场景。

在概述部分，我们了解了物联网的定义、特征和发展的四个主要阶段，以及对未来物联网发展的展望。物联网架构部分详细介绍了物联网的基本架构和各层的功能，为我们提供了一个从感知到应用的完整视角。

关键技术部分重点讲解了物联网运行中不可或缺的技术，包括传感器技术、网络通信技术、数据处理与分析技术，以及安全与隐私保护技术，这些技术保障了物联网系统的高效、稳定运行，并确保了数据的安全性。

最后，通过对物联网在物流、仓储、医疗和智慧城市等领域的应用场景的分析，我们可以清晰地看到物联网技术如何改变和优化这些领域的运作方式，提高效率，降低成本，并最终提升用户满意度和生活质量。

通过本章的学习，我们对物联网有了更为全面和深刻的认识，为进一步深入学习和应用物联网技术奠定了坚实的基础。

习题 2

一、单项选择题

1. 物联网的定义中不包括(　　)。

A. 物体互联　　B. 信息共享　　C. 人与人的交互　　D. 人与物的交互

2. 物联网的发展历程中,哪个阶段主要关注于物体的连接?(　　)

A. 感知阶段　　B. 连接阶段　　C. 智能阶段　　D. 普及阶段

3. 在物联网的基本架构中,哪一层负责数据的采集?(　　)

A. 感知层　　B. 网络层　　C. 处理层　　D. 应用层

4. 物联网中的传感器技术不包括(　　)。

A. 传感器种类　　B. 传感器技术的特点

C. 数据存储　　D. 节能技术

5. 在物联网中,用于物体间信息传输的技术是(　　)。

A. 传感器技术　　B. 网络通信技术

C. 数据处理与分析技术　　D. 安全与隐私保护技术

6. 以下哪个选项不是数据处理与分析技术的组成部分?(　　)

A. 数据预处理　　B. 数据存储　　C. 数据分析　　D. 数据删除

7. 在物联网的应用场景中,哪个领域主要涉及实时者监测?(　　)

A. 物流　　B. 仓储　　C. 医疗　　D. 智慧城市

8. 哪一项技术用于物联网中的安全与隐私保护?(　　)

A. 加密技术　　B. 传感器技术　　C. 数据分析　　D. 通信协议

9. 物联网中,用于提高物流效率的应用场景是(　　)。

A. 物联网＋物流　　B. 物联网＋仓储

C. 物联网＋医疗　　D. 物联网＋智慧城市

10. 以下哪个选项不属于物联网平台的核心功能模块?(　　)

A. 数据预处理　　B. 数据存储　　C. 用户管理　　D. 传感器管理

11. 在物联网的发展历程中,哪个阶段主要集中于智能应用的开发?(　　)

A. 感知阶段　　B. 连接阶段　　C. 智能阶段　　D. 普及阶段

12. 物联网的特征不包括(　　)。

A. 全面感知　　B. 可靠传输　　C. 智能处理　　D. 独立运行

13. 物联网在仓储领域主要解决的问题是(　　)。

A. 风险管理　　B. 实时货物跟踪和监控

C. 远程医疗诊断　　D. 智能资源调度

14. 在物联网中,处理层主要负责(　　)。

A. 数据的采集　　B. 数据的传输

C. 数据的处理和分析　　D. 用户接口的提供

15. 物联网在智慧城市应用中不包括(　　)。

A. 实时城市监测　　B. 节能技术　　C. 数字化转型　　D. 提高生活质量

二、简答题

1. 简述物联网的基本概念。
2. 描述物联网的四个发展阶段。
3. 解释物联网中的“感知层”及其作用。
4. 物联网中的网络通信技术有哪些分类?
5. 物联网在医疗领域有哪些应用场景?
6. 什么是物联网平台,其核心功能模块有哪些?
7. 简述物联网的安全与隐私保护技术。
8. 物联网在智慧城市建设中有哪些作用?
9. 物联网在物流领域主要解决哪些问题?

第3章

“区块链+物联网”深度融合

本章学习目标

(1) 理解区块链和物联网的共同目标,特别是在确保数据安全、去中心化和智能合约应用方面。

(2) 掌握区块链如何增强物联网的数据安全、追溯性和设备认证。

(3) 了解物联网为区块链创造的新机遇,并识别双方融合应用中的挑战和解决方案。

(4) 熟悉区块链在物联网中的实际应用,包括智能合约和数据保护等方面。

(5) 探索区块链和物联网的未来发展方向,并培养批判性思维和问题解决能力。

3.1 区块链和物联网的相互作用

随着技术的不断发展,区块链和物联网成为了当代最具创新性和变革潜力的技术领域。这两种技术虽然起源不同,但它们之间的相互作用和融合,正在开辟出一系列新的应用场景和商业模式。

3.1.1 探析共同目标

区块链和物联网技术分别为现代社会带来了革命性的变化,其根本目标在于通过技术创新和系统改进来增强现有系统的效率和安全性。虽然这两种技术在实现目标的方式上存在差异,但它们在追求数据安全性、系统去中心化以及智能合约应用方面展现出了高度的一致性和互补性。下面我们将详细探讨这三个共同目标。

图 3.1 为我们提供了一个直观的视角,展示了区块链与物联网在实现这三个共同目标方面的相互关系和互动方式。

1. 确保数据安全和完整性

物联网通过众多的传感器和设备不断地生成和传输各种类型的数据,这些数据涵盖了从环境参数的监测,如温度、湿度和空气质量,到工业设备的性能和状态信息,再到个人设备的使用数据等多个领域。这些数据的准确性和及时性对于实现高效的系统控制、优化业务流程和提高决策质量都至关重要。

然而,随着物联网设备数量的剧增和系统复杂性的提升,传统的中心化数据存储和传输方法暴露出诸多安全漏洞。黑客可以通过各种手段攻击系统,篡改、窃取或伪造数据,从而

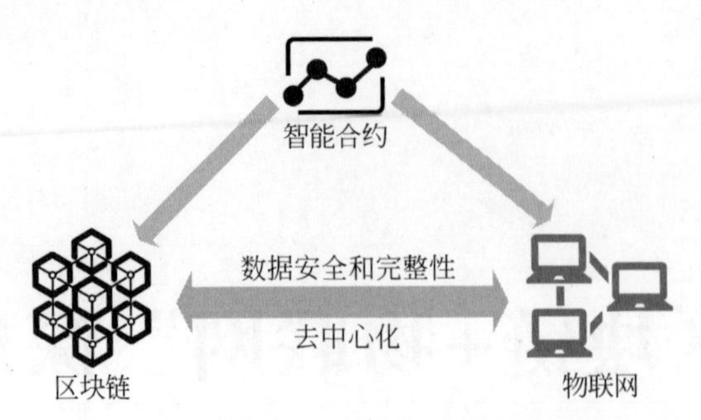

图 3.1 区块链与物联网的共同目标示意图

对系统的正常运行和用户的利益造成严重威胁。例如,攻击者可能篡改工业传感器的数据,导致生产线故障或质量问题;或者窃取用户设备的数据,侵犯用户的隐私。

因此,在物联网系统中,确保数据的安全性和完整性变得尤为重要。区块链通过运用先进的密码学技术和去中心化的网络结构,为物联网系统提供了一种高度安全且不可篡改的数据存储和传输解决方案。利用区块链技术,我们可以确保设备生成的数据在整个传输和存储过程中的安全性和完整性,从而大大降低了数据遭受攻击的风险。

2. 去中心化机制的作用

物联网系统的一个显著特点是其设备和节点广泛分布在不同的地理位置,形成了一个庞大且复杂的网络。这些传感器、设备和节点负责收集、处理和传输各种数据,以实现环境监测、设备控制、状态监测等多种功能。然而,这种分布式的网络结构也带来了一系列挑战,尤其是在数据管理和设备协作方面。

在传统的物联网系统中,数据通常需要通过中心化的服务器进行交互和处理,这不仅增加了数据传输的时间和成本,还可能成为系统的瓶颈和攻击的目标。此外,中心化服务器的存在也使得系统容易受到单点故障的影响,一旦服务器出现问题,整个系统可能陷入瘫痪。

区块链技术的引入为解决这些问题提供了新的方案。其去中心化的网络结构使得每个设备都可以直接与其他设备进行通信和交互,无须通过中心化的服务器。这种点对点的通信方式大大提高了数据传输的效率,减少了通信过程中的延迟和成本。

此外,区块链网络中的每个节点都保存有完整的数据副本,即使部分节点遭受攻击或发生故障,其他节点仍然可以维持系统的正常运作,确保数据的完整性和可靠性。这种分布式的数据存储方式不仅增强了系统的抗攻击能力,也提高了系统的容错能力,使得物联网系统更加稳健和可靠。

3. 智能合约的作用

智能合约是一种在区块链网络中运行的自动化程序,用于在不同参与方之间执行合约条款或验证交易条件。通过将合约条款编码为可执行的代码,智能合约消除了对中介机构的需求,确保了合约执行的透明性、一致性和不可篡改性。在物联网系统中,智能合约发挥着重要作用,通过实现设备操作的自动化、提高设备管理的透明度、确保设备操作的不可篡改性、降低中介成本、降低设备操作的欺诈风险、提高系统响应速度和故障处理能力等方面,推动了物联网技术的发展和应用。

1) 设备操作的自动化

在物联网系统中,大量的设备需要进行实时的管理和控制。通过智能合约,设备的操作可以根据预定的规则自动执行,无须人工干预。这不仅提高了操作效率,还确保了操作的一致性和准确性。

2)提高设备管理的透明度

所有在物联网系统中执行的智能合约都存储在区块链上,并对所有参与方可见。这意味着设备的状态、操作记录和管理规则对所有相关方都是透明的,提高了系统的可信度和透明度。

3)确保设备操作的不可篡改性

一旦智能合约被部署到区块链上,其代码和数据就变得不可篡改。这保证了一旦设备操作规则被设定,就不会被任意更改,确保了设备操作的一致性和可靠性。

4)降低中介成本

在传统的物联网系统中,设备管理和数据交换通常需要依赖第三方中介或中央服务器。而在基于区块链的物联网系统中,智能合约实现了设备管理和数据交换的去中介化,降低了系统运营成本。

5)降低设备操作的欺诈风险

智能合约的透明性和不可篡改性也降低了物联网系统中设备操作的欺诈风险。任何不符合合约规则的操作都会被网络其他节点检测到并拒绝执行,确保了设备操作的真实性和可靠性。

6)提高系统响应速度和故障处理能力

在物联网系统中,设备状态的实时监测和快速响应至关重要。智能合约可以根据设备的实时数据自动触发相应的操作,如故障报警、设备维修请求等,提高了系统的响应速度和故障处理能力。

3.1.2 物联网为区块链开辟新机遇

随着物联网技术的不断发展,大量的设备被连接到互联网,实时生成和传输数据。这不仅推动了物联网技术本身的发展,也为区块链技术带来了全新的应用前景和商业机会。在本节中,我们将深入探讨物联网是如何为区块链技术开辟新机遇,并推动双方的协同发展。

1. 提供丰富的数据源

物联网设备覆盖了从家庭到工业,从城市到农田的各个角落,成为一个强大的数据生成引擎。这些数据对于区块链应用来说具有极高的价值。

1)实时数据

物联网设备能够实时感知环境变化,并将数据发送到网络中。这为区块链应用提供了大量的实时信息,使其能够对环境变化作出快速响应。例如在智能农业中,通过感知土壤湿度、气温等数据,区块链智能合约能够自动调节灌溉系统,优化农作物的生长条件。

2)数据验证

物联网设备生成的数据在上传到区块链网络之前,可以通过加密和时间戳的方式确保其不可篡改性。这对于需要追踪产品来源的供应链管理,或者需要保证数据真实性的医疗健康应用来说至关重要。

3)数据共享

物联网和区块链的结合使得数据共享变得更加容易和安全。通过智能合约,数据的生产者可以精确控制谁可以访问他们的数据，以及在什么条件下可以访问。

2. 实现区块链的跨链互操作

物联网生态系统庞大且复杂，涉及众多不同的设备和网络。实现这些不同系统之间的互操作性是一项巨大的挑战，但也是一项巨大的机遇。

1）数据整合与共享

通过实现不同区块链网络之间的互操作性，物联网设备生成的数据可以在不同网络之间流通，从而实现数据的整合和共享。这对于建立统一的物联网标准和协议，推动整个行业的发展具有重要意义。

2）应用层集成

跨链技术使得不同物联网系统中的设备和应用可以被整合到统一的平台中，实现更加协调一致的服务。这对于提高物联网应用的用户体验，推动物联网技术的普及具有重要意义。

3）扩展性

跨链互操作性不仅使得区块链网络能够覆盖更广泛的应用领域，还使得物联网设备能够更加灵活地部署和使用。这对于提高物联网系统的灵活性和扩展性具有重要意义。

3. 探索新的商业模式

通过结合物联网和区块链技术，我们能够探索全新的商业模式和价值创造方式。

1）设备资源共享

利用区块链技术，我们可以实现物联网设备资源的去中心化共享。用户可以通过智能合约直接租借其他用户的设备资源，如存储空间、计算能力等，从而降低成本并提高资源利用率。

2）设备租赁模式

区块链技术使得设备租赁变得更加透明和可信。租赁双方可以通过智能合约明确权责，确保交易的公平性和透明性。

3）打造数据市场

区块链技术使得数据交易变得更加安全和高效。用户可以将自己的数据上链，通过智能合约实现数据的可控共享和交易，从而获得经济回报。

3.2 区块链物联网系统

3.2.1 区块链在物联网中的应用

随着物联网技术的快速发展，其在各行各业的应用也日益广泛。随着物联网设备数量的激增以及数据量的剧增，如何确保物联网系统的安全性、数据隐私和设备身份认证成为了亟待解决的问题。本节将深入探讨区块链技术在物联网中的应用，重点关注其在实现智能合约、提升系统安全性、保护数据隐私、进行设备身份认证以及确保数据的可追溯性和不可篡改性等方面的作用。具体内容如图 3.2 所示。

1. 智能合约在物联网中的应用

随着物联网技术的不断发展，传统的设备管理和业务流程正逐渐转变为更加智能化和自动化的模式。在这一背景下，智能合约作为区块链技术的核心组成部分，以其自动执行合

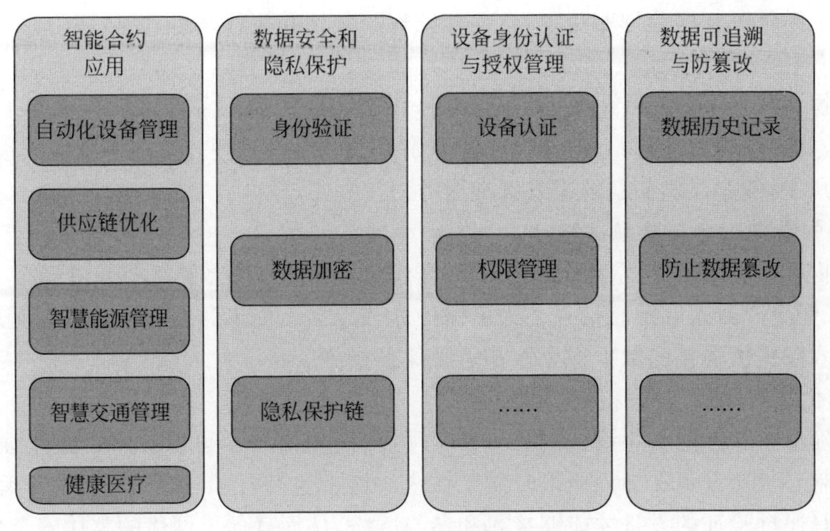

图 3.2 区块链在物联网中的应用

约规则和条件的能力，在物联网领域中的应用涵盖了业务流程的自动化和设备管理的智能化。

1）自动化设备管理

智能合约能够利用通过物联网设备收集到的实时数据，对设备的运行状态进行实时监测。当检测到设备的运行异常或故障时，智能合约将自动触发预设的维修或报警机制，确保系统能够稳定且高效地运行。这种自动化的设备管理不仅提高了设备维护的效率，还有助于降低维护成本，提升设备的使用寿命。

2）供应链优化

在物流和供应链管理领域，智能合约结合物联网设备对货物状态的实时监测，可以自动执行货物追踪、支付结算等流程。这不仅大大提升了供应链的透明度，还提高了整个供应链运营的效率和可靠性。通过智能合约，各参与方能够实时获取到准确无误的物流信息，进一步减少了因信息不对称造成的损失。

3）智慧能源管理

在智慧电网的应用场景中，智能合约可根据实时的能源需求和供应状况，自动调整电网的运行参数，实现能源的高效和合理分配。这不仅提高了能源利用的效率，还有助于实现可持续发展的目标。智能合约的引入使得能源管理变得更加灵活和智能，有助于构建更加稳定可靠的能源供应体系。

4）智慧交通管理

通过利用物联网设备对城市交通状况进行实时监测，智能合约能够根据交通流量自动调整交通信号灯的运行状态，有效缓解交通拥堵问题，提高道路通行效率。这种智能化的交通管理模式不仅提升了城市交通的运行效率，还有助于减少交通事故的发生，提升城市居民的出行体验。

5）健康医疗

在医疗健康领域，智能合约结合物联网设备，能够对患者的健康状况进行实时监测，并在检测到异常情况时自动触发预设的响应机制，如通知医生或紧急联系人。此外，智能合约还可以用于优化医疗保险理赔流程，自动验证理赔条件并执行赔付，提高理赔效率并减少欺诈风险。

随着物联网技术的不断成熟和广泛应用，智能合约作为一种在区块链网络上运行的自动化程序，其应用领域也将不断拓宽，在智慧农业、智能家居、环境监测等方面都极具应用潜力，有望为各行各业提供创新解决方案和服务。

2. 加强数据安全与隐私保护

随着物联网技术的广泛应用，涉及的数据越来越庞大，其中包括个人健康信息、智能家居数据、工业生产数据等敏感信息。为了保护这些数据不受未经授权的访问和滥用，区块链技术被引入以提供强化的数据安全性和隐私保护措施。

1）强化物联网设备的身份验证机制

为了确保物联网网络中设备的身份真实可靠，区块链技术可以被用于建立强有力的身份验证机制。每个设备在加入网络时需要在区块链上进行注册，获得一个独一无二的身份标识。只有通过验证的设备才能够接入和参与网络，从而确保了网络的整体安全性。

2）在物联网中应用数据加密技术

在区块链技术的支持下，物联网中的数据在存储和传输过程中可以进行加密处理。只有拥有正确密钥的用户或设备才能够解密数据，这为数据的保密性提供了额外的保障。这种加密机制有效防止了未经授权的第三方访问和窃取数据，从而保护了用户的隐私。

3）构建隐私保护链

在一些对隐私要求极高的应用场景中，如医疗保健和金融服务等，可以利用区块链技术构建专用的隐私保护链。在这些私有链上，只有经过严格认证和授权的参与者才能够访问存储在链上的数据。这种方式在满足法律法规对隐私保护要求的同时，也为用户提供了更为安全、可靠的数据保护服务。

3. 提高设备安全性

区块链技术在物联网领域的应用极大地加强了设备的安全性，确保了设备身份的可信度，并有效预防了设备冒名顶替和网络攻击等安全威胁。下面详细探讨区块链如何在提高设备安全性方面发挥作用。

1）实现设备的有效认证

为了确保物联网网络中设备的身份真实可信，区块链提供了一种安全可靠的身份认证机制。设备在首次接入物联网网络时，需要提交其身份证明，这些身份信息随后被安全地记录在区块链上。通过对区块链中存储的身份信息进行验证，可以确保只有经过认证的设备才能够接入网络，从而有效提高了网络的整体安全性。

2）完善权限管理机制

利用区块链上的智能合约，可以构建灵活且高效的权限管理系统。设备根据预定的规则和条件，通过智能合约自动获取所需的访问权限，而无须中央管理员的人工干预。这种去中心化的权限管理方式不仅提升了系统的效率，还增强了权限分配的灵活性和适应性，能够迅速响应网络条件的变化。

3）防范设备冒名顶替和网络入侵

区块链的不可篡改性确保了一旦设备身份信息被记录在链上，任何人都无法对其进行修改或删除。这种机制有效防止了恶意攻击者通过伪造或篡改设备身份来实现冒名顶替和网络入侵，从而提高了物联网设备的安全性。

4. 确保数据的可追溯性和不可篡改性

在物联网应用中，数据的真实性和完整性对于系统的可靠性和用户的信任度具有至关重要的作用。区块链技术凭借其不可篡改性和去中心化的特性，为确保物联网中数据的可追溯性与不可篡改性提供了强有力的支持。

1）保存和管理数据历史记录

区块链技术使得在物联网系统中产生的每一份数据都被加密并永久保存，形成完整的数据历史记录。这些记录保存了数据从产生到变更的全部过程，为用户提供了一种可靠的方式来追溯数据的来源和变更历史。无论是为了问题排查、系统审计，还是为了满足法规要求，这种数据的可追溯性都发挥着不可替代的作用。

2）构建防篡改的机制

在区块链网络中，每一份数据的存储都依赖分布式的节点共识机制，而非集中在单一的服务器上。这种分布式存储的特性使得任何试图篡改数据的行为都极其困难。即便是攻击者成功篡改了网络中某一个节点的数据，这种篡改也会因为与网络中其他节点的数据不一致而被迅速检测并纠正。因此，区块链技术为物联网中的数据提供了一种强有力的防篡改保护。

3）优化数据安全管理

区块链的加密算法和分布式存储机制共同作用，为物联网中的数据提供了多重保护。即使在面临复杂多变的网络攻击环境下，区块链仍能保证数据的完整性和真实性，为用户和系统提供了一个安全可靠的数据环境。

3.2.2 分析典型应用场景

为了更加深入地了解区块链技术在物联网中的具体应用及其所带来的优势，本节将通过分析一系列实际案例，展示区块链在优化供应链管理、智慧城市建设、医疗健康行业的应用、智能家居的实现和应用四方面的独特作用及其潜在价值。

1. 优化供应链管理

供应链管理作为一个复杂的流程，涉及众多参与方和环节。通过引入区块链和物联网技术，我们能够对整个供应链实现更为精准和高效的管理。

1）透明度和可追溯性的提升

在传统的供应链管理中，信息的孤岛现象严重，各参与方往往保留着自己的数据，不愿分享给其他方。这种情况下，信息的不对称导致整个供应链的运作缺乏透明度，给监管带来困难，也为商品的质量安全埋下隐患。引入区块链技术后，供应链上的每一个参与方都成为了信息共享的一部分。他们在区块链上记录的每一笔交易都是透明且不可篡改的，任何人都无法单方面更改已经记录在链上的信息。这使得从原材料的采购到产品的生产、流通、销售的每一个环节都变得清晰可见，极大地提升了供应链的透明度和可追溯性，确保了商品质量的可靠性，增强了消费者的信任。

2）反欺诈和真实性验证

区块链技术的一个重要应用就是其在商品真实性验证方面的潜力。通过将商品的详细信息以及其生产和流通环节的记录存储在区块链上，每一个商品都被赋予了一个独一无二的数字身份。消费者可以通过扫描商品上的二维码，获取存储在区块链上的关于这个商品的所有信息，从而验证商品的真实性。这对于打击假冒伪劣产品，保护消费者权益具有重要意义。

3）纠纷解决的效率提升

在传统的供应链管理中，由于信息的不对称和不透明，一旦出现纠纷，双方往往难以达成一致，解决纠纷的成本较高。而区块链技术的引入，则极大地提升了解决纠纷的效率。由于区块链上的信息是透明且不可篡改的，任何一方都无法否认自己在链上的行为，这使得纠纷的事实更容易被查清，从而加快了纠纷的解决速度，降低了解决纠纷的成本。

4）智能合约的创新应用

在区块链供应链中，通过运用智能合约，可以在满足一定条件时，自动触发合约中规定的行动，如自动支付、自动交货等，大大提高了交易的效率和安全性。

5）推动可持续性和责任追踪

随着消费者对可持续性和企业社会责任的关注度日益提升，企业也越来越重视这一方面的建设。区块链技术为确保供应链的可持续性和对社会责任的履行提供了新的工具。通过在区块链上记录企业在环保、社会责任等方面的行动和成果，不仅增加了企业行动的透明度，也为消费者提供了验证企业宣称的途径，有助于建立企业的绿色形象和社会责任感。

2. 智慧城市建设

智慧城市作为一个蓬勃发展的领域，正通过融合物联网传感器和区块链技术，不断推进城市管理和服务的现代化，以期实现更高的可持续性、效率提升和生活质量的优化。

1）城市能源管理创新

随着城市化的快速推进，城市能源管理变得日益复杂。物联网传感器的广泛部署使得能源使用的实时监测成为可能，而区块链技术的引入则为能源数据的安全性和来源的可追溯性提供了坚实的保障。此外，智能合约作为自动执行合同条款的程序，在调整城市能源供应中起到了关键的作用。例如，它能够根据实时的能源需求和市场价格自动作出调整，优化能源的分配和使用，从而提高能源利用效率，促进城市的可持续发展。

2）智慧交通管理优化

城市交通是一个复杂的挑战，经常面临交通拥堵、环境污染和交通事故等问题。物联网传感器可以监测交通流量、车辆速度和路况。区块链可确保这些数据的完整性和安全性，通过智能合约可以优化交通流量，降低交通拥堵，并提升道路安全性。例如，当传感器检测到拥挤的交通路段，智能合约可以自动调整信号灯定时，以减少拥堵，缓解交通压力。此外，智能合约可以通过自动调整交通信号以减少急刹车，从而提高道路安全性。

3）智能环境监测应用

城市环境的质量直接关系到居民的健康和生活质量。利用物联网传感器，可以实时监测空气质量、水质和噪声等环境因素。区块链技术在此过程中确保了环境数据的安全存储和共享。通过智能合约，可以根据环境数据实时采取相应措施，例如在空气质量较差时自动调整城市公共交通工具的运行策略，以改善空气质量。

4）建立智慧城市的数据市场

城市运行过程中产生了大量有价值的数据，这些数据的合理利用对城市管理、市民服务和商业决策都具有重要意义。区块链技术可以用来建立一个安全、透明的城市数据市场，使数据提供者、使用者和消费者都能从中受益。通过确保数据的隐私和安全性，鼓励更多的数据共享，推动城市智能化进程。例如获取实时交通信息、污染水平和天气预报。

5）促进可持续城市规划

为实现可持续发展目标，智慧城市建设必须纳入可持续城市规划的考量，如推广可再生能源、减少温室气体排放、推动绿色建筑和优化垃圾管理等。区块链技术在这方面发挥着重要作用，通过对各类可持续实践活动的记录和验证，确保城市发展的可持续性，助力实现绿色城市的建设目标。

3. 医疗健康行业的应用

随着技术的不断进步，区块链在医疗健康领域的应用日益显现，展现出其在确保医疗数据安全性、保护患者隐私、提升数据可追溯性方面的巨大潜力。以下对此领域内各个应用场景进行详细阐述。

1）患者数据的隐私保护

在医疗健康领域，患者的医疗记录包含大量敏感信息，如个人身份信息、病史、实验室检查结果和用药情况等。利用区块链技术，可以将这些敏感数据进行加密并安全存储，确保只有经过授权的医疗人员或患者本人能够访问。此外，患者可以通过数字签名对自己的医疗数据进行管理，选择授权给哪些医疗机构或个人，从而增强患者对自己医疗数据的控制权，保护患者隐私。

2）医疗记录的数据完整性

区块链技术的一个重要特性是其不可篡改性，每一笔数据一旦写入区块链，就无法被修改或删除。这对于保证医疗记录的完整性和可靠性至关重要。通过在区块链上记录每次对医疗记录的访问和修改操作，可以确保所有操作都是可追踪和可验证的，有助于防止数据篡改和保障医疗记录的真实性。

3）紧急情况和跨界医疗服务

在紧急医疗情况下，快速准确地获取患者的医疗信息至关重要。区块链技术可以实现医疗数据的快速共享，确保即便在患者不在常规就医地点的情况下，授权的医疗人员也能够迅速获取其医疗信息，从而提高医疗服务的效率和效果。同时，这也为跨区域、跨国界的医疗服务提供了可能，促进了医疗资源的优化配置。

4）医疗研究和创新

医疗健康领域积累了大量宝贵的医疗数据，这些数据对于医学研究和新药研发具有极高的价值。区块链技术可以实现对医疗数据的安全共享，患者可以选择将自己的医疗数据用于科学研究，而区块链确保这些数据在共享过程中的安全和隐私得到保护，从而推动医学研究和医疗创新的发展。

5）药品供应链的追溯和验证

药品的安全性和真实性对患者的健康至关重要。通过在区块链上记录药品从生产、运输到分销的每一个环节的信息，可以实现对药品供应链的实时追踪和验证，确保药品的真实性和安全性。患者和医疗人员通过扫描药品包装上的二维码，即可访问存储在区块链上的药品信息，验证其真实性和质量。

6）医疗支付和保险理赔的优化

医疗支付和保险理赔是一个复杂且容易出错的过程。区块链技术通过引入智能合约，可以自动化这一流程，根据医疗服务提供者和保险公司之间的协议自动执行支付或理赔，减少人工干预，提高效率并降低错误和欺诈的风险。

4. 智能家居的实现和应用

随着科技的飞速发展，智能家居技术已经深入人们生活的各方面，提升了居住环境的便利性、效率和安全性。区块链作为一种先进的加密技术，其在智能家居领域的应用发挥着举足轻重的作用，特别是在设备安全、数据隐私保护、自动化控制等方面展现出巨大的潜力。以下将对智能家居中区块链的主要应用场景进行详细分析。

1）设备身份验证与网络安全性保障

在智能家居环境中，各种设备通过互联网相互连接，实现远程控制和数据交换。然而，这也带来了潜在的网络安全风险，如设备被黑客攻击和数据泄露等。区块链技术在此方面发挥着重要作用，通过提供一种去中心化且不可篡改的设备身份验证机制，确保只有经过合法认证的设备才能接入和操作家庭网络。每个设备在区块链上都有一个唯一的身份标识，所有的访问和操作记录都被加密保存，确保了网络的安全性和数据的完整性。

2）智能合约的自动化执行

智能合约是区块链技术的重要组成部分，其可以在不需要中介的情况下自动执行合约条款。在智能家居场景中，智能合约可根据用户设定的规则和条件，自动控制家庭设备的运作，实现自动化管理。例如，通过温度传感器检测室内温度，并根据智能合约的规则自动调节空调或暖气系统，以保持舒适的居住环境。智能合约还可以用于自动控制照明系统，根据时间、光线和用户首选设置来调整灯光，提高了能源效率，减少了能源浪费和碳排放。

3）家庭安全监控与数据保护

智能家居中的安全摄像头、门锁、烟雾报警器等设备为家庭安全提供了强有力的保障。区块链技术在此方面的应用，确保了监控数据的安全性和不可篡改性，防止了数据被恶意修改或删除。通过智能合约，系统可以在检测到异常情况时自动触发警报，迅速通知用户或相关部门，确保家庭安全。

4）个人数据的隐私保护

智能家居设备在提供便捷服务的同时，也收集了大量关于用户的个人信息。如何保护用户的隐私成为了一个重要的问题。区块链技术通过加密算法保护用户数据的安全，只有授权用户才能访问和使用这些数据。用户可以更加容易地控制自己的数据，选择是否与第三方共享数据，从而保护了个人隐私。

5）远程访问与设备管理

区块链技术还使用户能够通过安全的方式远程访问和管理自己的智能家居设备。无论用户身在何处，都可以通过生物识别、多因素认证等安全手段，远程控制家中的设备，实现灵活便捷的家居管理。

3.2.3 对比传统物联网系统

在物联网的发展历程中，传统的中心化物联网系统一度占据主导地位，但随着技术的不断进步，基于区块链的分布式物联网系统逐渐展现出其独特的优势和潜力。本节将从多个维度对这两类系统进行深入的比较和分析，探讨基于区块链的物联网系统相对于传统物联网系统在中心化与分布式架构、安全性、数据追溯与不可篡改性等方面的优越性，如表 3.1 所示。

表 3.1 基于区块链的物联网系统与传统物联网系统的对比

维度	物联网系统	
	基于区块链的物联网系统	传统物联网系统
中心化与分布式	数据分布式存储在所有节点	数据存储在中央服务器
	不存在单点故障风险	存在单点故障风险
	系统稳定性和可靠性较高	系统稳定性和可靠性较低
安全性	使用多种加密技术保证数据安全	数据面临黑客攻击风险
	通过分布式账本进行数据验证	数据完整性依赖服务器
	数据无法篡改	数据可能被篡改
数据追溯与不可篡改性	所有数据都被记录并永久保存	数据记录可能不完整
	数据历史透明，便于追溯	数据可能被删除或篡改
	利用区块链的不可篡改特性确保数据真实性	数据历史不透明

1. 中心化与分布式系统的差异

1）中心化系统

传统 IoT 系统通常采用中心化架构，所有的设备和传感器都直接与中心服务器相连，并将采集的数据发送至服务器进行集中处理和存储。这种结构类似于辐射状网络，其优势在于简化了系统的管理和维护，提高了系统部署和运维的效率。由于中心服务器通常拥有较高的计算和存储能力，使得系统能够执行复杂的数据处理和分析任务。

然而，中心化系统也存在明显的弱点。最为显著的是其对中心服务器的依赖过重，一旦中心服务器出现问题，无论是受到外部攻击、硬件故障还是网络连接问题，都有可能导致整个系统瘫痪，进而影响到服务的连续性和数据的安全性。此外，中心服务器需要处理来自所有节点的数据流，当数据量巨大时，可能会导致服务器性能下降和系统瓶颈问题。

2）分布式系统

区块链引入了分布式系统的概念，将数据存储和验证任务分散到网络中的多个节点。每个节点都保存有系统的一份完整副本，并且不存在单一控制中心。分布式系统的运作方式更类似于网状结构，数据在各个节点之间直接传递，而不是集中到某一处。这种结构赋予了分布式系统更强的弹性和鲁棒性，即使部分节点出现故障，也不会对整个系统造成致命影响。

为了保证数据在分布式系统中的一致性，系统通常采用共识算法来协调各个节点间的数据状态，确保所有节点上的数据是一致的。分布式系统还具有高度透明和去中心化的特性，这有助于减少单点故障的风险，增强数据的安全性，并提供一个更为开放和公平的环境，让所有参与方都能够公平地参与到系统的运作中。

2. 安全性能的对比

1）中心化系统

中心化系统的安全性能主要取决于中心服务器的防护能力，一旦服务器受到攻击，由于所有的数据都集中存储于中心服务器，这使得其成为了潜在攻击者的主要目标。一旦中心服务器的安全防护措施失效，入侵者将有可能获得对系统内大量敏感信息的访问权限，进而可能引发如数据泄露、身份盗窃和隐私侵犯等一系列严重的安全事件。

此外，中心化系统通常由单一的实体或组织控制，这种高度集中的控制权可能导致数据滥用和权力滥用的风险。尽管可以通过实施严格的安全策略和采用先进的技术手段来提高中心服务器的安全性，但这种架构本身的集中性决定了其在安全性方面的固有弱点。

2）分布式系统

相比之下，分布式系统在安全性能方面展现出更为突出的优势。区块链技术作为一种典型的分布式系统，其通过将数据分散存储在网络中的多个节点上，以及运用加密和共识机制，提供了一种更为安全和可靠的数据存储和处理方式。

在分布式系统中，攻击者需要同时攻破多个节点才有可能篡改数据，这大大增加了攻击的难度和成本。即便某个节点被攻破，由于系统中的其他节点仍然保存有未被篡改的数据副本，因此攻击者仍难以对整个系统造成实质性的破坏。

数据的不可篡改性和透明性是分布式系统的另一大特点。一旦数据被写入区块链，它将被永久记录，并通过加密技术确保其不可篡改。所有对数据的操作都是公开透明的，可供所有参与方验证，这进一步增强了系统的安全性。

此外，分布式系统中的智能合约使得可以在无须中介的情况下实施自动化的安全规则，降低了安全风险。总体来看，分布式系统在安全性能方面相比中心化系统表现出更为明显的优势，更加符合当前对于数据安全性的高标准要求。

3. 数据可追溯性与不可篡改性比较

1）中心化系统

在中心化系统中，数据可追溯性和不可篡改性往往存在一定的局限性。以传统的物联网系统为例，数据一旦被上传至中心服务器，其修改和访问的历史记录可能难以被追踪和验证。这是因为中心服务器拥有对数据历史记录和更改的控制权，用户和其他相关方通常无法直接访问和审查这些记录。

因此，在中心化系统中，数据的可追溯性和透明性往往较低，这使得用户难以核实数据的来源和完整性。虽然中心服务器可以通过日志记录等手段来跟踪和记录数据的历史变更，但这些记录本身可能容易受到篡改或删除，从而降低数据的可信度和安全性。

2）分布式系统

与此相对，区块链这种分布式系统则在数据可追溯性和不可篡改性方面展现出显著的优势。区块链技术通过将每一笔数据交易都记录在公开透明的链式结构中，确保了数据历史的完整性和可查询性。

用户和相关方可以通过区块链浏览和验证每一笔交易的详情，包括数据的源头、时间戳以及其他相关信息。区块链的共识机制确保任何对数据的修改都必须经过网络中多数节点的验证和批准，从而保护了数据的不可篡改性和完整性。这一机制确保了一旦数据被写入区块链，它就无法被轻易修改或删除，从而极大地提高了数据的可信度和安全性。

与中心化系统相比，分布式系统特别是基于区块链技术的系统，在数据可追溯性和不可篡改性方面具有明显的优势，为确保数据的完整性和透明性提供了强有力的支持。

3.2.4 构建基于区块链的物联网系统

构建一个基于区块链的物联网系统是一个复杂且充满挑战的过程，它要求设计者和开发者在技术选型、系统架构和安全性等方面进行仔细的规划和权衡。以下将对构建此类系统的关键步骤和考虑因素进行详细的描述和讨论。

1. 选择适配的区块链平台

构建基于区块链的物联网系统的第一步是选择一个合适的区块链平台。这一选择将影响系统的性能、安全性、可扩展性和维护成本。下面对选择区块链平台时需要考虑的关键因素进行详细说明。

1）平台类型及其特点

根据系统的开放性和控制需求，设计者可以选择公共区块链、私有区块链或联盟链。公共区块链如比特币和以太坊，是完全开放且去中心化的，任何人都可以参与其中，但可能面临较低的交易速度和较高的交易成本，适合需要高度透明和不可篡改性的应用。私有区块链则是由单一组织控制，能提供更高的交易速度和更低的交易成本，但牺牲了一定程度的去中心化，适用于对隐私和权限控制有严格要求的场景。联盟链则介于两者之间，由多个组织共同维护，既保证了较高的交易速度，又维持了一定程度的去中心化，适用于需要在多个可信组织间共享数据的场景。

2）选择共识机制

共识机制是保证区块链数据一致性和安全性的关键技术。常见的共识机制有工作量证明(PoW)、权益证明(PoS)和委托权益证明(DPoS)等。PoW要求节点进行大量计算，保证网络安全，但能耗较高；PoS和DPoS则通过经济激励来实现一致性，能耗较低，但可能面临“富者更富”的问题。设计者需要根据系统的性能要求和能耗限制来选择合适的共识机制。

3）对智能合约的支持

智能合约允许在区块链上自动执行预定义的业务逻辑，是实现复杂应用场景的关键技术。在选择区块链平台时，需要确保其支持智能合约的开发和执行。例如，以太坊提供了完整的智能合约开发框架，而Hyperledger Fabric则支持链码(链上运行的智能合约)的开发。

4）考虑系统的扩展性

随着物联网设备数量的增加和数据量的爆炸性增长，系统的扩展性变得尤为重要。设计者需要考虑区块链平台在处理大规模数据和交易时的性能表现，选择能够满足未来增长需求的平台。

5）社区与技术的支持

一个活跃的开发社区和完善的技术支持对于系统的快速开发和问题解决至关重要。设计者应当查看并评估区块链平台的社区活跃度和提供的技术资源，选择有良好社区支持的平台。

2. 智能合约的开发和部署

智能合约在区块链系统中扮演着至关重要的角色，它们是在区块链上运行的自动执行代码，负责定义和执行系统中的业务逻辑。本节将详细讨论在构建基于区块链的物联网系统过程中，涉及智能合约开发和部署的关键步骤和注意事项。

1）选择合适的编程语言

首先，开发者需要选择一种适合编写智能合约的编程语言。不同的区块链平台支持不同的编程语言，因此开发者需要根据所选区块链平台的规范来做出选择。例如，Hyperledger Fabric支持使用Go和Java编写智能合约，而以太坊则支持Solidity语言。选择合适的编程语言对于开发高效且安全的智能合约至关重要。

2）设计合约逻辑

设计智能合约的逻辑和功能是一个复杂而关键的过程。开发者需要明确合约的业务逻辑，确保其能够满足物联网系统的需求。这包括确定物联网设备需要执行的任务（如数据收集、共享、控制等），以及定义合约的触发条件。合约逻辑的设计应当简洁明了，避免不必要的复杂性，以减少潜在的错误和安全漏洞。

3）测试和模拟合约的运行

在将智能合约部署到区块链网络之前，进行充分的测试和模拟运行是不可或缺的步骤。这有助于确保合约的逻辑正确无误，功能符合预期，同时也能够识别并修复可能存在的安全漏洞。测试应该在与生产环境尽可能相似的环境中进行，以确保测试结果的准确性和可靠性。

4）实际部署与维护合约

经过充分测试和验证后，智能合约即可部署到区块链网络中。开发者需要选择一个合适的环境和平台来进行部署，确保合约能够无缝地与其他系统组件集成，正常运行。部署后，合约的维护同样重要。这包括对合约进行定期的更新和优化，以适应系统需求的变化，以及监控合约的运行状态，确保其稳定可靠。

3. 设备集成和数据传输

在构建区块链支持的物联网系统时，设备集成和数据传输是构建高效、安全系统的关键环节。本节将深入讨论这一过程中需要注意的关键因素，以及如何确保设备与系统的顺畅集成和数据的安全传输。

1）确保设备的兼容性

首先，需要确保所有物联网设备能够与选定的区块链平台兼容。不同的设备可能需要特定的协议或接口来与区块链网络进行通信和交互。因此，开发者需要仔细评估设备和区块链平台的技术规范，确保它们之间能够无缝对接。可能需要进行一些适配工作，以确保设备能够正确地发送和接收区块链网络所需的数据。

2）选择合适的数据传输协议

选择一种合适的数据传输协议对于确保设备数据能够安全、高效地传输到区块链网络至关重要。常用的物联网通信协议如 MQTT 和 CoAP，都提供了一种轻量级、低带宽的方式来进行设备间的通信。选择哪种协议取决于系统的具体需求和设备的特性。

3）确保数据传输的安全

在数据传输过程中，加密和身份验证是确保数据安全的关键。所有传输到区块链网络的数据都应该进行加密处理，以防止数据在传输过程中被窃取或篡改。同时，还需要实施有效的身份验证机制，确保只有授权的设备和用户能够访问和操作数据。

4）数据整合与处理

在许多物联网系统中，设备生成的数据可能需要与其他数据源（如传感器数据、外部 API 等）进行整合。开发者需要确保系统具备强大的数据处理和整合能力，能够高效处理来自不同源的数据，并将其转换为有用的信息。

5）保障实时性需求

根据应用的不同，数据传输的实时性需求也会有所不同。一些应用可能需要实时或近实时的数据传输，而其他应用则可能采用批处理的方式。因此，开发者需要根据项目的具体需求来选择最合适的数据传输方法。

综合考虑这些因素,设计和搭建区块链支持的物联网系统将需要综合考虑硬件、软件、网络和安全等多个方面。这个过程可能需要多方合作,包括区块链开发人员、物联网工程师和安全专家,以确保系统的顺利实施和运行。

3.2.5 区块链物联网平台

1. 区块链物联网平台参考架构

区块链在物联网架构中的应用呈现出一种创新性的“去中心化”业务架构,如图 3.3 所示。这一架构在不同层次上构建了一个高度分散的系统,为物联网的发展和应用提供了巨大的潜力。下面将详细介绍关于这一融合区块链技术的物联网架构的各个层次。

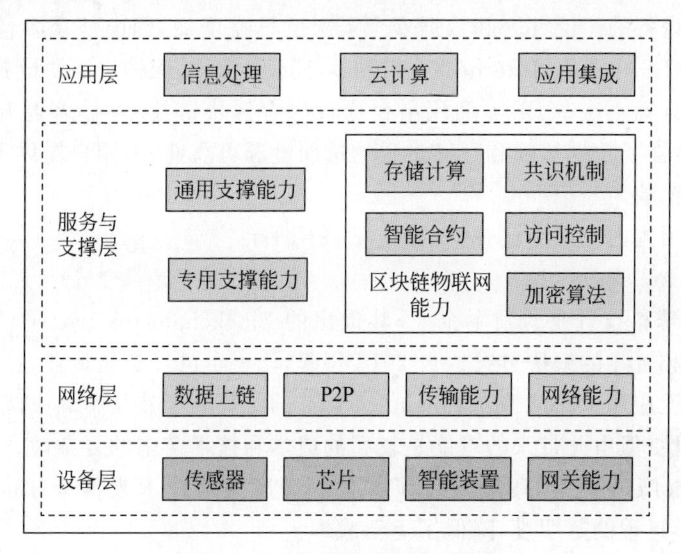

图 3.3 区块链物联网平台架构

1)设备层

设备层是物联网体系结构的基础,与实际物理设备直接接触。这包括传感器、物联网设备、物联网服务器、物联网网关、服务网关以及终端用户设备等。区块链允许这些设备以分布式和去中心化的方式协作。通过连接到区块链,这些设备能够实现去中心化的数据采集和信息传输,确保数据的可靠性和不可篡改性。

2)网络层

网络层是数据的中转站,负责将从设备层采集的数据上链存储到区块链网络中。这一过程确保了数据的可追溯性和安全性。区块链提供了分布式账本,记录了每一笔交易和数据变更,从而确保数据的透明性和完整性。点对点的分布式连接在这一层确保了信息的高效传递。

3)服务与支撑层

这一层是区块链物联网平台的核心,它包含了许多新增能力,以支持去中心化的物联网架构。这些能力包括访问控制,确保只有授权的用户或设备可以访问数据;共识机制,确保数据的一致性和可信度;加密算法,用于数据的加密和隐私保护;合约管理,用于智能合约的编写和执行;存储与计算,以支持智能合约的计算和数据存储等。这些能力提高了平台的安全性、可扩展性和可操作性。

4）应用层

应用层面向最终用户和客户，提供各种物联网应用和服务。这些应用可以利用服务与支撑层提供的能力，与物联网设备和网关进行通信和协作。应用层可以用于数据的进一步处理、智能化分析和提供智能化服务。例如，智能家居应用可以根据从物联网设备收集的数据来自动控制家庭设备，提供更便捷、节能和安全的生活体验。

融合区块链的物联网架构为各个层次的合作提供了一个可信的框架，允许物联网设备和应用之间的无缝协作。同时，区块链的不可篡改性和去中心化性质增加了整个系统的安全性和可信度，为物联网的发展和应用提供了更大的信心和可能性。

2. 典型区块链物联网商用平台

随着物联网设备的广泛部署和数据安全需求的日益增加，国内外众多科技巨头纷纷进军区块链物联网（Blockchain Internet of Things，BIoT）领域，探索将区块链技术与物联网相结合的创新解决方案。这些 BIoT 商用平台通过融合区块链技术，显著提升了物联网系统的数据安全性，增强了数据传输和存储过程的透明度和可靠性，为用户提供了更为安全和高效的物联网应用体验。

下面简单介绍国内外几个代表性的 BIoT 商用平台。

1）IBM Blockchain for IoT

IBM 作为全球科技行业的领军企业，其推出的 Blockchain for IoT 平台致力于为企业级应用提供安全和可靠的解决方案。自 2017 年起，该平台已经在制造业、物流、医疗保健等多个领域得到广泛应用。IBM Blockchain for IoT 的优势在于其品牌的权威性、资源的丰富性和服务的全面性，但由此带来的可能是较高的成本和技术实施的复杂性。通过与 Maersk 合作开发的 TradeLens 平台，IBM 展示了如何利用区块链技术改善全球供应链和物流管理，增加了供应链过程的透明度，降低了运营成本。

2）IOTA

IOTA 基金会成立于 2015 年，旨在为物联网设备提供一个基于区块链技术的安全和高效的网络环境。其独特的 Tangle 技术，提供了一个无交易费用且高度可扩展的网络。IOTA 已经在汽车、能源、健康等多个行业中找到了实际应用场景，并取得了显著的成果。其优势在于低交易成本和高网络扩展性，但仍面临技术争议和市场接受度方面的挑战。

3）百度超级链（XuperChain）

百度于 2019 年推出了 XuperChain 平台，这个开源平台以其高性能、良好的兼容性和强大的生态系统著称。XuperChain 在金融、政务、文化娱乐等多个行业中都找到了实际应用场景，显示出其在区块链物联网领域的技术实力和市场竞争力。虽然市场份额仍在增长，但其开放性和技术积累为未来的发展奠定了坚实的基础。

4）唯链（VeChain）

唯链自 2015 年成立以来，一直专注于利用区块链技术优化供应链管理。特别是在奢侈品鉴定、食品安全追溯、药品质量控制等领域，唯链展示了其在提高供应链透明度和可追溯性方面的独特优势。尽管面临一些中心化管理的争议，但其强大的合作伙伴网络和丰富的实践经验，使其在区块链物联网领域中占据了重要地位。

上述四个平台各有千秋，适用于不同的场景和需求。IBM 和 IOTA 提供了全球视野下基于区块链的物联网解决方案，分别适合企业级应用和物联网专用网络。而百度超级链和唯链则代表了中国在这一领域的先进实践和独特优势。企业在选择合适的平台时，需要综合考虑自身的需求、预算和技术能力，以实现最优的应用效果。通过这些平台的探索和应用，基于区块链的物联网系统正逐渐展现出其在提升安全性、效率和透明度方面的巨大潜力。

3.3 深度融合与协同创新

区块链技术和物联网技术的结合，构成了一种革命性的技术融合，为众多行业和领域带来了前所未有的机遇和可能性。本章深入探讨了这两种技术的深度融合，以及在实际应用中所展现出来的协同创新的现象。

3.3.1 技术应用

1. 跨链技术在物联网中的应用

跨链技术提供了一种机制，允许不同的区块链网络和物联网系统之间进行互操作、数据共享和资源合作，从而增强了整个系统的效率、可扩展性和安全性。

1）数据整合和一致性保障

在多个物联网系统中，各系统可能以不同的方式收集和处理数据，存在数据孤岛的问题。跨链技术提供了一种解决方案，它允许这些系统之间进行数据共享，并确保数据在不同系统之间保持一致性。这不仅提高了数据的准确性，还确保了数据的实时更新，从而提升了整个系统的效能和响应速度。以智慧城市为例，通过跨链技术，交通管理系统和环境监测系统可以实现互操作，当环境监测系统检测到污染水平升高时，交通管理系统可以根据这些实时数据调整交通流量，以改善空气质量。

2）资源共享和协作机制

跨链技术通过智能合约实现了不同物联网系统之间的资源共享和协作机制。这种协作不仅提高了资源的利用率，降低了运营成本，还促进了更加可持续和高效的实践。例如，在农业领域，不同的农业物联网系统可以通过跨链技术共享农业设备、土地利用数据等资源，实现优势互补，提升农业生产效率。在共享经济中，个人和企业也可以通过跨链技术共享各种资源，如汽车、办公空间、能源储存设备等，进一步拓宽资源共享的范围和深度。

3）身份认证和访问控制

在区块链和物联网的深度融合应用中，设备的身份认证和访问控制显得尤为重要。跨链技术提供了一种机制，使得设备可以在不同的物联网网络中进行身份认证，确保设备的身份可靠和可信。例如，在智能家居系统中，跨链技术可以用来验证各种智能家居设备的身份，确保只有经过授权的设备能够访问家庭网络，从而提升了系统的安全性和抗攻击能力。

跨链技术在物联网中的应用展现了其强大的潜力和广泛的应用前景。通过实现不同物联网系统和区块链网络之间的互操作性和资源共享，跨链技术不仅提升了系统的效率和可信度，还增强了系统的安全性和可靠性。未来，跨链技术将继续在物联网领域发挥关键作用，推动更多创新应用和协同合作的出现。

2. 可信分析与决策

可信分析与决策结合了区块链提供的不可篡改和透明的数据记录功能与物联网提供的丰富实时数据，共同实现了高效且可靠的智能应用。

1）实时数据监控

实时数据监控是物联网系统中不可或缺的组成部分，它利用从各种传感器和设备收集来的数据，对环境、设备状态、健康状况等进行实时追踪和分析。区块链在这一过程中起到了数据记录和保护的作用，确保了数据的完整性和不可篡改性。在智慧城市的应用中，交通流量的实时监控有助于缓解城市拥堵，优化交通资源的分配；垃圾桶状态的监测则有助于提高城市清洁服务的效率，保持城市环境的整洁；而公共设施使用情况的分析则为城市规划和资源配置提供了重要依据。通过实时数据监控，物联网系统能够更快速、更准确地响应各种情况，提升服务质量和效率。

2）预测分析

预测分析通过对过去和现在的数据进行分析，预测未来的发展趋势和可能出现的问题，为决策提供科学依据。在深度融合的区块链和物联网系统中，预测分析的准确性和可靠性得到了极大提升。在农业领域，基于历史的气象数据和土壤状况数据，预测分析能够帮助农民更准确地预测作物的生长趋势，优化灌溉和施肥计划，提高作物产量和质量；在能源管理领域，通过分析历史的用电数据，智能家居系统能够预测家庭的能源需求，自动调整电器的运行状态，实现能源的节约和高效利用；在供应链管理领域，通过对历史的物流数据和库存数据的分析，企业能够更准确地预测产品的需求，优化库存水平，降低运营成本。通过预测分析，物联网系统不仅能够提前发现和解决潜在问题，还能够优化资源配置，提升整体效能。

3）智能合约的动态执行

智能合约是运行在区块链上的自动执行合同，它能够根据预设的条件触发合同条款的执行。在深度融合的区块链和物联网系统中，智能合约能够利用物联网设备提供的实时数据作为触发条件，实现系统的自动化和智能化。在供应链管理中，智能合约能够根据货物传感器的数据自动确认货物的交付状态，触发付款或其他后续操作，提高供应链的效率和透明度；在智能家居领域，智能合约可以根据用户的设定和家庭环境的实时数据自动调整家居设备的运行状态，提升居住舒适度；在健康监测领域，智能合约可以利用来自医疗设备的数据，在出现紧急情况时自动通知医护人员或家庭成员，确保患者能够及时得到救治。通过智能合约的动态执行，物联网系统的运行更加高效和智能，同时也提高了系统的安全性和可靠性。

可信分析与决策的应用不仅能够提升物联网系统决策的实时性和准确性，还能够推动物联网应用向更智能、更高效的方向发展。通过实时数据监控、预测分析和智能合约的动态执行，这些应用为区块链和物联网的深度融合提供了强大的支持，加速了社会和产业的智能化和自动化转型。

3. 隐私保护技术的应用

隐私保护是深度融合系统中的一个核心议题，这些技术在确保用户和设备隐私的同时，能够支持数据的有效共享和利用。

1）零知识证明技术

零知识证明是一种密码学协议，它允许一方（证明者）向另一方（验证者）证明某个陈述是真实的，而无须提供除了该陈述之外的任何信息。零知识证明不仅在保护用户隐私方面发挥作用，还在提升系统整体安全性方面发挥着重要作用。因为它能够在不泄露任何敏感信息的情况下验证设备状态或用户属性。在物联网设备身份验证、用户访问控制等方面，零知识证明提供了一种既安全又高效的解决方案。

例如，在一个医疗场景中，零知识证明可以被用来验证一个患者是否满足药物处方的条件，而无须透露患者的具体病情。这不仅保护了用户的隐私，还提高了系统的安全性和可信度。在供应链管理中，零知识证明可以用来验证商品的真实性，而不需要揭露商品的具体信息，从而抵抗伪造和篡改。

2）多方计算的应用

多方计算是一种分布式计算方法，允许多个参与方在不直接分享其输入数据的情况下共同完成一个计算任务。这种技术在保护数据隐私的同时，实现了数据的安全计算和分析。多方计算技术不仅可以在数据分析和处理中保护隐私，还能在智能合约执行等场景中发挥关键作用。通过多方计算，智能合约的参与方能够在不直接公开各自信息的情况下，共同完成合约的执行和验证。这样既保证了合约执行的透明性和公正性，又保护了各方的商业秘密和用户隐私。

例如，在智慧城市应用中，多个部门可以利用多方计算共同分析城市交通和环境数据，优化交通流量和改善空气质量，而无须互相透露具体的数据内容。在未来，随着多方计算技术的不断发展，其在分布式应用和服务中的应用将更加广泛。

3）数据的加密处理

数据加密是保护信息安全的一种基本手段，通过将明文数据转换为密文，防止未授权访问。在区块链与物联网深度融合系统中，所有传输和存储的数据都应进行加密处理，确保数据的机密性和完整性。特别是在处理敏感信息（如个人健康数据、智能家居控制指令等）时，加密技术的应用尤为重要。只有授权的用户或设备才能访问和解密这些数据，有效防止了数据泄露和篡改。

随着量子计算等新技术的发展，传统加密算法面临着潜在的威胁。因此，研究和开发抵抗量子攻击的加密算法成为当前的一个重要课题。此外，为了适应物联网设备的特点，研发低功耗、高效率的加密算法也是当前的一个研究热点。通过这些前沿技术的应用，我们能够更好地保护数据在传输和存储过程中的安全，抵御各种网络攻击。

总体来说，隐私保护技术在区块链与物联网深度融合系统中的应用至关重要。通过这些技术，我们能够在确保数据利用的基础上，有效保护用户和设备的隐私，构建一个既安全又便捷的数字化环境。未来，随着这些技术的不断完善和创新，我们期待它们能够在更多领域发挥更大的作用，推动社会的可持续发展。同时，我们也需要关注这些技术可能带来的新的挑战和问题，如算法的复杂性、执行效率、与现有系统的兼容性等，以确保它们能够在实际应用中发挥最大效益。

3.3.2 技术发展趋势

区块链和物联网的深度融合将不断塑造未来的技术发展方向。以下是一些未来趋势和可能的发展方向。

1. 边缘计算的融入

未来,边缘计算将在物联网中发挥越来越重要的角色。物联网设备将变得更加智能化,拥有更多的计算和决策能力。这将有助于减轻对云服务器的依赖,从而降低延迟并提高实时响应性。例如,自动驾驶汽车需要即时的感知和决策能力,这可以通过在车辆内部进行边缘计算来实现。此外,智能家居设备也可以更快速地响应用户的需求,无须等待远程云服务器的响应。这个趋势将推动硬件和软件技术的发展,以满足这一需求,同时提高系统的效率和可靠性。

2. 构建生态系统合作模式

物联网设备和区块链技术的深度融合将促进不同生态系统之间的数据共享和资源整合。这种跨生态系统合作将有助于改善城市规划、能源管理、供应链追踪等领域。例如,智慧城市可以与智能交通系统合作,实现交通流量优化,减少拥堵,提高交通效率;智慧城市可以与智能家居系统合作,共享数据以改进城市基础设施的效率。这些合作将为各种行业创造新的商业机会,创造出更具创新性和复杂性的应用,同时提供更好的服务和产品。这种合作模式需要建立开放的数据标准和接口,以便不同系统之间的互操作性。

3. 推动标准制定与遵循

为了实现不同物联网设备和区块链系统之间的互操作性,标准制定至关重要。制定标准将有助于消除技术障碍、减少技术碎片化、降低开发成本,提高系统的互操作性,降低开发和部署的复杂性,并确保系统间的兼容性。标准包括通信协议、数据格式、安全标准、身份认证以及智能合约的编写规范等。标准制定机构和产业界需要共同努力,以确保这些标准的广泛接受和遵循。

4. 加强隐私和安全保护

随着更多的个人和企业数据涉及深度融合,隐私和数据安全将成为更大的关切点。新的隐私保护技术,如零知识证明、同态加密和多方计算,将广泛应用,以确保数据安全和隐私得到妥善保护。智能合约的安全性也是一个关键问题,需要不断改进和强化。此外,区块链技术本身也提供了一定程度的数据安全和可追溯性,将有助于应对日益严峻的网络威胁。

5. 新应用领域的拓展

区块链和物联网的深度融合将在新的应用领域发挥作用。例如,在医疗保健领域,患者的医疗数据可以通过区块链安全地共享给医生和研究人员,同时保护隐私。智能农业可以利用物联网传感器和区块链来优化农作物生产,提高粮食供应链的透明度。未来的发展将涉及更多创新的应用,这些新兴应用领域将为创新者和企业提供丰富的商机,同时改善人们的生活质量。

综合来看,区块链和物联网的深度融合将推动技术的不断发展,并改变我们的生活方式。这些趋势将影响各行各业,从智能城市到农业和医疗保健,为未来创造更多的机遇和挑战。在这个融合的过程中,合作、标准化和安全性将是关键因素,以确保这一技术趋势能够最大限度地造福人类社会。

3.4 挑战与未来发展

3.4.1 挑战与问题

"区块链+物联网"深度融合的过程中将面临一系列挑战,这些挑战需要充分认识和应对,以确保系统的可持续性和安全性。

1. 数据隐私和安全

在“区块链＋物联网”中，大量敏感数据将被传输、存储和共享。

1）数据隐私保护

用户数据和设备数据的隐私保护是首要任务。确保数据被合适地加密和匿名化，以防止未经授权的访问，这是用户信任和采纳的关键。

2）设备安全性

物联网设备本身需要足够的安全性，以防止被入侵或滥用。设备安全性的保障是确保整个系统安全的一部分。

3）数据传输安全

数据在物联网中的传输需要受到保护，以防止中间人攻击和数据泄露。采用加密和安全通信协议是保障数据传输安全的关键。

2. 标准制定和互操作性

“区块链＋物联网”的成功需要不同系统和设备之间的互操作性和数据共享。

1）标准制定

制定适用于不同系统和设备的行业标准是复杂而耗时的任务。各方需要共同努力以确保标准的制定。

2）互操作性

不同系统和设备之间的互操作性需要技术上的协调。确保数据能够在不同系统之间无缝流动是很重要的。

3. 技术创新与教育

“区块链＋物联网”领域快速发展，因此需要应对以下挑战。

1）技术创新

区块链和物联网技术都在不断发展，新兴技术和方法的不断涌现需要持续关注和适应。

2）教育和培训

培训和教育将在帮助专业人员理解和应对这一领域中的挑战方面发挥关键作用。专业知识和技能的培养是确保系统可持续性和成功的关键。

3.4.2 发展趋势与前景展望

“区块链＋物联网”的深度融合将催生一系列未来机遇，推动技术和应用的发展。

1. 智能决策与自动化

1）更高效的决策

区块链和物联网相结合将实现更高效的决策制定。智能合约可以根据实时数据自动执行操作，从而减少了人工干预的需求，提高了决策速度和准确性。

2）成本降低

自动化将降低操作和管理成本。例如，在智能供应链管理中，智能合约可以自动化采购、库存管理和交付，降低了人力成本和错误率。

3）便捷性

深度融合还将带来更多便捷性。智慧城市项目中，智能合约可以自动调整交通信号灯，优化交通流量，减少交通拥堵，提高城市居民的出行便捷性。

2. 数据市场与共享经济

1）数据市场的兴起

区块链为数据市场的发展提供了机会。数据提供者可以安全地分享数据，并在交换中获得回报。这鼓励了数据共享和数据经济的增长，为各方带来经济利益。

2）数据价值释放

数据变得更有价值，因为它可以用于多种不同用途。例如，农民可以共享他们的农业数据，以帮助城市规划者改善城市农产品供应链的透明度，从而提高食品安全。

3.5 本章小结

本章深入探讨了"区块链＋物联网"的紧密融合，揭示了它们共同的目标，包括数据安全、去中心化和智能合约的自动化；详细探讨了区块链技术为物联网系统带来的好处，包括数据安全、可追溯性、设备身份认证和去中心化控制。同时还比较了区块链与传统 IoT 系统的不同之处，强调了分布式系统的优势、更高级别的安全性和可追溯性。了解如何设计和搭建区块链支持的物联网系统，以及跨链技术在多个物联网系统之间的应用，为未来的发展提供了重要的指导。本章还突出了深度融合将带来的机遇，如智能决策、数据市场、新兴应用领域和生态系统合作，但也强调了挑战，包括数据隐私、标准制定和技术创新。这一深度融合不仅对物联网系统的性能和可信度产生积极影响，还在多个领域创造了创新机会。

习题 3

一、单项选择题

1. 区块链与物联网的共同目标之一是（　　）。

   A. 提升运算速度　　B. 确保数据安全和完整性

   C. 提升设备运行效率　　D. 降低成本

2. 区块链在物联网中的作用包括（　　）。

   A. 提升数据安全水平　　B. 实现去中心化控制

   C. 强化设备身份认证　　D. 上述所有

3. 物联网为区块链开辟的新机遇不包括（　　）。

   A. 提供丰富的数据源　　B. 实现设备的自动管理

   C. 探索新的商业模式　　D. 跨链互操作性的实现

4. 区块链在物联网中处理性能问题的方法之一是（　　）。

   A. 提升数据传输速度　　B. 增加存储空间

   C. 推进标准化建设　　D. 加强硬件设备

5. 智能合约在物联网中应用的实例包括（　　）。

   A. 设备的自动管理　　B. 数据的实时监控

   C. 用户界面设计　　D. 网络速度优化

6. 在物联网中加强数据安全和隐私保护的方法不包括（　　）。

   A. 强化身份验证机制　　B. 数据加密技术的应用

C. 增加更多中心化服务器　　D. 构建隐私保护链

7. 设备身份认证和授权管理在区块链物联网环境中的重要性体现在(　　)。
   A. 提高系统效率　　B. 实现设备的有效认证
   C. 降低系统成本　　D. 提升用户体验

8. 数据的可追溯性和不可篡改性在区块链物联网环境中主要通过什么机制实现?(　　)
   A. 高效的网络传输　　B. 强大的计算能力
   C. 防篡改机制的构建　　D. 用户友好的界面设计

9. 与传统物联网系统相比,区块链物联网系统的优势不包括(　　)。
   A. 更高的数据安全性　　B. 更强的设备认证机制
   C. 更低的系统效率　　D. 数据的不可篡改性

10. 构建区块链支持的物联网系统时,需要考虑的因素不包括(　　)。
   A. 选择适配的区块链平台　　B. 智能合约的开发和部署
   C. 设备集成和数据传输　　D. 提升网络传输速度

11. 跨链技术在物联网系统中应用的作用包括(　　)。
   A. 数据整合和一致性保障　　B. 资源共享和协作机制
   C. 提升设备运行速度　　D. 降低系统成本

12. 数据分析和智能决策在区块链物联网环境中的应用不包括(　　)。
   A. 实时数据监控　　B. 预测分析的应用
   C. 提升网络带宽　　D. 智能合约的动态执行

13. 区块链的安全性措施包括(　　)。
   A. 去中心化安全保障　　B. 加密技术的应用
   C. 共识机制的作用　　D. 上述所有

14. 隐私保护技术在区块链物联网环境中的应用包括(　　)。
   A. 零知识证明技术　　B. 多方计算的应用
   C. 数据的加密处理　　D. 上述所有

15. 区块链与物联网深度融合面临的挑战包括(　　)。
   A. 数据隐私和安全问题　　B. 标准制定和互操作性
   C. 技术创新与教育　　D. 上述所有

二、简答题

1. 描述区块链和物联网在目标上的共同之处。
2. 解释区块链如何提升物联网的数据安全水平。
3. 讨论物联网为区块链带来的新机遇。
4. 列举并简述区块链在物联网中的三个应用实践。
5. 比较传统物联网系统与区块链支持的物联网系统在安全性方面的差异。
6. 解释在构建区块链支持的物联网系统时,为什么要选择适配的区块链平台?
7. 讨论跨链技术在物联网系统中的应用及其重要性。
8. 解释数据分析和智能决策在区块链物联网环境中的作用。
9. 讨论区块链在保障安全和隐私方面采取的措施。
10. 探讨区块链与物联网深度融合面临的主要挑战并提出可能的解决方案。

第4章

区块链数字加密技术的基础与实践

本章学习目标

(1) 掌握数字签名算法的基本原理及其在区块链中的应用。

(2) 理解数据加密技术,包括对称加密和非对称加密,并掌握其基本应用。

(3) 通过实际案例,加深对数字签名和数据加密技术应用的理解。

4.1 数字签名的原理与应用

数字签名算法是保证区块链网络安全的重要技术,它不仅能确保数据在传输过程中的安全性,还能够实现对网络参与者身份的验证,以及确保交易不可篡改。

4.1.1 基于哈希函数的签名与验证机制

1. 哈希函数

哈希函数被广泛应用于区块链技术的各个领域。在众多区块链框架及相关产品中,哈希函数扮演着至关重要的角色。

1) 哈希指针

区块链与传统链表的核心区别在于,前者采用哈希指针替代传统指针,借助哈希算法的防碰撞和单向不可逆特性,区块链确保了每个新生成的区块严格依赖其父区块,从而赋予了整个链条一种固有的防篡改能力。

2) 加密交易地址

区块链系统利用了哈希算法输出长度固定和单向不可逆的特性,将哈希值作为交易地址。通过逐层的哈希运算,将多个交易的哈希值组织成 Merkle 树结构,从而实现对交易的快速定位和验证,确保交易数据的完整性和不可篡改性。

3) 共识机制

基于计算能力的共识机制,如工作量证明(PoW),依赖哈希算法的谜题友好性、防碰撞性、单向不可逆性和高效的正向计算能力。该机制确保了网络中的所有参与者在寻找共识目标值时无法作弊,唯一的解决途径是通过不断计算哈希值。这不仅确保了记账权的公正性,还通过其他节点的快速验证,增强了整个网络的安全性和稳定性。

2. 数字签名

哈希签名,作为数字签名的一种主流方法,也被广泛称为数字摘要法(Digital Digest)或数字指纹法(Digital Finger Print)。其核心算法基于哈希函数,是现代密码学中的一项关键技术。

哈希签名首先利用选定的哈希函数对待签名的明文内容进行"摘要"计算,生成一串长度固定的哈希密文。这串哈希密文便被称为数字指纹,实际上也是数字签名的具体表现形式。数字指纹具有独特性和不可逆性,即使是微小的明文变动,也将导致数字指纹发生截然不同的变化。

哈希签名不仅确保了数据完整性和真实性的验证,还实现了对数据来源的认证,即验证者可以通过比对数字指纹,确认数据未被篡改,且确实来自声称的发送方。这一切的实现,都依赖哈希算法的抗冲突性、不可逆性和输出的一致性等特点。

3. 签名验证

基于哈希算法的特性,哈希签名的验证流程简洁而高效。验证方在收到数字指纹及其对应的明文摘要后,利用与签名方相同的哈希算法对该明文摘要进行运算,从而生成一个新的数字指纹。通过比对新生成的数字指纹与原先接收到的数字指纹是否完全一致,验证方便可判断出明文摘要在传输过程中是否保持了其完整性和真实性,从而确保了数据的安全性。

哈希算法的这一特性不仅保证了验证流程的简便性,还大大提升了验证的准确性和可靠性。然而,哈希签名在确保数据传输安全性方面虽表现优异,但仍存在一定的弊端和局限性。为解决潜在问题,可以采取进一步的安全措施,如对传输过程进行加密,或通过引入第三方可信机构对数字签名进行认证,提高数据安全性。

4.1.2　基于公钥密码体制的签名与验证机制

公钥加密体系代表了一种加密体制,其中从已知的加密密钥中推导出解密密钥在计算上是不可实现的,亦称为非对称密钥体系。该体系是现代密码学领域中最为关键且具有划时代意义的创新之一,其核心特征在于数据的加密和解密过程采用不同的密钥。此体系不仅确保了信息传输的机密性和安全性,还解决了对信息发送者和接收者身份的验证问题,以及对发送或接收的信息来源和真实性的验证问题,从而保障了数据在传输过程中的隐私性和完整性。

与对称密钥体系不同,公钥加密体系在安全系统中的密钥是成对生成并存储的,每一对密钥包括一个公钥和一个私钥。在实际应用中,私钥应由密钥拥有者妥善保管,用于签名数据或解密信息;而公钥则需被公开,以便用于验证签名或加密数据。

为在不同的用户群体间建立起可靠的信任关系,实现不信任用户间的安全通信,通常会将公钥与用户的身份信息(如用户名或用户 ID)绑定,进而由一个受到用户群体共同信任的权威机构[例如电子认证机关(Certificate Authority,CA)]使用其私钥对其进行签名,形成数字证书。该数字证书为不同用户群体间建立起了信任机制,确保了数据来源的可靠性,进而实现了用户之间安全且值得信赖的数据交换。

具体到数据的安全传输流程,主要分为私钥签名和公钥验证两个步骤。设想一个场景,用户 A 想向用户 B 发送一个公开的明文信息 M,并希望用户 B 相信该信息确实是由用户 A

发送的。

1. 私钥签名流程

1）公私钥配对与身份绑定

权威机构作为信任的中介，负责为用户 A 和用户 B 分配并绑定身份信息的公私钥对。用户 A 的公私钥分别为(Pub_a,Pri_a)，用户 B 的公私钥分别为(Pub_b,Pri_b)。这些公钥被公开发布到用户群体网络中，以便其他用户验证其身份和签名。而私钥则必须妥善保管，以防止未经授权的访问。

2）数字签名生成与信息传输

如图 4.1 所示，首先，用户 A 采用一种哈希算法对明文 M 进行哈希运算，生成数字指纹 $H(M)$。随后，使用私钥 Pri_a 对 $H(M)$ 进行签名，得到签名 Sign_m。最终，用户 A 将明文 M、数字指纹 $H(M)$ 和签名 Sign_m 发送给用户 B。

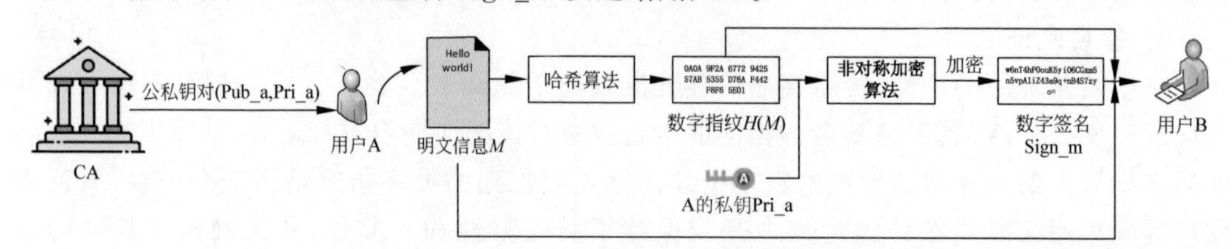

图 4.1 对明文进行数字签名流程图

在需要确保明文 M 机密性的应用场景中，用户 A 可在生成数字指纹之前，先用用户 B 的公钥 Pub_b 对明文 M 进行加密，生成密文 $M1$。之后，对 $M1$ 进行哈希运算得到数字指纹 $H(M1)$，并使用私钥 Pri_a 对 $H(M1)$ 进行签名，得到 Sign_m1。最后，用户 A 将密文 $M1$、数字指纹 $H(M1)$ 和签名 Sign_m1 发送给用户 B，如图 4.2 所示。

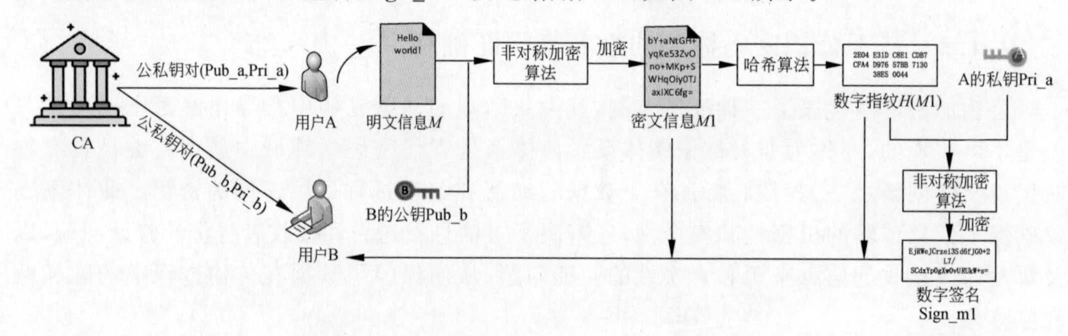

图 4.2 对明文加密后进行数字签名流程图

通过这种机制，即使在不安全的通信环境中，用户 B 也能验证消息的来源，并确保接收到的信息未被篡改。同时，这一过程还解决了用户身份验证的问题，增强了通信双方的信任。

权威机构在这一过程中发挥着至关重要的角色，不仅为用户提供了身份验证的手段，还通过数字证书保证了公钥的真实性。因此，用户在使用公钥进行验证或解密时，可以信任其来源和真实性。

2. 公钥验证流程

根据上述两种情境下明文 M 对用户 B 的可见性，我们可以将基于公钥体系的签名验证过程分为两种典型情形。

1）明文 M 对所有用户可见

在这种情况下，如图 4.3 所示，用户 B 接收到用户 A 发来的签名 Sign_m 和明文 M 后，首先利用用户 A 的公钥 Pub_a 对签名 Sign_m 进行解密操作，从而验证这一消息确实来自用户 A，这一过程充分利用了公钥密码体系中“只有拥有对应私钥的用户才能生成正确签名”的特点。随后，用户 B 使用与用户 A 相同的哈希算法对明文 M 进行哈希处理，生成哈希值，并将这一哈希值与收到的数字指纹 $H(M)$ 进行对比，以验证明文 M 的来源和完整性。

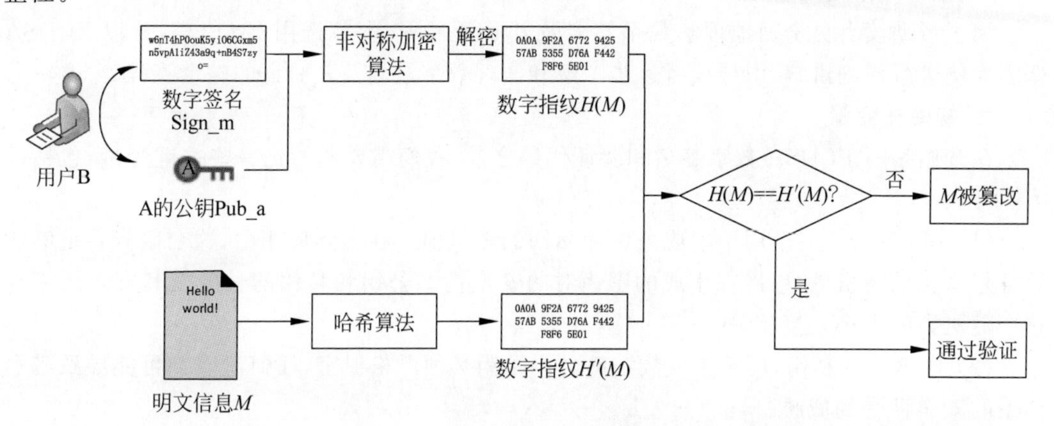

图 4.3　验证明文数字签名流程图

2）明文 M 仅对用户 B 可见

在这种情形下，用户 B 接收到用户 A 发来的签名 Sign_m1 和密文 $M1$ 后，同样首先使用用户 A 的公钥 Pub_a 对签名 Sign_m1 进行解密验证，确保消息的来源无误。接着，使用与用户 A 相同的哈希算法对密文 $M1$ 进行处理，并与数字指纹 $H(M1)$进行比对，以此来验证密文 $M1$ 的完整性。最后一步，用户 B 使用其私钥 Pri_b 对密文 $M1$ 进行解密操作，获取明文 M，确保了信息的机密性，如图 4.4 所示。

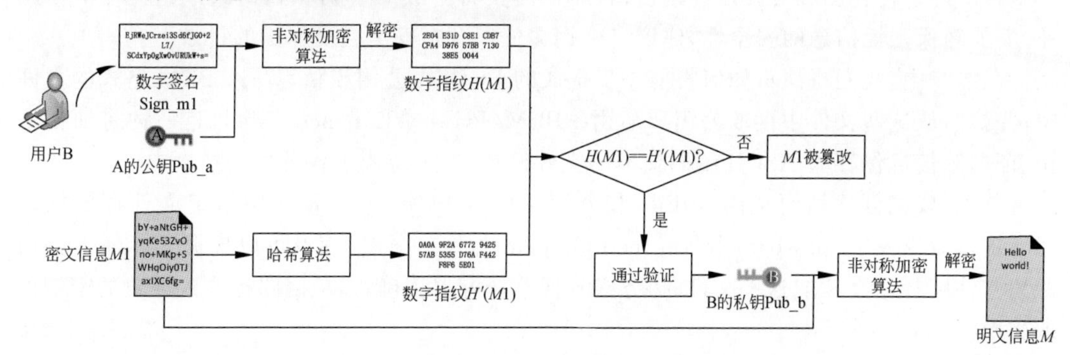

图 4.4　验证加密明文的数字签名流程图

在现代区块链架构中，例如 Hyperledger Fabric 和长安链等，基于公钥体系的数字签名及其验证方法在节点共识、数据传输和身份验证等多个环节中发挥着重要作用。在这些应用场景中，常见的基于公钥密钥体制的数字签名算法主要包括 RSA、DSA 和 ECC 等。特别值得一提的是，椭圆曲线数字签名算法（Elliptic Curve Digital Signature Algorithm，ECDSA），这是一种在椭圆曲线密码学（ECC）基础上对传统数字签名算法（DSA）进行改进的方案，因其高效性和安全性而被广泛应用。其中，Hyperledger Fabric 区块链框架便采用了 ECDSA 作为其数字签名的标准算法。

4.1.3 实践数字签名及验证

视频讲解

Go 语言以其出色的高并发处理能力，在许多区块链框架中扮演着重要的角色。Fabric、Fisco Bcos 和长安链等联盟链框架都在其底层代码中广泛采用了 Go 语言。此外，ECDSA 作为一种高效且安全的数字签名算法，在多个区块链框架中，如 Fabric，也得到了广泛应用。

为了帮助读者更全面地理解数字签名及其验证过程，本节选用 Go 语言，并以 ECDSA 算法为例进行详细讲解，引导读者逐步了解和实现数字签名及其验证的整个流程。

1. 初始化变量

在开始编写 ECDSA 数字签名和验证代码之前，我们需要初始化一些关键变量，包括以下 3 个。

(1) randKey。一个用于生成公钥和私钥的随机值。在实际应用中，这个值需要足够大并且是真正的随机数，以确保生成的密钥对的安全性。公钥和私钥的长度及其安全级别与这个随机数的大小直接相关。

(2) PriKey。私钥，用于生成数字签名。私钥必须严格保密，任何泄露都可能导致签名体系的安全性受到威胁。

(3) PubKey。公钥，与私钥成对出现，用于验证由私钥生成的数字签名。公钥是公开的，可以被任何人用来验证签名的真实性和完整性。

```
1.  var randKey = "lk0f7279c18d439459435asasadfdadfhkljas714797c9680335a320"
2.  var PriKey * ecdsa.PrivateKey
3.  var PubKey * ecdsa.PublicKey
```

2. 生成并读取密钥文件

为了持久化存储和方便地传输密钥，通常需要将生成的公钥和私钥保存到文件中。此外，为了确保密钥信息的安全性，建议将密钥文件保存在安全且受保护的目录下。

在本节中，我们将演示如何将前一步生成的 ECDSA 公钥和私钥写入 PEM 格式的文件中，并如何从这些文件中读取公钥和私钥。PEM(Privacy Enhanced Mail)是一种将加密密钥、证书等信息保存为 ASCII 编码文本的文件格式，广泛应用于各种加密技术中。

首先，我们创建私钥文件 priFile 和公钥文件 pubFile，并在程序中指定文件存放的路径。这里以 key/ec-pri. pem 和 key/ec-pub. pem 为例。当然，读者可以根据实际需求自由配置文件路径。在读取这些文件时，务必确保路径配置正确，避免因路径错误导致的密钥读取失败。

接下来，我们将展示如何将私钥和公钥写入 PEM 文件，以及如何从 PEM 文件中读取它们，具体代码如下。

```
1.  func EcdsaInit() error {
2.    // 创建两个文件，分别存储 ECDSA 私钥和公钥
3.    priFile, _ : = os.Create("key/ec - pri.pem")
4.    pubFile, _ : = os.Create("key/ec - pub.pem")
5.    defer priFile.Close()
```

```
6.    defer pubFile.Close()
7.    // 生成公私钥
8.    if err := GenerateKey(priFile, pubFile); err != nil {
9.     os.Exit(1)
10.    return err
11.   }
12.   return nil
13. }
```

其中,GenerateKey 函数用于生成 ECDSA 公私钥,并将它们以 PEM 格式保存到指定的文件路径中,具体代码如下。

```
1.  func GenerateKey(priFile, pubFile *os.File) error {
2.    // 检查 randKey 字符串的长度是否满足最小要求
3.    lenth := len(randKey)
4.    if lenth < 224/8 {
5.     return errors.New("私钥长度太短,至少为 28 位!")
6.    }
7.
8.    // 根据随机密钥的长度创建私钥
9.    var curve elliptic.Curve
10.   if lenth > 521/8 + 8 {
11.    curve = elliptic.P521()
12.   } else if lenth > 384/8 + 8 {
13.    curve = elliptic.P384()
14.   } else if lenth > 256/8 + 8 {
15.    curve = elliptic.P256()
16.   } else if lenth > 224/8 + 8 {
17.    curve = elliptic.P224()
18.   }
19.   // 使用选定的椭圆曲线,生成 ECDSA 私钥
20.   priKey, err := ecdsa.GenerateKey(curve, strings.NewReader(randKey))
21.   if err != nil {
22.    return err
23.   }
24.   // 将私钥转换为字节形式,创建一个 PEM 块,将其编码写入私钥文件
25.   priBytes, err := x509.MarshalECPrivateKey(priKey)
26.   if err != nil {
27.    return err
28.   }
29.   priBlock := pem.Block{
30.    Type: "ECD PRIVATE KEY",
31.    Bytes: priBytes,
32.   }
33.   if err := pem.Encode(priFile, &priBlock); err != nil {
34.    return err
35.   }
36.   // 将公钥转换为字节形式,创建一个 PEM 块,将其编码写入公钥文件
37.   pubBytes, err := x509.MarshalPKIXPublicKey(&priKey.PublicKey)
38.   if err != nil {
39.    return err
40.   }
```

```
41.   pubBlock := pem.Block{
42.    Type: "ECD PUBLIC KEY",
43.    Bytes: pubBytes,
44.   }
45.   if err := pem.Encode(pubFile, &pubBlock); err != nil {
46.    return err
47.   }
48.   return nil
49.  }
```

调整randKey的值会影响生成公私钥的具体参数，进而获得不同长度和安全级别的公私钥对。按照初始化变量中所设置的randKey值，将生成如下所示的PEM编码格式的公私钥。

```
1.   -----BEGIN ECD PRIVATE KEY-----
2.    MHcCAQEEIGxrMGY3Mjc5YzE4ZDQzOTQ1OTQzNWFzYXNhZGZkYWRmoAoGCCqGSM49AwEHoUQDQgAE8KJ54re/
      zf99kwy0dpLaUXvKWu01KH8sD3qnYiwx9Ww42ZSZ05AEHQK0gj6ay36bJxE9ZMwVcu/jiJtL/Wf/cQ==
3.   -----END ECD PRIVATE KEY-----
1.   -----BEGIN ECD PUBLIC KEY-----
2.  MFkwEwYHKoZIzj0CAQYIKoZIzj0DAQcDQgAE8KJ54re/zf99kwy0dpLaUXvKWu01KH8sD3qnYiwx9Ww42ZSZ05
  AEHQK0gj6ay36bJxE9ZMwVcu/jiJtL/Wf/cQ==
3.   -----END ECD PUBLIC KEY-----
```

其中，“-----BEGIN ECD PRIVATE KEY-----”用于标记私钥编码数据开始，“-----END ECD PRIVATE KEY-----”标记私钥编码数据结束，两者中间的字符串是私钥的Base64编码形式。

3. 加载密钥

为方便公私钥的使用，在此提供两个专用于加载密钥的函数，它们分别是用于加载公钥的LoadpubKey函数和加载私钥的LoadpriKey函数。通过这两个函数，我们可以直接从存储密钥的文件中读取密钥信息，并将其赋值给之前声明的变量PubKey和PriKey。

LoadpubKey函数的代码如下所示。

```
1.  // 加载公钥
2.  func LoadpubKey() error {
3.   // 读取公钥
4.   pub, err := ioutil.ReadFile("key/ec-pub.pem")
5.   if err != nil {
6.    return fmt.Errorf("读取公钥文件失败: %v", err)
7.   }
8.   // 解码公钥
9.   block, _ := pem.Decode(pub)
10.  if block == nil {
11.   return errors.New("解码包含公钥的 PEM 块失败!")
12.  }
13.  // 反序列化公钥
14.  var i interface{}
15.  i, err := x509.ParsePKIXPublicKey(block.Bytes)
16.  if err != nil {
17.   return fmt.Errorf("解析公钥失败: %v", err)
```

```
18.    }
19.    var ok bool
20.    PubKey, ok = i.( * ecdsa.PublicKey)
21.    if !ok {
22.     return errors.New("所解码的密钥不是 ECDSA 公钥!")
23.    }
24.    return nil
25.  }
```

LoadpriKey 函数的代码如下所示。

```
1.   // 加载私钥
2.   func LoadpriKey() error {
3.    // 读取私钥
4.    pri, err : = ioutil.ReadFile("key/ec - pri.pem")
5.    if err != nil {
6.     return fmt.Errorf("读取私钥文件失败: % v", err)
7.    }
8.    // 解码私钥
9.    block, _ : = pem.Decode(pri)
10.   if block == nil {
11.    return errors.New("解码包含私钥的 PEM 块失败!")
12.   }
13.   var err error
14.   // 反序列化私钥
15.   PriKey, err = x509.ParseECPrivateKey(block.Bytes)
16.   if err != nil {
17.    return fmt.Errorf("解析私钥失败: % v", err)
18.   }
19.   return nil
20.  }
```

4. 进行数字签名测试

在完成了密钥的生成、读取与加载步骤后，下面将展示如何进行数字签名的测试。

1）加载私钥并生成哈希摘要

首先，需要加载已经存储好的私钥 PriKey，并使用 SHA-256 哈希算法对待签名的数据 text 执行哈希运算。这个过程将生成一个哈希摘要 hashText，它将用于下一步的数字签名过程。

2）使用私钥进行数字签名

使用加载的私钥 PriKey 对上一步生成的哈希摘要 hashText 进行数字签名。这个过程将生成两个重要的部分：r 和 s，它们共同构成了数字签名的完整信息。

3）加载公钥并再次生成哈希摘要

接着，需要加载对应的公钥 PubKey，并再次对原始的待签名数据 text 使用相同的 SHA-256 哈希算法进行哈希运算。这将生成一个新的哈希摘要 hashText1，用于接下来的签名验证过程。

4）使用公钥进行签名验证

最后，使用加载的公钥 PubKey、新生成的哈希摘要 hashText1 以及之前生成的数字签名的两个部分 r 和 s,来进行签名验证。这个过程将确定签名是否有效,并输出验证的结果 isValid。

具体代码如下所示。用户在不违背数据签名验证原理的情况下,可对数字签名验证流程进行相应的更改,以适应不同的应用场景需求。

```
1.  func main( ) {
2.   // 初始化 ECDSA 密钥对
3.   err : = EcdsaInit()
4.   if err != nil {
5.    log.Fatalf("密钥初始化失败: % v", err)
6.   }
7.   // 加载私钥
8.   if err = LoadpriKey(); err != nil {
9.    log.Fatalf("加载私钥失败: % v", err)
10.  }
11.  // 待签名的数据
12.  text : = "hello dalgurak"
13.  hashFunc : = sha256.New()
14.  hashFunc.Write([]byte(text))
15.  hashText : = hashFunc.Sum(nil)
16.  fmt.Printf("明文的 SHA - 256 哈希值: % x\n", hashText)
17.  // 使用私钥进行签名
18.  r, s, err : = ecdsa.Sign(strings.NewReader(randSign), PriKey, hashText)
19.  if err != nil {
20.   log.Fatalf("签名失败: % v", err)
21.  }
22.
23.  // 加载公钥
24.  if err = LoadpubKey(); err != nil {
25.   log.Fatalf("加载公钥失败: % v", err)
26.  }
27.  // 针对明文重新生成 hashText1
28.  hashText1 : = sha256.New()
29.  hashText1.Write([]byte(text))
30.  hashText1 : = hashFunc.Sum(nil)
31.  // 公钥验证签名
32.  isValid : = ecdsa.Verify(PubKey, hashText1, r, s)
33.  fmt.Printf("验证结果: % t,签名的 r 部分: % x,签名的 s 部分: % x\n", isValid, r, s)
34. }
```

4.2 数据加密技术的原理与应用

数据加密技术是信息安全中最重要的组成部分之一,它通过将明文数据转换为密文来防止未经授权的访问和修改。根据密钥的使用方式,数据加密技术主要分为对称加密算法和非对称加密算法两大类。

4.2.1 对称加密算法

对称加密算法是一种加密和解密使用相同密钥的加密技术,也称为私钥密码体制。在这种加密体制中，加密和解密操作使用的是相同的密钥，因此密钥的安全性对于保护数据的安全性至关重要。常见的对称加密算法主要包括数据加密标准（Data Encryption Standard，DES）、高级加密标准（Advanced Encryption Standard，AES）等。

1. DES 算法

DES 算法是一种广泛使用的对称加密算法，也是分组加密算法的一种典型代表。其核心原理是将待加密的数据分割为多个 64 位的数据块，并使用一个 56 位的密钥对这些数据块进行逐个加密，最终得到对应的密文块。如果数据的长度不是 64 位的倍数，则需要根据特定规则进行填充。

DES 算法的具体加密流程如下。

(1) 接收明文和一个 64 位的密钥 Key，将明文转换为 64 位的数据块。

(2) 进行初始置换 IP，使用 64 位的密钥将明文数据块转换为 64 位的密文输出块。

(3) 在密钥的控制下，经过 16 轮的 Feistel 网络运算，每轮运算包括密钥置换、扩展置换、S-盒代替和 P-盒置换等四个步骤。

(4) 16 轮运算后，交换左右两个 32 位的子块，并进行最终置换，输出 64 位的密文。

解密过程与加密过程基本相同，只是使用的子密钥顺序相反。

尽管 DES 算法在加密效率、算法简洁性和系统资源占用方面都具有优势，特别是在需要加密大量数据的场景中，但它也存在一些缺点。例如，56 位的密钥长度在现代计算环境下已经不再安全，容易受到暴力攻击。此外，密钥的安全传输和多用户通信时的密钥管理也是 DES 算法面临的挑战。为了克服这些缺点，推荐使用更为安全的 AES 算法或者配合使用非对称加密算法来进行密钥的安全传输。

2. AES 算法

20 世纪中后期，计算机元器件制造工艺的显著进步极大地提升了计算机的处理能力，促使计算机技术迅猛发展。随着计算能力的提升，原有的数据加密标准开始暴露出其安全性的不足。DES 算法虽然在其时代内提供了一定程度的安全保障，但其 56 位的密钥长度在计算能力不断提升的今天已经无法满足高安全性的需求。3DES 作为其改进版本，虽然增强了安全性，但其加密时间为原始 DES 算法的 3 倍以上，且 64 位的分组大小在现代应用中也显得较为局限，难以满足用户对数据安全性的日益增长的需求。

为了解决上述问题，全球密码学界共同推动了一种新的加密标准的制定和应用，即 AES 算法。AES 算法不仅在安全性上有了质的飞跃，同时在性能、效率、可实现性及灵活性等方面也表现卓越。基于 AES 算法，产生了如 Rijndael、Serpent、Twofish、RC6 和 MARS 等多种加密算法。经过一系列严格的安全性分析和软硬件性能评估，Rijndael 算法以其卓越的性能和极高的安全性，最终被选定为 AES 的标准实现。

Rijndael 算法的设计充分考虑了灵活性的需求，支持多种分组和密钥长度的组合，分组长度可为 128～256 位，密钥长度同样有多种选择，可灵活应对不同的安全和性能需求。在 AES 算法中，分组长度固定为 128 位，密钥长度有 128 位、192 位和 256 位三种选择。

本书选取了分组大小为 128 位、密钥长度为 128 位的 Rijndael 算法作为分析和讲解的对象。Rijndael 算法采用迭代的方式进行加密，每一轮的操作包括 SubBytes、ShiftRows、MixColumns 和 AddRoundKey 四个步骤，通常会进行 10～14 轮的迭代计算。下面，将分步骤对该算法的每一个操作环节进行详细讲解。

1）字节替代（SubBytes）

在字节替代阶段，算法对16字节的输入数据块中的每一个字节进行独立处理。具体操作为：将每个字节的数值（介于0～255之间）作为索引，查找预先设定的256个元素的替代表中对应的值，并用查找到的值替换原字节的数值。

2）行移位（ShiftRows）

在行移位阶段，将输入数据块划分为4字节一组，对每组进行独立的左循环移位操作。不同行移位的字节数不同，具体移位规则依赖算法的设定。

3）列混淆（MixColumns）

在列混淆阶段，算法对每4字节进行矩阵运算，将其转换为新的4字节值。这一过程增强了数据块内各个字节间的依赖关系，提高了算法的安全性。

4）轮密钥加（AddRoundKey）

在轮密钥加阶段，算法将列混淆的输出结果与轮密钥进行异或操作，得到本轮的输出结果。

Rijndael算法是一种对称加密算法，其解密过程是加密过程的逆过程，具体包括轮密钥加逆操作（AddRoundKey）、列混淆逆操作（InvMixColumns）、行移位逆操作（InvShiftRows）和字节替代逆操作（InvSubBytes）。这里不再详细展开讲解。

从全局的角度来看，Rijndael（AES）算法虽然并非绝对安全的加密方法，但它在安全性、性能和效率方面的综合表现使其成为当前世界上使用最为广泛的对称加密算法之一。其主要优势体现在：

(1) 运算速度快，对内存需求低，适应性强，能够在资源受限的环境中高效运作。

(2) 支持灵活的分组长度和密钥长度设计，提供多种安全级别的选择。

(3) 相比于DES算法，AES算法提供了更大的密钥空间（密钥长度最小为128bit，最大可达256bit），增强了对穷举攻击的抵抗能力。

(4) 在抵抗差分密码分析和线性密码分析等常见攻击方法方面表现优异。

与DES算法相比，AES算法在处理速度、效率和灵活性方面都有明显优势。AES算法能够在几秒钟内完成对大型文件的加密，而DES算法在处理大量数据时则表现不佳。在算法实现的灵活性方面，AES算法同样优于DES算法，提供了更多的分组长度和密钥长度选项，以满足不同应用场景的需求。

4.2.2 非对称加密算法

1. RSA数字签名算法

RSA（Rivest，Shamir，Adleman）数字签名算法，由Ron Rivest、Adi Shamir和Leonard Adleman于1977年共同提出，是目前研究最深入和应用最广泛的公钥密码体制的数字签名算法之一。它不仅在密码学领域有着重要的地位，而且在区块链、网络安全等众多领域发挥着重要作用。RSA算法的安全性主要依赖大整数因数分解的计算困难性，其密钥的长度和安全性成正比，且目前尚无已知有效攻击RSA算法的方法。

1）算法原理

RSA算法的核心思想是利用大整数因数分解的困难性，将加密和解密过程分开，分别使用公开的加密密钥（Public Key，PK）和保密的解密密钥（Secret Key，SK）。由于计算大数

N 的欧拉函数 φ(N)的困难性，即便攻击者知道公钥 PK，也无法计算出私钥 SK，从而保证了通信双方的密钥安全。

2）算法的优势与应用

（1）广泛的标准和普及：RSA 算法由于其历史悠久，已经成为国际加密标准之一，其应用范围极为广泛，特别是在数字签名和数据加密领域。无论是在政府机关、金融机构还是在个人通信中，RSA 算法都扮演着不可或缺的角色。

（2）强大的兼容性：RSA 算法能够兼容各种不同的系统和平台，其对环境的适应性极强。相较于一些新兴的算法，RSA 算法在实际应用中表现出了更高的稳定性和可靠性，极大地方便了用户的使用。

（3）相对较低的复杂度：虽然 RSA 算法涉及复杂的数学运算，但其算法结构相对简单，易于实现。这使得 RSA 算法在资源有限的环境下依然能够高效运行。

3）算法的局限性与挑战

（1）较高的计算成本：由于 RSA 算法需要使用较长的密钥（通常不少于 2048 位）来保证安全性，这就导致了在加解密过程中需要较大的计算资源，特别是对服务器端的消耗较大，效率相对较低。

（2）安全性挑战：尽管 RSA 算法被认为是安全的，但随着计算技术的发展，特别是量子计算的潜在威胁，RSA 算法的安全性也面临着严峻的挑战。为了应对这些挑战，研究人员和工程师需要不断地提升算法的强度，并探索新的加密方法。

2. ECC 数字签名算法

椭圆曲线密码学（Elliptic Curve Cryptography，ECC）是一种基于椭圆曲线数学的公钥密码体制，其核心难题基于“离散对数”问题，与传统的基于大质数分解难题的加密算法有本质的不同。

1）算法原理

椭圆曲线在数学中定义为一类特殊的曲线，其上的点满足一定的代数方程。在密码学中，我们通常采用的是定义在有限域上的椭圆曲线。

椭圆曲线离散对数问题可以描述如下：给定椭圆曲线上的一个基点 G 和另一个点 K，寻找唯一的整数 k，使得 $K=kG$，在数学上这是一个“容易”问题。但是反过来，如果给定 G 和 K，要寻找 k，这就成了一个计算上非常困难的问题。在 ECC 中，私钥是一个随机选择的整数 k，公钥则是通过计算 $K=kG$ 得到的椭圆曲线上的点 K。

2）算法的优势与应用

（1）高安全性：在相同长度的密钥条件下，ECC 算法提供比 RSA 算法更高的安全性。例如，160 位的 ECC 密钥所提供的安全性相当于 1024 位的 RSA 密钥。

（2）高效率：ECC 算法的计算量相较于 RSA 算法更小，因此在数据加解密过程中表现出更快的速度和更高的效率。

（3）小型化：ECC 算法的密钥和系统参数更小，占用的存储空间较少，特别适用于资源受限的环境。

（4）带宽效率：在处理短消息的加解密过程中，ECC 算法对网络带宽的占用更小。

3）算法的局限性与挑战

（1）理解难度：ECC 算法涉及复杂的数学理论，其曲线的选择和参数的设置对最终的安全性有着重要影响，因此对使用者的门槛较高。

(2) 曲线选取的安全性：如果椭圆曲线的选取存在缺陷或被恶意植入后门，整个加密体系的安全性将受到严重威胁。

(3) 专利问题：ECC 算法及其变种被多家公司申请了专利，这在实际应用中可能导致专利使用费用的增加，或引发专利归属的法律纠纷。

ECC 体系中包含了多种具体的加密和数字签名算法，如 ECDH（椭圆曲线迪菲-赫尔曼密钥交换）和 ECDSA（椭圆曲线数字签名算法）。本书前文已详细介绍了 Hyperledger Fabric 中应用的 ECDSA 算法的数字签名流程。

视频讲解

4.2.3 数据加密与解密的实践操作

1. 实践 ECDSA 算法

在 4.1.3 节中，已详细介绍了 ECDSA 算法的密钥生成、加载以及私钥签名和公钥验证方面的实现代码。本节将进一步深入探讨 ECDSA 算法在数据加密和解密方面的应用及相关代码实现。

需要指出的是 ECDSA 是一种基于椭圆曲线密码学的数字签名算法，并不直接用于数据的加密和解密。对于需要加密和解密功能的场景，通常会配合其他对称或非对称加密算法一起使用。为了满足特定的学习和应用需求，以下将介绍一种使用 ECDSA 进行加密和解密的方法。

1）数据加密

在数据加密阶段，首先加载 ECDSA 算法的公钥 PubKey，并从文本文件 text.txt 中读取需要加密的明文数据 text；然后采用公钥 PubKey 加密明文 text，获取对应的密文 miwen。

2）数据解密

加载私钥 PriKey，并用其解密密文 miwen，获取解密后的明文 result。

3）结果验证

将解密之后的明文 result 与加密之前的明文 text 进行对比，若一致，则表明数据加密成功，否则失败。

以下是上述三部分的 Go 语言实现代码。

```
1.  // 测试公钥加密,私钥解密
2.  func TestGenerateKey2(t *testing.T) {
3.   // 1)数据加密
4.   // 初始化公私钥
5.   err := EcdsaInit()
6.   if err != nil {
7.    log.Fatalf("密钥初始化失败: %v", err)
8.   }
9.   // 加载公钥
10.  if err = LoadpubKey(); err != nil {
11.   log.Fatalf("加载公钥失败: %v", err)
12.  }
13.  // 读取文件中的明文
14.  text, err := ioutil.ReadFile("text.txt")
```

```
15.     if err != nil {
16.      log.Fatalf("读取文件失败: %v", err)
17.     }
18.     // 对明文进行公钥加密,生成密文
19.     miwen, err := EcdhPublicKeyEncrypt(text, PubKey)
20.     if err != nil {
21.      log.Fatalf("明文加密失败: %v", err)
22.     }
23.     fmt.Printf("加密前的明文的长度: %d\n", len(text))
24.     fmt.Printf("加密后的密文的长度: %d\n", len(miwen))
25.
26.     // 2)数据解密
27.     // 加载私钥
28.     if err = LoadpriKey(); err != nil {
29.      log.Fatalf("加载私钥失败: %v", err)
30.     }
31.     fmt.Printf("s私钥: %x\n", PriKey)
32.     // 采用私钥对密文进行解密
33.     result, err := EcdhPrivateKeyDecrypt(miwen, PriKey)
34.     if err != nil {
35.      log.Fatalf("密文解密失败: %v", err)
36.     }
37.
38.     // 3)结果验证
39.     // 对比解密后的明文和加密前的明文
40.     if bytes.Equal(text, result) {
41.      fmt.Printf("解密后明文与加密前的明文相同,长度为: %d\n", len(text))
42.     } else {
43.      fmt.Println("解密后明文与加密前的明文不相同.")
44.     }
45.   }
```

2. 实践 RSA 算法

RSA 算法作为一种广泛应用于信息安全领域的非对称加密算法,也在区块链技术中发挥了重要作用,特别是在数字签名、数据加密和身份验证等方面。为了深入理解 RSA 算法在区块链中的应用,本节将使用 Go 语言详细介绍 RSA 算法的数据加解密过程及其在区块链中的实际应用场景。

1）生成存储密钥的文件

为了实现 RSA 加解密,首先需要生成一对公钥和私钥,并将它们存储在安全的地方。通常,我们会创建两个文件,一个用于存储公钥(pub.key),另一个用于存储私钥(pri.key)。在这里,pripath 和 pubpath 分别代表私钥文件和公钥文件的存储路径。

```
1.   func CreateKeyfile(pripath,pubpath string) (*os.File, *os.File,error) {
2.    prifile, err := os.Create(pripath)
3.    if err != nil{
4.     return nil, nil, fmt.Errorf("创建私钥文件失败: %v", err)
5.    }
6.    pubfile, err := os.Create(pubpath)
7.    if err != nil{
```

```
8.     prifile.Close()         // 尝试关闭之前创建的私钥文件
9.     return nil, nil, fmt.Errorf("创建公钥文件失败:%v", err)
10.    }
11.
12.   return prifile, pubfile, nil
13.  }
```

2）生成并存储密钥

通过调用 GeneratPrivateAndPublicKey 函数，可以生成一对 RSA 密钥。在生成私钥时，需要提供一个随机数源和私钥的长度（以位为单位，常见的长度有 1024、2048、3072、4096 等）。生成的私钥和公钥随后会被保存到在第一步创建的文件中。

```
1.  func GeneratPrivateAndPublicKey(prifile, pubfile *os.File, bits int) error {
2.    // 生成私钥，提供一个随机数和私钥的长度（即位数），目前主流的长度为 1024、2048、3072、4096，
3.    // 长度即为模数，明文长度不得大于模数减 11，即长度为 1024 时，对应明文必须小于(1024/4-11) = 245byte
4.    priKey, err := rsa.GenerateKey(rand.Reader, bits)
5.    if err != nil {
6.     return err
7.    }
8.    // 将 RSA 私钥序列化为 ASN.1 PKCS#1 DER 编码
9.    data, err := x509.MarshalPKCS1PrivateKey(priKey)
10.    if err != nil{
11.    return fmt.Errorf("序列化私钥失败:%v", err)
12.   }
13.   block := pem.Block{
14.    Type:"RSA PRIVATE KEY",
15.    Bytes:data,
16.   }
17.   // 对私钥进行 PEM 数据编码，然后写入文件
18.   if err = pem.Encode(prifile, &block); err != nil {
19.    return err
20.   }
21.   // 生成公钥
22.   pubKey := &priKey.PublicKey
23.   // 将 RSA 公钥序列化为 ASN.1 PKCS#1 DER 编码
24.   pubKeyData, err := x509.MarshalPKCS1PublicKey(pubKey)
25.   if err != nil {
26.    return fmt.Errorf("序列化公钥失败:%v", err)
27.   }
28.   // 将公钥做 PEM 数据编码，然后写入文件
29.   err = pem.Encode(pubfile, &pem.Block{
30.    Type: "RSA PUBLIC KEY",
31.    Bytes: pubKeyData,
32.   })
33.   if err != nil {
34.    return err
35.   }
36.   return nil
37.  }
```

3）读取并解析密钥

密钥生成并存储后，可以通过 ParsingRsaPublicKey 和 ParsingRsaPrivateKey 函数分别从文件中读取并解析出公钥和私钥。

```
1.  // ①获取公钥
2.  func ParsingRsaPublicKey(filepath string) ( * rsa.PublicKey, error) {
3.   // 读取公钥文件
4.   pubByte, err : = ioutil.ReadFile(filepath)
5.   if err != nil {
6.    return nil, err
7.   }
8.   // PEM 解码
9.   block, _ : = pem.Decode(pubByte)
10.  if block == nil {
11.   return nil, fmt.Errorf("解析包含公钥的 PEM 块失败!")
12.  }
13.  // DER 解码,最终返回一个公钥对象
14.  pubKey, err : = x509.ParsePKCS1PublicKey(block.Bytes)
15.  if err != nil {
16.   return nil, err
17.  }
18.  return pubKey, nil
19. }
20.
21. // ②获取私钥
22. func ParsingRsaPrivateKey(filepath string) ( * rsa.PrivateKey, error) {
23.  // 读取私钥文件
24.  priByte, err : = ioutil.ReadFile(filepath)
25.  if err != nil {
26.   return nil, err
27.  }
28.  // PEM 解码
29.  block, _ : = pem.Decode(priByte)
30.  if block == nil {
31.   return nil, fmt.Errorf("解析包含私钥的 PEM 块失败!")
32.  }
33.  // DER 加密,返回一个私钥对象
34.  prikey, err : = x509.ParsePKCS1PrivateKey(block.Bytes)
35.  if err != nil {
36.   return nil, err
37.  }
38.  return prikey, nil
39. }
```

4）加解密数据

在获取到公钥和私钥后，可以使用公钥对明文信息进行加密，得到相应的密文。具体来说，使用 RsaPublicKeyEncrypt 函数进行公钥加密。之后，可以使用与之对应的私钥通过 RsaPrivateKeyDecrypt 函数对密文进行解密，从而验证加密过程的正确性和数据的完整性。

```
1.  // ①RSA 公钥加密
2.  func RsaPublicKeyEncrypt(src [ ]byte, publickey * rsa.PublicKey) ([ ]byte, error) {
```

```
3.    // 使用公钥加密数据,需要一个随机数生成器、公钥和需要加密的数据
4.    data,err := rsa.EncryptPKCS1v15(rand.Reader, publickey,src)
5.    // src 明文长度要小于模数 - 2 * hash 长度 - 2
6.    //data, err := rsa.EncryptOAEP(sha256.New(),rand.Reader,publickey,src,nil) // 这是另一种使用 OAEP 填充方式的公钥加密方法
7.    if err != nil {
8.      return nil,err
9.    }
10.   //fmt.Println("Hash lenth",sha256.New().Size()) // 用于打印 SHA-256 哈希函数的输出长度,这在使用 OAEP 填充方式时有用
11.   return data,nil
12. }
13. // ②RSA 私钥解密
14. func RsaPrivateKeyDecrypt(src []byte, privateKey *rsa.PrivateKey) ([]byte, error) {
15.   // 使用私钥解密数据,需要一个随机数生成器、私钥和需要解密的数据
16.   data,err := rsa.DecryptPKCS1v15(rand.Reader, privateKey,src)
17.   //data,err := rsa.DecryptOAEP(sha256.New(),rand.Reader, privateKey,src,nil) // 这是另一种使用 OAEP 填充方式的私钥解密方法
18.   if err != nil {
19.     return nil,err
20.   }
21.   return data,nil
22. }
```

5）加解密流程示例

在实际应用中,RSA 加解密的典型流程如下。

(1) 通过 GeneratePrivateAndPublicKey 函数生成一对公私钥,并将它们保存到 pub.key 和 pri.key 文件中。

(2) 使用 ParsingRsaPublicKey 函数从 pub.key 文件中解析出公钥 pubKey,并用它对测试数据 test 进行加密,得到加密数据 encryData。

(3) 使用 ParsingRsaPrivateKey 函数从 pri.key 文件中解析出私钥 priKey,并用它对 encryData 进行解密,得到解密数据 decryData。

(4) 将 decryData 与原测试数据 test 进行对比,如果二者一致,则证明数据加密和解密过程成功,否则失败。

```
1.  // 公钥加密、私钥解密
2.  func main( ) {
3.    // 生成存储私钥和公钥的文件
4.    prifile, pubfile, err := CreateKeyfile("key/pri.key", "key/pub.key")
5.    if err != nil {
6.      log.Panicln(err)
7.    }
8.    defer pubfile.Close()
9.    defer prifile.Close()
10.
11.   // ①创建公私钥,并存储在指定的文件中
12.   err = GeneratPrivateAndPublicKey(prifile, pubfile, 1024)
13.   if err != nil {
14.     log.Panicln(err)
```

```
15.     }
16.
17.     // ②从目标文件中获取公钥并解析
18.     pubKey, err := ParsingRsaPublicKey("key/pub.key")
19.     if err != nil {
20.      log.Panicln("解析公钥失败:", err)
21.     }
22.     // 通过公钥加密数据,获得加密后的数据
23.     test := "hello RSA"
24.     // 公钥加密,得到密文数据
25.     encryData, _ := RsaPublicKeyEncrypt([]byte(test), pubKey)
26.     fmt.Println("长度", len(encryData), "密文数据为:", encryData)
27.     fmt.Println(string(encryData))
28.
29.     // ③从目标文件获取私钥并解析
30.     priKey, err := ParsingRsaPrivateKey("key/pri.key")
31.     if err != nil {
32.      log.Panicln("解析私钥失败:", err)
33.     }
34.     // 私钥解密加密数据,获取明文
35.     decryData, _ := RsaPrivateKeyDecrypt(encryData, priKey)
36.     fmt.Println("长度:", len(test), "原始明文:", test)
37.     fmt.Println("解密后的明文数据为:", string(decryData))
38.
39.     // ④对比解密后的明文和加密前的明文
40.     if test == string(decryData) {
41.      fmt.Println("解密后明文与加密前的明文相同,长度为:", len(test))
42.     } else {
43.      fmt.Println("解密后明文与加密前的明文不相同.")
44.     }
45.   }
```

4.3 本章小结

本章深入探索了数字签名算法和数据加密技术,为理解和应用区块链中的加密技术提供了坚实的基础。

首先详细讲解了数字签名的相关知识,包括基于哈希函数和公钥密码体制的数字签名生成、验证过程。通过学习哈希函数的特性和应用,了解了数字签名在保证数据完整性和身份认证方面的重要作用。在公钥密码体制部分,学习了私钥签名流程和公钥验证流程,这不仅让我们对数字签名的工作机制有了更深入的了解,还展示了其在实际应用中的广泛应用。

在数据加密技术方面,本章介绍了对称加密和非对称加密两大类算法。对称加密算法中的DES算法和AES算法,以及非对称加密算法中的RSA算法和ECC算法,都是本章的重点内容。通过对这些算法的原理和应用的学习,我们认识到它们在保障数据传输安全中的关键作用。而通过数据加解密实践的环节,我们将理论知识应用到实践中,进一步加深了对数据加密技术的理解。

习题 4

一、单项选择题

1．哈希函数的主要特性包括哪项？（　　）

A．高效性　　B．不可逆性　　C．确定性　　D．唯一性

2．哪种算法是基于公钥密码体制的数字签名算法？（　　）

A．MD5　　B．RSA　　C．DES　　D．AES

3．在数字签名中，私钥主要用于（　　）。

A．加密信息　　B．解密信息　　C．生成数字签名　　D．验证数字签名

4．在对称加密算法中，数据的加密和解密使用的密钥是（　　）。

A．不同的　　B．相同的　　C．公开的　　D．私有的

5．DES加密算法的密钥长度是多少位？（　　）

A．56　　B．64　　C．128　　D．256

6．AES加密算法相比于DES加密算法的主要优势是什么？（　　）

A．更快　　B．密钥更短　　C．更安全　　D．算法更简单

7．ECC数字签名算法相对于RSA数字签名算法的主要优势是什么？（　　）

A．更快　　B．更安全　　C．密钥更短　　D．算法更简单

8．在数字签名验证过程中，使用什么密钥进行验证？（　　）

A．私钥　　B．公钥　　C．对称密钥　　D．随机密钥

9．在数据加解密实践中，RSA算法通常用于（　　）。

A．对称加密　　B．非对称加密

C．数据完整性验证　　D．密钥分配

10．数据加密的主要目的是保障什么？（　　）

A．数据完整性　　B．数据保密性　　C．数据可用性　　D．数据一致性

11．哈希函数用于（　　）。

A．加密数据　　B．生成数字签名　　C．生成随机数　　D．压缩数据

12．在数字签名及验证实践中，密钥文件的生成与读取的主要目的是什么？（　　）

A．加密数据　　B．存储密钥　　C．生成随机数　　D．压缩数据

13．对于数字签名，哪个步骤是不可缺少的？（　　）

A．加密数据　　B．生成密钥　　C．签名验证　　D．生成随机数

14．在区块链技术中，数字签名主要用于确保（　　）。

A．数据完整性　　B．数据保密性　　C．数据可用性　　D．数据一致性

15．非对称加密算法的特点是（　　）。

A．密钥公开　　B．密钥私有　　C．密钥对称　　D．密钥随机

二、简答题

1．解释哈希函数在数字签名中的作用。

2．说明RSA数字签名算法的基本原理。

3．描述对称加密和非对称加密的主要区别。

4. 解释在数字签名中,为什么要使用私钥进行签名,而使用公钥进行验证?
5. 描述数字签名的基本过程。
6. 解释 AES 加密算法的主要特点。
7. 在实际应用中,如何选择合适的数字签名算法?
8. 解释在数据加密中,为什么需要有对称加密和非对称加密两种方式?
9. 描述数字签名在区块链技术中的应用和作用。
10. 在数字签名及验证实践中,为什么需要进行密钥的加载?

第5章

“区块链+物联网”应用之区块链网络环境搭建与管理

本章学习目标

(1) 掌握安装和配置虚拟化环境的能力,以便在其中创建和管理 Ubuntu 虚拟机。

(2) 学习如何在 Ubuntu 操作系统上安装系统工具以及编程语言环境。

(3) 理解并实践如何搭建 Hyperledger Fabric 环境。

(4) 学会测试区块链运行环境的方法。

(5) 掌握用户配置与管理的基础,能够设计并实践用户注册和授权机制。

视频讲解

5.1 区块链网络环境搭建

在区块链网络环境搭建的过程中,读者首先需要准备基础的虚拟化环境,并在此基础上安装和配置 Linux 操作系统(如 Ubuntu 22.04)。然后,读者需学习安装必需的系统工具,这些工具对于后续搭建 Hyperledger Fabric 环境至关重要。在成功安装所需工具后,读者将被指导通过一系列的命令来创建 Hyperledger Fabric 的工作环境,获取必要的源码,以及学会如何在本地搭建和测试一个基础的 Fabric 网络。

5.1.1 准备基本环境

在开始进行区块链网络的搭建之前,首先需要准备基本的软件环境,包括虚拟机的安装以及操作系统的配置。

1. 安装 VMware WorkStation 17 Pro 虚拟机

虚拟机软件是一种能够在计算机硬件和操作系统之间提供抽象层的技术,它创建了一个模拟的计算环境,使得在同一台物理计算机上可以同时运行多个操作系统。这种技术极大地提升了计算资源的利用率,也为软件开发和测试提供了极大的便利。目前市场上存在多种虚拟机软件,如 VirtualBox、VMware、Virtual PC 等,每种软件都有其独特的特点和应用领域。本章将以 VMware WorkStation 17 Pro 为例,详细阐述其安装和配置过程,为读者提供一个规范的指导。

1) 下载安装包

访问 VMware 官网(www.vmware.com),下载 VMware WorkStation 17 Pro 版本的安装包,如图 5.1 所示。

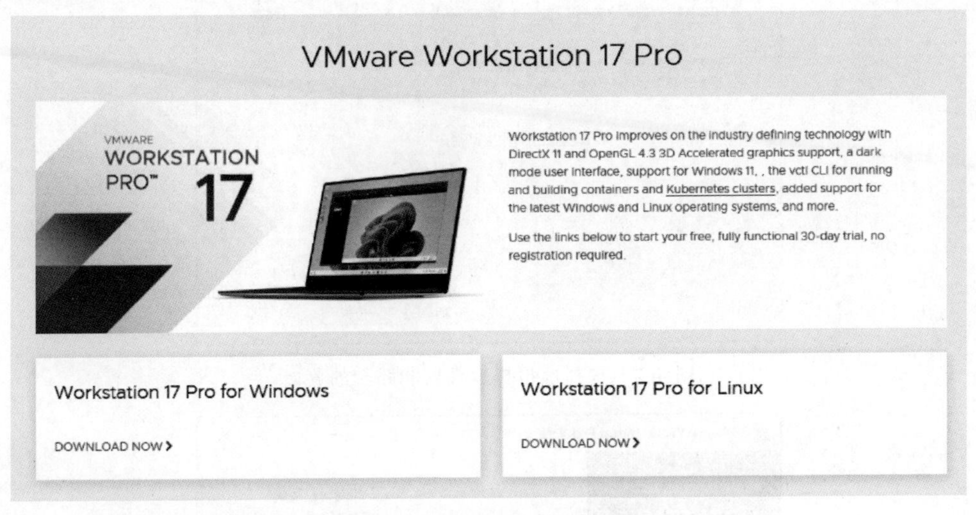

图 5.1 VMware 官网下载页面

2) 安装软件

启动下载的安装软件,按照提示同意官方的使用协议,选择软件的安装路径,如图 5.2 和图 5.3 所示。

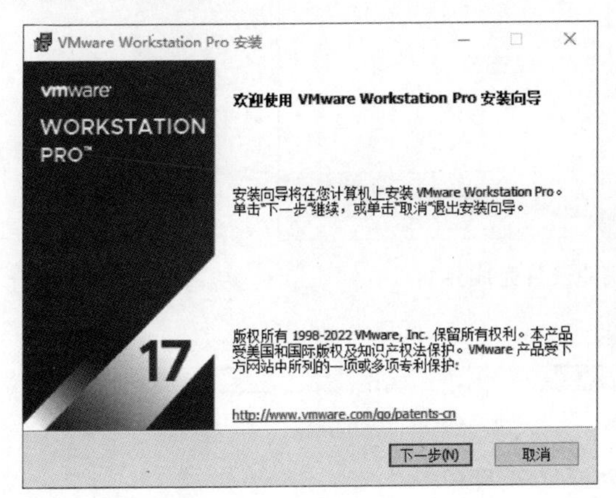

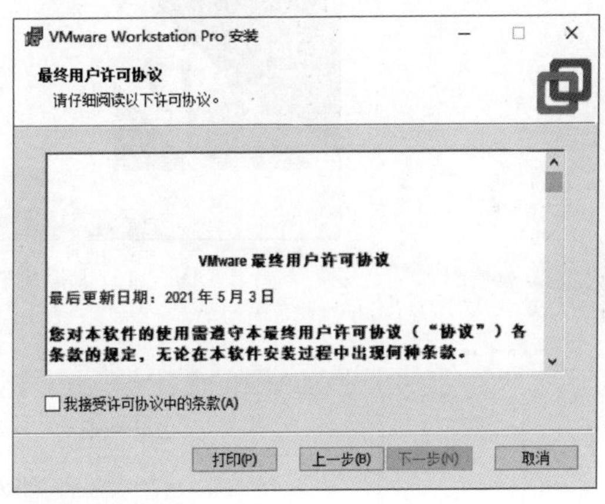

图 5.2 启动安装软件的界面

3) 安装过程

安装过程中,可按照默认选项进行,直到安装完成,如图 5.4 所示。

4) 软件激活及试用选项

在安装完成后,当用户第一次启动 VMware Workstation 17 Pro 时,系统会提示用户输入激活密钥来激活软件。用户需要在这个步骤中输入购买或获得的激活密钥。如果用户选择不输入激活密钥,他们通常会有一个试用期(例如 30 天)可以使用软件的全部功能。

通过以上步骤,我们已经成功安装了 VMware WorkStation 17 Pro 虚拟机,为后续操作系统的安装提供了环境。启动后的虚拟机软件界面如图 5.5 所示。

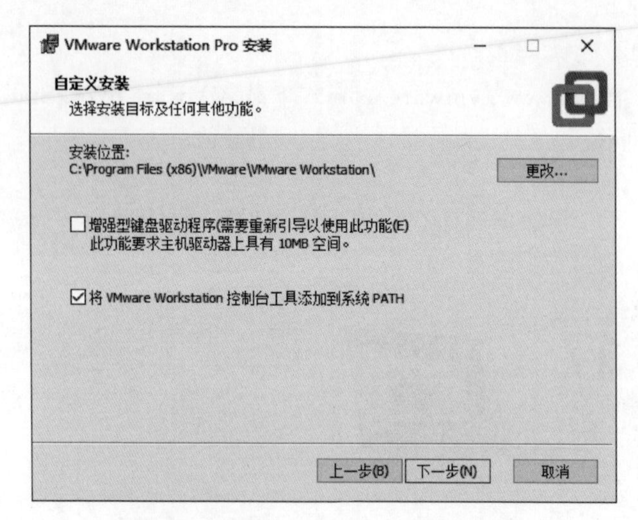

图 5.3 选择虚拟机软件安装路径的界面

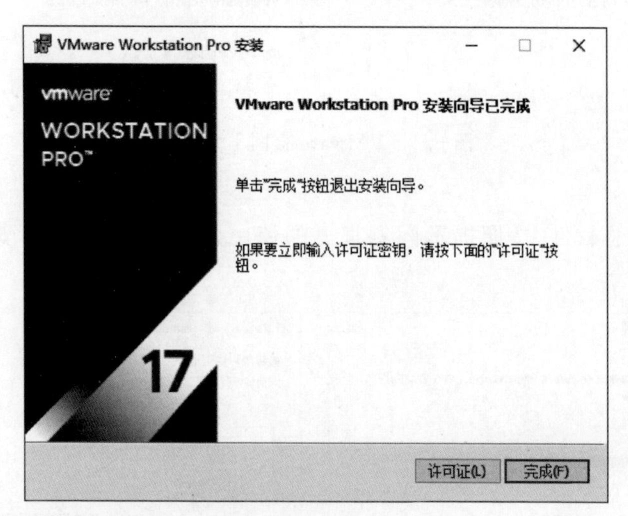

图 5.4 虚拟机软件安装完成界面

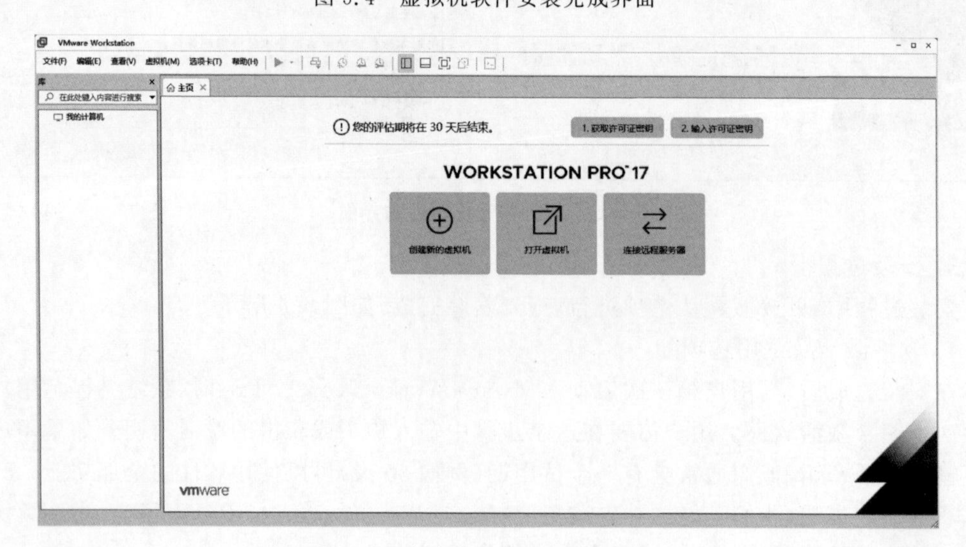

图 5.5 启动后的虚拟机软件界面

2. 安装 Ubuntu 22.04 操作系统

虚拟机安装后，选择安装 Ubuntu 22.04 桌面版操作系统，为区块链网络的搭建提供稳定的运行环境。

1）下载镜像文件

下载 Ubuntu 22.04 桌面版 ISO 镜像文件(https://releases.ubuntu.com/22.04/ubuntu-22.04.1-desktop-amd64.iso)，如图 5.6 所示。

下载Ubuntu桌面系统

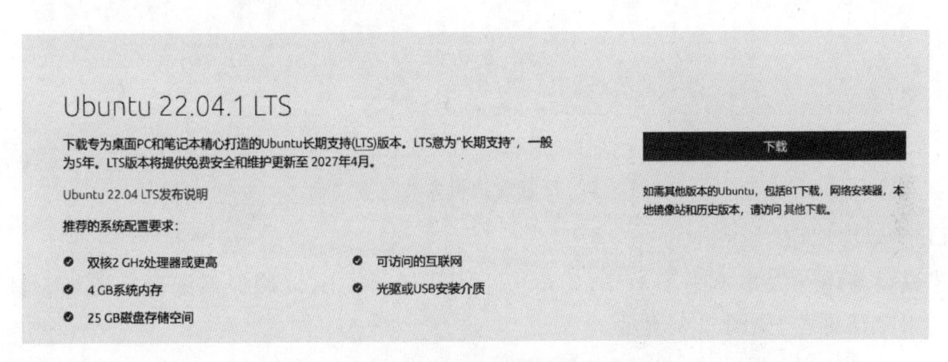

图 5.6 Ubuntu 桌面系统镜像下载页面

2）创建虚拟机

启动 VMware WorkStation，创建一个新的虚拟机，并选择 Linux 作为操作系统类型，版本选择 Ubuntu，如图 5.7 所示。

新建虚拟机向导

选择客户机操作系统

此虚拟机中将安装哪种操作系统?

客户机操作系统

○ Microsoft Windows(W)
● Linux(L)
○ VMware ESX(X)
○ 其他(O)

版本(V)

Ubuntu

帮助 < 上一步(B) 下一步(N) > 取消

图 5.7 创建虚拟机界面

3）设置安装路径

默认安装路径为C盘，可以自定义安装路径，如图5.8所示。

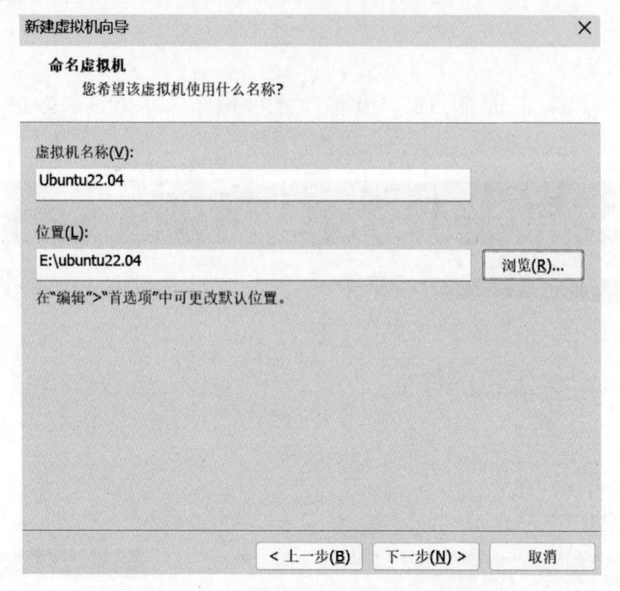

图5.8　设置虚拟机安装位置界面

4）配置虚拟机

建议设置内存大小不小于4GB，磁盘大小不小于50GB，以确保系统运行流畅。其他配置可使用默认推荐，如图5.9所示。

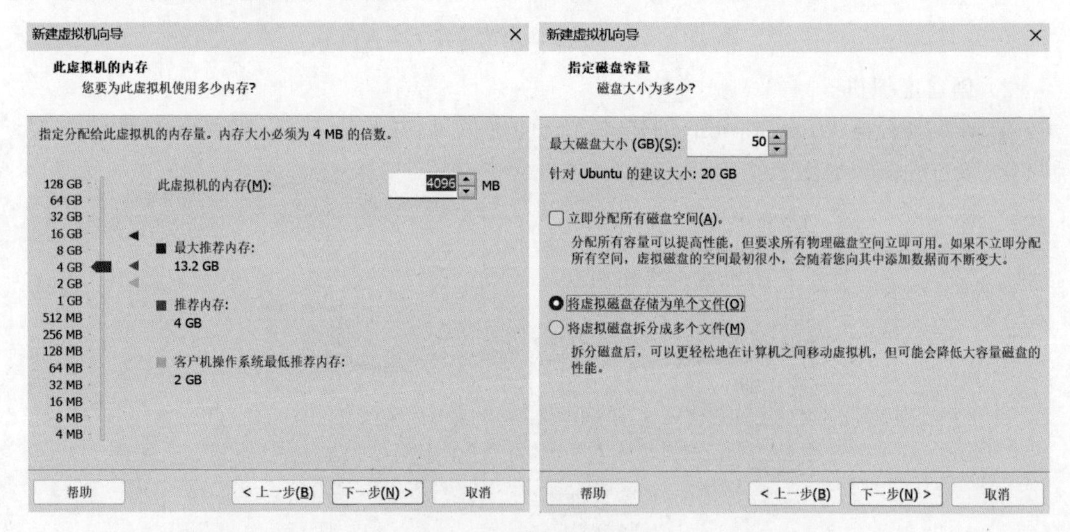

图5.9　虚拟机配置界面

5）加载操作系统镜像

在"虚拟机设置"中，加载步骤1)中下载的Ubuntu ISO镜像文件，如图5.10所示。

6）启动虚拟机

启动虚拟机，进入操作系统配置界面，按照提示完成系统的配置，如图5.11和图5.12所示。

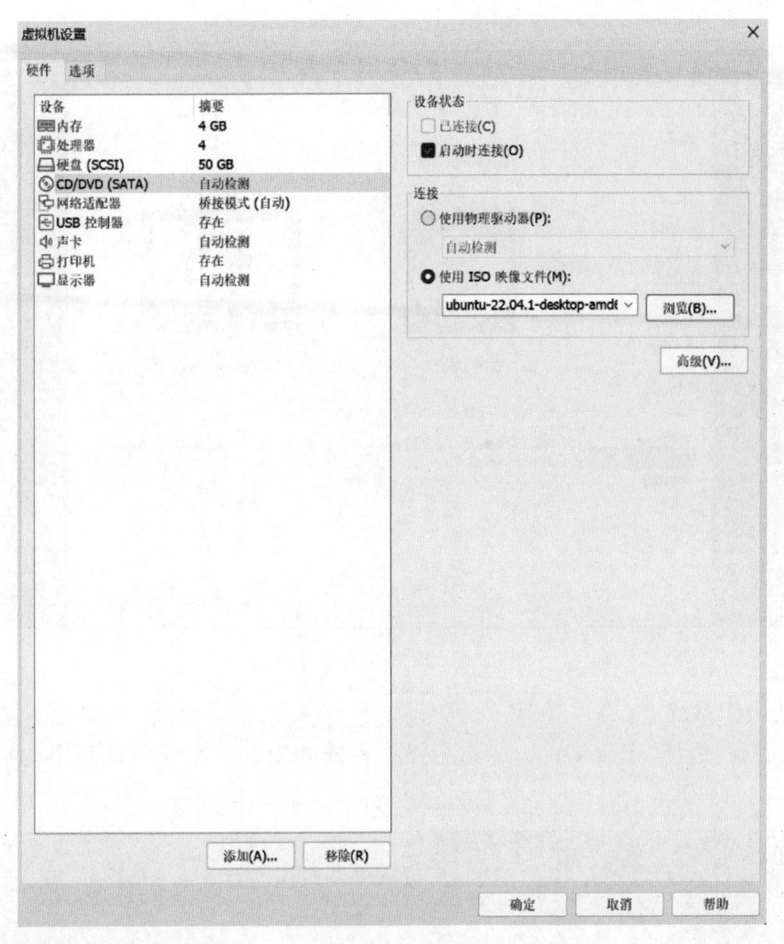

图 5.10 加载操作系统镜像文件界面

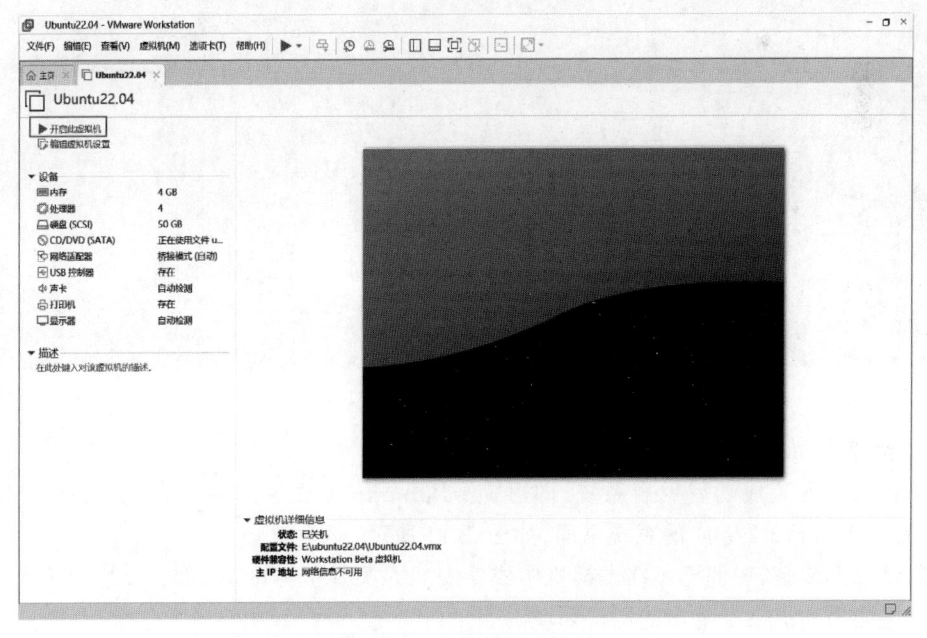

图 5.11 启动虚拟机界面

图 5.12　操作系统配置界面

7）安装操作系统

配置完成后，选择“安装 Ubuntu”进行操作系统的安装。在安装过程中，会联网下载所需文件，如图 5.13 所示。

图 5.13　虚拟机系统安装界面

8）启动 Ubuntu 操作系统

操作系统安装成功后重启系统，即可完成 Ubuntu 操作系统的安装，重启并成功登录后，将看到 Ubuntu 22.04 的系统桌面，如图 5.14 所示。

通过以上步骤，我们已经在虚拟机中成功安装并配置了 Ubuntu 22.04 操作系统，为区块链网络的搭建提供了基本的运行环境。

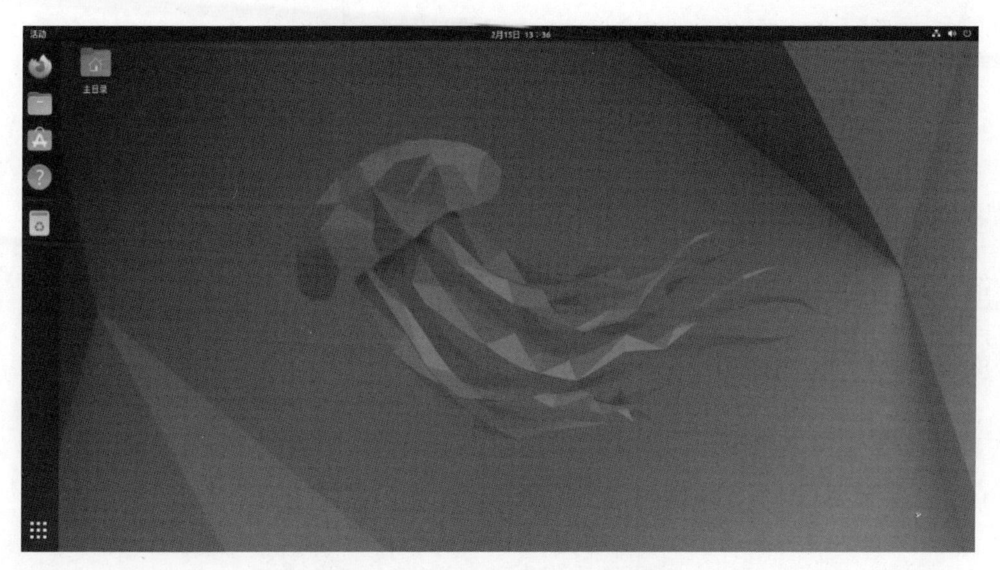

图 5.14 Ubuntu 22.04 系统桌面

5.1.2 系统工具安装

在进行区块链技术研究与开发的过程中，特别是在搭建 Hyperledger Fabric 的开发环境时，一系列系统工具的安装变得尤为重要。这些工具不仅为 Hyperledger Fabric 项目的正确安装提供了基础支持，也确保了其在后续的运行过程中的稳定性与效率。下面将详细介绍这些必要的工具，并解释其在 Hyperledger Fabric 开发环境中的作用。

1. Git

Git 是一种分布式版本控制系统，用于跟踪项目中文件的变化，并协助多个开发者之间的协作。其设计目标是提高效率和可靠性，它允许开发者在各自的工作站上独立进行开发，同时确保代码历史的完整性和一致性。在 Hyperledger Fabric 的开发环境搭建过程中，Git 用于从官方仓库中获取必要的代码和文档。

1）安装 Git

打开系统的终端界面，输入以下命令并执行，以在 Ubuntu 系统中安装 Git：

```
1.  sudo apt install git
```

首次使用 sudo 命令时，需要用户输入系统密码来确认安装操作。

2）对 Git 进行版本验证

安装完成后，输入以下命令并执行，以验证 Git 的安装并查看其版本，如图 5.15 所示。

```
1.  git -- version
```

2. cURL

cURL（Client for URLs）是一种广泛使用的命令行工具，它支持多种协议，包括 HTTP、HTTPS、FTP 和 SCP，用于在网络上传输数据。其功能强大，可用于发出各种网络请求，并查看或下载结果。在 Hyperledger Fabric 的应用场景中，cURL 通常用于与区块链

```
s@s-virtual-machine:~$ sudo apt install git
正在读取软件包列表... 完成
正在分析软件包的依赖关系树... 完成
正在读取状态信息... 完成
git 已经是最新版 (1:2.34.1-1ubuntu1.10)。
升级了 0 个软件包，新安装了 0 个软件包，要卸载 0 个软件包，有 80 个软件包未被升级。
s@s-virtual-machine:~$ git --version
git version 2.34.1
```

图 5.15　安装并查看 Git 版本信息

网络中的节点进行交互，执行如提交交易、查询账本等操作。

1）安装 cURL

在终端输入以下命令并执行，以安装 cURL：

```
1.  sudo apt install curl
```

2）查看 cURL 的版本信息

安装完成后，输入以下命令并执行，查看 cURL 的版本信息，如图 5.16 所示。

```
1.  curl --version
```

```
s@s-virtual-machine:~$ sudo apt install curl
正在读取软件包列表... 完成
正在分析软件包的依赖关系树... 完成
正在读取状态信息... 完成
curl 已经是最新版 (7.81.0-1ubuntu1.14)。
升级了 0 个软件包，新安装了 0 个软件包，要卸载 0 个软件包，有 80 个软件包未被升级。
s@s-virtual-machine:~$ curl --version
curl 7.81.0 (x86_64-pc-linux-gnu) libcurl/7.81.0 OpenSSL/3.0.2 zlib/1.2.11 brotli/1.0.9 zstd/1.4.8 libidn2/2.3.2 libpsl/0.21.0 (+l
ibidn2/2.3.2) libssh/0.9.6/openssl/zlib nghttp2/1.43.0 librtmp/2.3 OpenLDAP/2.5.15
Release-Date: 2022-01-05
Protocols: dict file ftp ftps gopher gophers http https imap imaps ldap ldaps mqtt pop3 pop3s rtmp rtsp scp sftp smb smbs smtp smt
ps telnet tftp
Features: alt-svc AsynchDNS brotli GSS-API HSTS HTTP2 HTTPS-proxy IDN IPv6 Kerberos Largefile libz NTLM NTLM_WB PSL SPNEGO SSL TLS
-SRP UnixSockets zstd
```

图 5.16　安装并查看 cURL 版本信息

3. Docker 和 Docker-Compose

Docker 是一个开源的应用容器引擎，它允许开发者将应用及其依赖项封装在一个轻量级的、可移植的容器中。这个容器可以在任何安装了 Docker 的系统上运行，提供了一种简单高效的应用分发和部署方式。在 Hyperledger Fabric 的开发环境中，Docker 用于创建一个稳定且隔离的运行环境，极大地简化了网络组件的部署和测试过程。

1）安装 Docker

在终端输入以下命令并执行，以安装 Docker：

```
1.  sudo apt install docker.io
```

2）查看 Docker 的版本信息

安装完成后，输入以下命令并执行，查看 Docker 的版本信息，如图 5.17 所示。确保终端中显示了 Docker 的版本信息，并记下版本号以供未来参考。

```
1.  docker --version
```

Docker-Compose 是一个用于定义和管理多容器 Docker 应用程序的工具。它允许开发者

```
s@s-virtual-machine:~$ sudo apt install docker.io
正在读取软件包列表... 完成
正在分析软件包的依赖关系树... 完成
正在读取状态信息... 完成
docker.io 已经是最新版 (24.0.5-0ubuntu1~22.04.1)。
升级了 0 个软件包，新安装了 0 个软件包，要卸载 0 个软件包，有 80 个软件包未被升级。
s@s-virtual-machine:~$ docker --version
Docker version 24.0.5, build 24.0.5-0ubuntu1~22.04.1
```

图 5.17 安装并查看 Docker 版本信息

通过 YAML 文件来配置应用服务的所有属性，包括服务、网络和卷等。在 Hyperledger Fabric 的开发环境中，Docker-Compose 起着关键作用，用于编排和管理网络中的各种组件，如 Peer 节点、Orderer 节点和 CA 服务器等，确保这些组件能够以正确的配置和顺序启动并协同工作。

1）安装 Docker-Compose

在终端输入以下命令并执行，以安装 Docker-Compose：

```
1.  sudo apt install docker-compose
```

2）查看 Docker-Compose 的版本信息

```
1.  docker-compose --version
```

安装完成后，输入以下命令并执行，查看 Docker-Compose 的版本信息，如图 5.18 所示。确保终端中显示了 Docker-Compose 的版本信息，并记下版本号以供未来参考。

```
s@s-virtual-machine:~$ sudo apt install docker-compose
正在读取软件包列表... 完成
正在分析软件包的依赖关系树... 完成
正在读取状态信息... 完成
docker-compose 已经是最新版 (1.29.2-1)。
升级了 0 个软件包，新安装了 0 个软件包，要卸载 0 个软件包，有 80 个软件包未被升级。
s@s-virtual-machine:~$ docker-compose --version
docker-compose version 1.29.2, build unknown
```

图 5.18 安装并查看 Docker-Compose 版本信息

4. Go 语言

Go 又称为 Golang，是一种开源的编程语言，由 Google 设计并开发。其设计初衷是提高编程效率，支持并发编程，使程序员能够更方便地编写高效且稳定的代码。在 Hyperledger Fabric 中，大多数组件都是用 Go 语言编写的，这就要求开发者在构建和运行 Hyperledger Fabric 代码时必须在其开发环境中安装 Go。本节将指导读者如何在其系统中安装和配置 Go 语言环境，并确保其能够正确运行。

1）Go 语言的安装

为了保证区块链网络的稳定运行，建议安装 Go 语言的 1.18 版本。

首先，在终端输入以下命令并执行，下载 Go 1.18 的安装包，如图 5.19 所示。

```
1.  sudo wget https://studygolang.com/dl/golang/go1.18.linux-amd64.tar.gz
```

输入以下命令，解压安装包到指定目录（/usr/local），即完成了 Go 语言的安装。

```
1.  sudo tar -C /usr/local -xzf go1.18.linux-amd64.tar.gz
```

```
s@s-virtual-machine:~$ sudo wget https://studygolang.com/dl/golang/go1.18.linux-amd64.tar.gz
--2023-11-01 20:36:48--  https://studygolang.com/dl/golang/go1.18.linux-amd64.tar.gz
正在解析主机 studygolang.com (studygolang.com)... 47.245.32.231
正在连接 studygolang.com (studygolang.com)|47.245.32.231|:443... 已连接。
已发出 HTTP 请求，正在等待回应... 303 See Other
位置：https://golang.google.cn/dl/go1.18.linux-amd64.tar.gz [跟随至新的 URL]
--2023-11-01 20:36:50--  https://golang.google.cn/dl/go1.18.linux-amd64.tar.gz
正在解析主机 golang.google.cn (golang.google.cn)... 220.181.174.34
正在连接 golang.google.cn (golang.google.cn)|220.181.174.34|:443... 已连接。
已发出 HTTP 请求，正在等待回应... 302 Found
位置：https://dl.google.com/go/go1.18.linux-amd64.tar.gz [跟随至新的 URL]
--2023-11-01 20:36:51--  https://dl.google.com/go/go1.18.linux-amd64.tar.gz
正在解析主机 dl.google.com (dl.google.com)... 180.163.151.33
正在连接 dl.google.com (dl.google.com)|180.163.151.33|:443... 已连接。
已发出 HTTP 请求，正在等待回应... 200 OK
长度： 141702072 (135M) [application/x-gzip]
正在保存至：'go1.18.linux-amd64.tar.gz'

go1.18.linux-amd64.tar.gz       100%[===================================================>] 135.14M  2.84MB/s    用时 24s

2023-11-01 20:37:15 (5.63 MB/s) - 已保存 'go1.18.linux-amd64.tar.gz' [141702072/141702072])
```

图 5.19　下载 Go 安装包

2）配置环境变量

在终端输入以下命令，打开 profile 文件进行编辑：

```
1.  sudo gedit/etc/profile
```

在文件的末尾添加以下内容，以配置 Go 环境变量，如图 5.20 所示。

```
1.  export GOROOT = /usr/local/go
2.  export GOPATH = $ HOME/go
3.  export PATH = $ PATH: $ GOROOT/bin: $ GOPATH/bin
```

```
打开(O)    profile /etc    保存(S)
1 # /etc/profile: system-wide .profile file for the Bourne shell (sh(1))
2 # and Bourne compatible shells (bash(1), ksh(1), ash(1), ...).
3
4 if [ "${PS1-}" ]; then
5   if [ "${BASH-}" ] && [ "$BASH" != "/bin/sh" ]; then
6     # The file bash.bashrc already sets the default PS1.
7     # PS1='\h:\w\$ '
8     if [ -f /etc/bash.bashrc ]; then
9       . /etc/bash.bashrc
10    fi
11  else
12    if [ "$(id -u)" -eq 0 ]; then
13      PS1='# '
14    else
15      PS1='$ '
16    fi
17  fi
18 fi
19
20 if [ -d /etc/profile.d ]; then
21   for i in /etc/profile.d/*.sh; do
22     if [ -r $i ]; then
23       . $i
24     fi
25   done
26   unset i
27 fi
28
29 export GOROOT=/usr/local/go
30 export GOPATH=$HOME/go
31 export PATH=$PATH:$GOROOT/bin:$GOPATH/bin
```

图 5.20　配置 Go 环境变量

保存并关闭编辑器，输入以下命令，使环境变量配置立即生效：

```
1.  source  /etc/profile
```

3）验证 Go 语言的安装

在终端中输入以下命令，查看 Go 语言版本。如果成功输出了 Go 语言的版本信息，则表明 Go 语言已经成功安装,如图 5.21 所示。

```
1.  go version
```

5. Node.js 和 NPM

```
s@s-virtual-machine:~$ go version
go version go1.18 linux/amd64
```

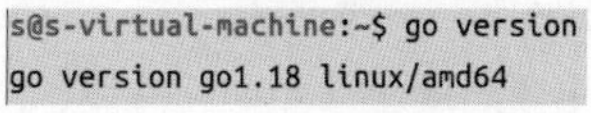

图 5.21 查看 Go 语言版本

Node.js 是一个开源、跨平台的 JavaScript 运行时环境,它允许服务器端和网络应用的开发,而 NPM(Node Package Manager)是 Node.js 的包管理工具,用于管理项目中的依赖关系。在 Hyperledger Fabric 的开发过程中,Node.js 和 NPM 通常用于开发链码(Chaincode,运行在区块链网络中的智能合约)和客户端应用程序。

Fabric 官方提供了 Node.js 智能合约示例,NPM 是随同 Node.js 一起安装的包管理工具,用于解决 Node.js 代码部署。

1) 安装 Node.js 和 NPM

在终端中输入并执行如下命令,进行 Node.js 和 NPM 的安装,如图 5.22 所示。

```
1.  sudo apt - get install npm
```

```
s@s-virtual-machine:~$ sudo apt-get install npm
正在读取软件包列表... 完成
正在分析软件包的依赖关系树... 完成
正在读取状态信息... 完成
npm 已经是最新版 (8.5.1~ds-1)。
升级了 0 个软件包，新安装了 0 个软件包，要卸载 0 个软件包，有 80 个软件包未被升级。
```

图 5.22 Node.js 与 NPM 的安装

2) 验证 Node.js 和 NPM 的安装

在终端中输入并执行如下命令,查看 Node.js 与 NPM 的版本信息,如图 5.23 所示。

```
1.  npm version
```

```
s@s-virtual-machine:~$ npm version
{
  npm: '8.5.1',
  node: '12.22.9',
  v8: '7.8.279.23-node.56',
  uv: '1.43.0',
  zlib: '1.2.11',
  brotli: '1.0.9',
  ares: '1.18.1',
  modules: '72',
  nghttp2: '1.43.0',
  napi: '8',
  llhttp: '2.1.4',
  http_parser: '2.9.4',
  openssl: '1.1.1m',
  cldr: '40.0',
  icu: '70.1',
  tz: '2023c',
  unicode: '14.0'
}
```

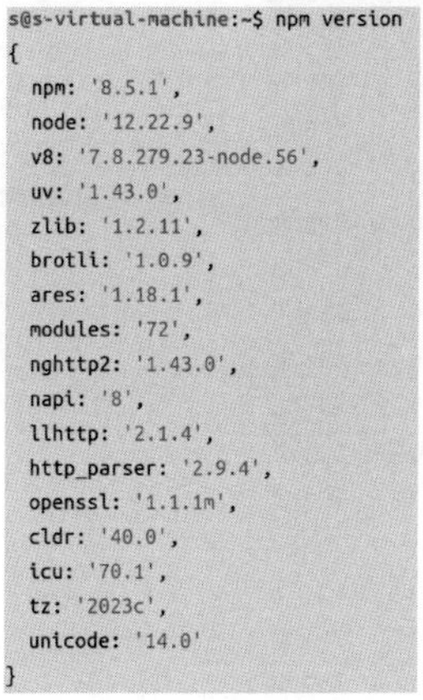

图 5.23 查看 Node.js 与 NPM 的版本信息

5.1.3 搭建 Hyperledger Fabric 环境

1) 创建工作目录

打开系统的终端界面,输入并执行如下命令,创建 Fabric 所在目录并进入该目录。

```
1.  mkdir - p go/src/github.com/Hyperledger
2.  cd go/src/github.com/Hyperledger
```

2) 获取 Hyperledger Fabric 源码

在终端中输入并执行如下命令,从 GitHub 上下载 Fabric 源码。

```
1.  git clone https://github.com/hyperledger/fabric.git
```

3) 切换至指定版本

在终端中输入并执行如下命令,查看所有可用的标签并切换到指定版本(本示例中为

2.2.0)。

```
1.  cd fabric && git tag -l
2.  git checkout v2.2.0
```

4）拉取 Fabric 镜像

在终端中输入并执行如下命令，执行脚本拉取所需的 Docker 镜像。

```
1.  cd scripts && sudo ./bootstrap.sh
```

5）查看镜像列表

镜像拉取完成后，在终端中输入并执行如下命令，查看拉取的镜像列表，如图 5.24 所示。

```
1.  sudo docker images
```

```
s@s-virtual-machine:~$ docker images
REPOSITORY                    TAG       IMAGE ID       CREATED        SIZE
busybox                       latest    a416a98b71e2   3 months ago   4.26MB
hyperledger/fabric-tools      2.2       5eb2356665e7   3 years ago    519MB
hyperledger/fabric-tools      2.2.0     5eb2356665e7   3 years ago    519MB
hyperledger/fabric-tools      latest    5eb2356665e7   3 years ago    519MB
hyperledger/fabric-peer       2.2       760f304a3282   3 years ago    54.9MB
hyperledger/fabric-peer       2.2.0     760f304a3282   3 years ago    54.9MB
hyperledger/fabric-peer       latest    760f304a3282   3 years ago    54.9MB
hyperledger/fabric-orderer    2.2       5fb8e97da88d   3 years ago    38.4MB
hyperledger/fabric-orderer    2.2.0     5fb8e97da88d   3 years ago    38.4MB
hyperledger/fabric-orderer    latest    5fb8e97da88d   3 years ago    38.4MB
hyperledger/fabric-ccenv      2.2       aac435a5d3f1   3 years ago    586MB
hyperledger/fabric-ccenv      2.2.0     aac435a5d3f1   3 years ago    586MB
hyperledger/fabric-ccenv      latest    aac435a5d3f1   3 years ago    586MB
hyperledger/fabric-baseos     2.2       aa2bdf8013af   3 years ago    6.85MB
hyperledger/fabric-baseos     2.2.0     aa2bdf8013af   3 years ago    6.85MB
hyperledger/fabric-baseos     latest    aa2bdf8013af   3 years ago    6.85MB
hyperledger/fabric-nodeenv    2.2       ab88fe4d29dd   3 years ago    293MB
hyperledger/fabric-nodeenv    2.2.0     ab88fe4d29dd   3 years ago    293MB
hyperledger/fabric-nodeenv    latest    ab88fe4d29dd   3 years ago    293MB
hyperledger/fabric-javaenv    2.2       56c30f316b23   3 years ago    504MB
hyperledger/fabric-javaenv    2.2.0     56c30f316b23   3 years ago    504MB
hyperledger/fabric-javaenv    latest    56c30f316b23   3 years ago    504MB
hyperledger/fabric-ca         1.4       743a758fae29   3 years ago    154MB
hyperledger/fabric-ca         1.4.7     743a758fae29   3 years ago    154MB
hyperledger/fabric-ca         latest    743a758fae29   3 years ago    154MB
```

图 5.24 显示拉取的镜像列表

执行完以上步骤后，Fabric 运行环境的安装基本就完成了。为了验证 Fabric 网络是否成功搭建，接下来将运行 Fabric 自带的测试网络。

5.1.4 测试区块链运行环境

区块链运行环境安装完成后，可以通过运行 Fabric 自带的测试网络，进行区块链运行环境的测试，以确保区块链系统正常运行。

1）启动测试网络

在终端中输入以下命令，以启动 Fabric 的网络测试：

```
1.  cd ./fabric-samples/test-network
2.  ./network.sh up
```

如果一切正常，Fabric 测试网络将正确启动，如图 5.25 所示。

```
Creating network "fabric_test" with the default driver
Creating volume "docker_orderer.example.com" with default driver
Creating volume "docker_peer0.org1.example.com" with default driver
Creating volume "docker_peer0.org2.example.com" with default driver
Creating peer0.org1.example.com ... done
Creating orderer.example.com    ... done
Creating peer0.org2.example.com ... done
Creating cli                    ... done
CONTAINER ID   IMAGE                               COMMAND             CREATED                  STATUS                     PORTS
                                  NAMES
23e99ee68fc2   hyperledger/fabric-tools:latest     "/bin/bash"         Less than a second ago   Up Less than a second
                                  cli
c7f854b2920a   hyperledger/fabric-peer:latest      "peer node start"   1 second ago             Up Less than a second      0.0.0.0:9051->9051/tcp, :::9051->9051/tcp, 7051/tcp, 0.0.0.0:19051->
19051/tcp, :::19051->19051/tcp    peer0.org2.example.com
21f9a8d70df1   hyperledger/fabric-orderer:latest   "orderer"           1 second ago             Up Less than a second      0.0.0.0:7050->7050/tcp, :::7050->7050/tcp, 0.0.0.0:17050->17050/tcp,
 :::17050->17050/tcp              orderer.example.com
bfa50b598013   hyperledger/fabric-peer:latest      "peer node start"   1 second ago             Up Less than a second      0.0.0.0:7051->7051/tcp, :::7051->7051/tcp, 0.0.0.0:17051->17051/tcp,
 :::17051->17051/tcp              peer0.org1.example.com
s@s-virtual-machine:~/桌面/go/src/github.com/Hyperledger/fabric/scripts/fabric-samples/test-network$ docker ps -a
CONTAINER ID   IMAGE                               COMMAND             CREATED          STATUS         PORTS
                NAMES
23e99ee68fc2   hyperledger/fabric-tools:latest     "/bin/bash"         9 seconds ago    Up 8 seconds
                cli
c7f854b2920a   hyperledger/fabric-peer:latest      "peer node start"   10 seconds ago   Up 8 seconds   0.0.0.0:9051->9051/tcp, :::9051->9051/tcp, 7051/tcp, 0.0.0.0:19051->19051/tcp, :::190
51->19051/tcp   peer0.org2.example.com
21f9a8d70df1   hyperledger/fabric-orderer:latest   "orderer"           10 seconds ago   Up 8 seconds   0.0.0.0:7050->7050/tcp, :::7050->7050/tcp, 0.0.0.0:17050->17050/tcp, :::17050->17050/
tcp             orderer.example.com
bfa50b598013   hyperledger/fabric-peer:latest      "peer node start"   10 seconds ago   Up 8 seconds   0.0.0.0:7051->7051/tcp, :::7051->7051/tcp, 0.0.0.0:17051->17051/tcp, :::17051->17051/
tcp             peer0.org1.example.com
```

图 5.25 Fabric 测试网络正确启动的结果

2）节点加入通道

在终端中输入以下命令，将已创建的 peer 节点加入通道：

```
1.  ./network.sh createChannel
```

节点正确加入通道后，结果如图 5.26 所示。

```
+ configtxlator proto_decode --input config_block.pb --type common.Block
+ jq '.data.data[0].payload.data.config'
+ jq '.channel_group.groups.Application.groups.Org2MSP.values += {"AnchorPeers":{"mod_policy": "Admins","value":{"anchor_peers": [{"host": "peer0.org2.example.com","port": 9051}]},"version
": "0"}}' Org2MSPconfig.json
Generating anchor peer update transaction for Org2 on channel mychannel
+ configtxlator proto_encode --input Org2MSPconfig.json --type common.Config
+ configtxlator proto_encode --input Org2MSPmodified_config.json --type common.Config
+ configtxlator compute_update --channel_id mychannel --original original_config.pb --updated modified_config.pb
+ configtxlator proto_decode --input config_update.pb --type common.ConfigUpdate
+ jq .
++ cat config_update.json
+ echo '{"payload":{"header":{"channel_header":{"channel_id":"mychannel", "type":2}},"data":{"config_update":{' '"channel_id":' '"mychannel",' '"isolated_data":' '{},' '"read_set":' '{' '"
groups":' '{' '"Application":' '{' '"groups":' '{' '"Org2MSP":' '{' '"groups":' '{},' '"mod_policy":' '"",' '"policies":' '{' '"Admins":' '{' '"mod_policy":' '"",' '"policy":' null, '"vers
ion":' '"0"' '},' '"Endorsement":' '{' '"mod_policy":' '"",' '"policy":' null, '"version":' '"0"' '},' '"Readers":' '{' '"mod_policy":' '"",' '"policy":' null, '"version":' '"0"' '},' '"Wr
iters":' '{' '"mod_policy":' '"",' '"policy":' null, '"version":' '"0"' '}' '},' '"values":' '{' '"MSP":' '{' '"mod_policy":' '"",' '"value":' null, '"version":' '"0"' '}' '},' '"version":
' '"0"' '}' '},' '"mod_policy":' '"",' '"policies":' '{},' '"values":' '{},' '"version":' '"1"' '}' '},' '"mod_policy":' '"",' '"policies":' '{},' '"values":' '{},' '"version":' '"0"' '},'
 '"write_set":' '{' '"groups":' '{' '"Application":' '{' '"groups":' '{' '"Org2MSP":' '{' '"groups":' '{},' '"mod_policy":' '"Admins",' '"policies":' '{' '"Admins":' '{' '"mod_policy":' '"
",' '"policy":' null, '"version":' '"0"' '},' '"Endorsement":' '{' '"mod_policy":' '"",' '"policy":' null, '"version":' '"0"' '},' '"Readers":' '{' '"mod_policy":' '"",' '"policy":' null,
'"version":' '"0"' '},' '"Writers":' '{' '"mod_policy":' '"",' '"policy":' null, '"version":' '"0"' '}' '},' '"values":' '{' '"AnchorPeers":' '{' '"mod_policy":' '"Admins",' '"value":' '{'
 '"anchor_peers":' '[' '{' '"host":' '"peer0.org2.example.com",' '"port":' 9051 '}' ']' '},' '"version":' '"0"' '},' '"MSP":' '{' '"mod_policy":' '"",' '"value":' null, '"version":' '"0"'
'}' '},' '"version":' '"1"' '}' '},' '"mod_policy":' '"",' '"policies":' '{},' '"values":' '{},' '"version":' '"1"' '}' '},' '"mod_policy":' '"",' '"policies":' '{},' '"values":' '{},' '"v
ersion":' '"0"' '}' '}}}}'
+ configtxlator proto_encode --input config_update_in_envelope.json --type common.Envelope
2023-11-01 12:45:16.661 UTC [channelCmd] InitCmdFactory -> INFO 001 Endorser and orderer connections initialized
2023-11-01 12:45:16.668 UTC [channelCmd] update -> INFO 002 Successfully submitted channel update
Anchor peer set for org 'Org2MSP' on channel 'mychannel'
Channel 'mychannel' joined
```

图 5.26 节点正确加入通道后的结果

3）安装和部署智能合约

在终端中输入以下命令，将示例智能合约部署到创建的 Fabric 区块链网络中：

```
1.  ./network.sh deployCC -ccn basic -ccp ../asset-transfer-basic/chaincode-go -ccl go
```

智能合约正确部署后，结果如图 5.27 所示。

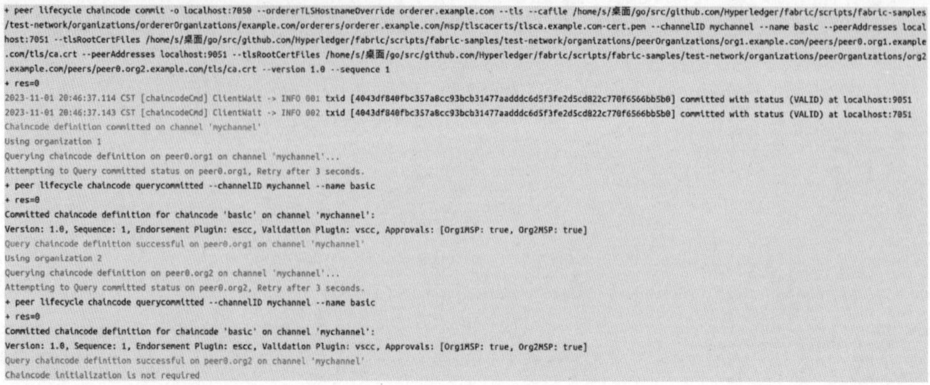

```
+ peer lifecycle chaincode commit -o localhost:7050 --ordererTLSHostnameOverride orderer.example.com --tls --cafile /home/s/桌面/go/src/github.com/Hyperledger/fabric/scripts/fabric-samples
/test-network/organizations/ordererOrganizations/example.com/orderers/orderer.example.com/msp/tlscacerts/tlsca.example.com-cert.pem --channelID mychannel --name basic --peerAddresses local
host:7051 --tlsRootCertFiles /home/s/桌面/go/src/github.com/Hyperledger/fabric/scripts/fabric-samples/test-network/organizations/peerOrganizations/org1.example.com/peers/peer0.org1.example
.com/tls/ca.crt --peerAddresses localhost:9051 --tlsRootCertFiles /home/s/桌面/go/src/github.com/Hyperledger/fabric/scripts/fabric-samples/test-network/organizations/peerOrganizations/org2
.example.com/peers/peer0.org2.example.com/tls/ca.crt --version 1.0 --sequence 1
+ res=0
2023-11-01 20:46:37.114 CST [chaincodeCmd] ClientWait -> INFO 001 txid [4043df840fbc357a8cc93bcb31477aadddc6d5f3fe2d5cd822c770f6566bb5b0] committed with status (VALID) at localhost:9051
2023-11-01 20:46:37.143 CST [chaincodeCmd] ClientWait -> INFO 002 txid [4043df840fbc357a8cc93bcb31477aadddc6d5f3fe2d5cd822c770f6566bb5b0] committed with status (VALID) at localhost:7051
Chaincode definition committed on channel 'mychannel'
Using organization 1
Querying chaincode definition on peer0.org1 on channel 'mychannel'...
Attempting to Query committed status on peer0.org1, Retry after 3 seconds.
+ peer lifecycle chaincode querycommitted --channelID mychannel --name basic
+ res=0
Committed chaincode definition for chaincode 'basic' on channel 'mychannel':
Version: 1.0, Sequence: 1, Endorsement Plugin: escc, Validation Plugin: vscc, Approvals: [Org1MSP: true, Org2MSP: true]
Query chaincode definition successful on peer0.org1 on channel 'mychannel'
Using organization 2
Querying chaincode definition on peer0.org2 on channel 'mychannel'...
Attempting to Query committed status on peer0.org2, Retry after 3 seconds.
+ peer lifecycle chaincode querycommitted --channelID mychannel --name basic
+ res=0
Committed chaincode definition for chaincode 'basic' on channel 'mychannel':
Version: 1.0, Sequence: 1, Endorsement Plugin: escc, Validation Plugin: vscc, Approvals: [Org1MSP: true, Org2MSP: true]
Query chaincode definition successful on peer0.org2 on channel 'mychannel'
Chaincode initialization is not required
```

图 5.27 智能合约正确部署的结果

4）初始化 Fabric 账本

在与 Fabric 测试网络交互前，需要在 test-network 目录下执行以下命令配置环境变量：

```
1.  export PATH=${PWD}/../bin:$PATH
2.  export FABRIC_CFG_PATH=$PWD/../config/
3.  export CORE_PEER_TLS_ENABLED=true
4.  export CORE_PEER_LOCALMSPID="Org1MSP"
5.  export CORE_PEER_TLS_ROOTCERT_FILE=${PWD}/organizations/peerOrganizations/org1.
    example.com/peers/peer0.org1.example.com/tls/ca.crt
6.  export CORE_PEER_MSPCONFIGPATH=${PWD}/organizations/peerOrganizations/org1.example.
    com/users/Admin@org1.example.com/msp
7.  export CORE_PEER_ADDRESS=localhost:7051
```

然后，在终端中输入以下命令，初始化 Fabric 账本：

```
1.  peer chaincode invoke -o localhost:7050 --ordererTLSHostnameOverride orderer.example.
    com --tls --cafile "${PWD}/organizations/ordererOrganizations/example.com/orderers/
    orderer.example.com/msp/tlscacerts/tlsca.example.com-cert.pem" -C mychannel -n basic
    --peerAddresses localhost:7051 --tlsRootCertFiles "${PWD}/organizations/
    peerOrganizations/org1.example.com/peers/peer0.org1.example.com/tls/ca.crt" --
    peerAddresses localhost:9051 --tlsRootCertFiles "${PWD}/organizations/
    peerOrganizations/org2.example.com/peers/peer0.org2.example.com/tls/ca.crt" -c '{"
    function":"InitLedger","Args":[]}'
```

账本正确初始化后，结果如图 5.28 所示。

```
s@s-virtual-machine:~/桌面/go/src/github.com/Hyperledger/fabric/scripts/fabric-samples/test-network$ export CORE_PEER_TLS_ENABLED=true
s@s-virtual-machine:~/桌面/go/src/github.com/Hyperledger/fabric/scripts/fabric-samples/test-network$ export CORE_PEER_LOCALMSPID="Org1MSP"
s@s-virtual-machine:~/桌面/go/src/github.com/Hyperledger/fabric/scripts/fabric-samples/test-network$ export CORE_PEER_TLS_ROOTCERT_FILE=${PWD}/organizations/peerOrganizations/org1.example.
com/peers/peer0.org1.example.com/tls/ca.crt
s@s-virtual-machine:~/桌面/go/src/github.com/Hyperledger/fabric/scripts/fabric-samples/test-network$ export CORE_PEER_MSPCONFIGPATH=${PWD}/organizations/peerOrganizations/org1.example.com/
users/Admin@org1.example.com/msp
s@s-virtual-machine:~/桌面/go/src/github.com/Hyperledger/fabric/scripts/fabric-samples/test-network$ export CORE_PEER_ADDRESS=localhost:7051
s@s-virtual-machine:~/桌面/go/src/github.com/Hyperledger/fabric/scripts/fabric-samples/test-network$ peer chaincode invoke -o localhost:7050 --ordererTLSHostnameOverride orderer.example.co
m --tls --cafile "${PWD}/organizations/ordererOrganizations/example.com/orderers/orderer.example.com/msp/tlscacerts/tlsca.example.com-cert.pem" -C mychannel -n basic --peerAddresses localh
ost:7051 --tlsRootCertFiles "${PWD}/organizations/peerOrganizations/org1.example.com/peers/peer0.org1.example.com/tls/ca.crt" --peerAddresses localhost:9051 --tlsRootCertFiles "${PWD}/orga
nizations/peerOrganizations/org2.example.com/peers/peer0.org2.example.com/tls/ca.crt" -c '{"function":"InitLedger","Args":[]}'
2023-11-01 20:51:24.442 CST [chaincodeCmd] chaincodeInvokeOrQuery -> INFO 001 Chaincode invoke successful. result: status:200
```

图 5.28 账本正确初始化的结果

5）调用智能合约

在终端中输入以下命令，实现调用已部署的智能合约并查看调用结果：

```
1.  peer chaincode query -C mychannel -n basic -c '{"Args":["GetAllAssets"]}'
2.  peer chaincode invoke -o localhost:7050 --ordererTLSHostnameOverride orderer.example.com --tls --cafile "${PWD}/organizations/ordererOrganizations/example.com/orderers/orderer.example.com/msp/tlscacerts/tlsca.example.com-cert.pem" -C mychannel -n basic --peerAddresses localhost:7051 --tlsRootCertFiles "${PWD}/organizations/peerOrganizations/org1.example.com/peers/peer0.org1.example.com/tls/ca.crt" --peerAddresses localhost:9051 --tlsRootCertFiles "${PWD}/organizations/peerOrganizations/org2.example.com/peers/peer0.org2.example.com/tls/ca.crt" -c '{"function":"TransferAsset","Args":["asset6","Christopher"]}'
```

智能合约正确调用后，运行结果如图 5.29 所示。

```
s@s-virtual-machine:~/桌面/go/src/github.com/Hyperledger/fabric/scripts/fabric-samples/test-network$ peer chaincode query -C mychannel -n basic -c '{"Args":["GetAllAssets"]}'
[{"ID":"asset1","color":"blue","size":5,"owner":"Tomoko","appraisedValue":300},{"ID":"asset2","color":"red","size":5,"owner":"Brad","appraisedValue":400},{"ID":"asset3","color":"green","size":10,"owner":"Jin Soo","appraisedValue":500},{"ID":"asset4","color":"yellow","size":10,"owner":"Max","appraisedValue":600},{"ID":"asset5","color":"black","size":15,"owner":"Adriana","appraisedValue":700},{"ID":"asset6","color":"white","size":15,"owner":"Michel","appraisedValue":800}]
s@s-virtual-machine:~/桌面/go/src/github.com/Hyperledger/fabric/scripts/fabric-samples/test-network$ peer chaincode invoke -o localhost:7050 --ordererTLSHostnameOverride orderer.example.com --tls --cafile "${PWD}/organizations/ordererOrganizations/example.com/orderers/orderer.example.com/msp/tlscacerts/tlsca.example.com-cert.pem" -C mychannel -n basic --peerAddresses localhost:7051 --tlsRootCertFiles "${PWD}/organizations/peerOrganizations/org1.example.com/peers/peer0.org1.example.com/tls/ca.crt" --peerAddresses localhost:9051 --tlsRootCertFiles "${PWD}/organizations/peerOrganizations/org2.example.com/peers/peer0.org2.example.com/tls/ca.crt" -c '{"function":"TransferAsset","Args":["asset6","Christopher"]}'
2023-11-01 20:52:35.369 CST [chaincodeCmd] chaincodeInvokeOrQuery -> INFO 001 Chaincode invoke successful. result: status:200
s@s-virtual-machine:~/桌面/go/src/github.com/Hyperledger/fabric/scripts/fabric-samples/test-network$ peer chaincode query -C mychannel -n basic -c '{"Args":["GetAllAssets"]}'
[{"ID":"asset1","color":"blue","size":5,"owner":"Tomoko","appraisedValue":300},{"ID":"asset2","color":"red","size":5,"owner":"Brad","appraisedValue":400},{"ID":"asset3","color":"green","size":10,"owner":"Jin Soo","appraisedValue":500},{"ID":"asset4","color":"yellow","size":10,"owner":"Max","appraisedValue":600},{"ID":"asset5","color":"black","size":15,"owner":"Adriana","appraisedValue":700},{"ID":"asset6","color":"white","size":15,"owner":"Christopher","appraisedValue":800}]
```

图 5.29 智能合约调用运行结果

6）关闭测试网络

如果测试完成，可以通过以下命令关闭测试网络：

```
1.  ./network.sh down
```

网络正确关闭后，结果如图 5.30 所示。

```
s@s-virtual-machine:~/桌面/go/src/github.com/Hyperledger/fabric/scripts/fabric-samples/test-network$ ./network.sh down
Stopping network
Stopping cli                  ... done
Stopping peer0.org2.example.com ... done
Stopping orderer.example.com    ... done
Stopping peer0.org1.example.com ... done
Removing cli                  ... done
Removing peer0.org2.example.com ... done
Removing orderer.example.com    ... done
Removing peer0.org1.example.com ... done
Removing network fabric_test
Removing volume docker_orderer.example.com
Removing volume docker_peer0.org1.example.com
Removing volume docker_peer0.org2.example.com
Removing network fabric_test
WARNING: Network fabric_test not found.
Removing volume docker_peer0.org3.example.com
WARNING: Volume docker_peer0.org3.example.com not found.
No containers available for deletion
Untagged: dev-peer0.org2.example.com-basic_1.0-3cfcf67978d6b3f7c5e0375660c995b21db19c4330946079afc3925ad7306881-6a8fb30d4a694b406bf4f255c7e84f22faeb3190e416cfb1d742ae192a406805:latest
Deleted: sha256:a12ba87346326108875d1feefcfca316d267ceafb5fd02f7934a9e134743bce3
Deleted: sha256:c0fd9c2b448de8195610035655b3033254a41f118192c70e135a663cfb037f0d
Deleted: sha256:a441ebfe1fa4885ddda3ad6f4c4aaaca1582cd2243c4cf2aca74a0820b8914a9
Deleted: sha256:d736bae0a69d51004debf50c7d7678be53203c83a5ee6cc9de57e3c92456ed79
Untagged: dev-peer0.org1.example.com-basic_1.0-3cfcf67978d6b3f7c5e0375660c995b21db19c4330946079afc3925ad7306881-c6c446ce0bcf4e0229bc2660312ba359cb00358628cf199bfc1ae60f85b825a7:latest
Deleted: sha256:1d3b5cc467b95fed435a40cd67aa4e0a586eb72284fab5adb9052aae73eb23b4
Deleted: sha256:2372862df7f3ac3edfe35e0715ce96559c14b0e70d8f28a8f4e267703e4e3fad
Deleted: sha256:3219762aa5188f3b459ecb92ba9032d41c205183bd84fe005c9b34f26939848e
Deleted: sha256:a76d034e51ecc01d5de422912bce7f5a264203ffe579ca60f5ca690a125c273f
```

图 5.30 网络关闭运行结果

5.2 用户配置与管理

视频讲解

用户配置与管理是“区块链＋物联网”应用的关键组成部分，涉及用户身份的认证与授权。本节将介绍如何设计和实现一个用户注册系统，该系统能够识别并验证用户身份，同时管理用户的访问权限。我们将提供具体的代码实例，以指导读者实现用户注册信息的加密签名、验证。此外，本节还将讨论用户授权的机制，包括为已注册的用户分配和管理权限。

5.2.1 用户注册

在"区块链＋物联网"应用中，用户需要在使用应用之前进行注册，以获取用户账号。用户账号在应用中扮演着身份标识的角色，具有用户身份识别和验证的功能。以下是有关用户注册的详细说明。

1. 设计用户注册信息

用户注册信息是在用户注册时所需提供的数据。这些信息用于验证用户身份、管理用户权限以及记录用户操作。如表5.1所示，典型的用户注册信息包括身份证号(ID)和用户角色(Role)等字段。身份证号用于唯一标识用户，而用户角色通常分为管理员和普通用户，管理员具有更高的权限，可以为普通用户授权执行特定操作。具体注册信息需要根据应用的实际需求设置。

表5.1 用户注册信息

字　段	含　义
UserName	用户名
Password	密码
Name	姓名
ID	身份证号
Phone	手机号码
Email	电子邮箱
Role	用户角色

2. 实践用户注册

在本节中，我们将详细讲解用户注册智能合约的代码示例，合约中主要包括用户注册信息的签名、验证、上链、获取以及其他相关辅助代码。

1) 用户注册信息签名

首先，构造用户注册前的待签名数据结构，将其序列化为JSON格式字符串，并使用SHA-256算法计算哈希摘要，最后使用用户注册私钥对哈希摘要进行签名并保存签名结果。

```
1.  func UserInfoSign(user User) error {
2.   // 构造用户注册信息
3.   userForSign := User{
4.    UserName: user.UserName,
5.    Password: user.Password,
6.    Name:     user.Name,
7.    ID:       user.ID,
8.    Phone:    user.Phone,
9.    Email:    user.Email,
10.   Role:     user.Role,
```

```
11.    }
12.    // 序列化用户信息
13.    userForSignJSON, err := json.Marshal(userForSign)
14.    if err != nil {
15.     return err
16.    }
17.
18.    // 计算哈希摘要
19.    hashText := sha256.New()
20.    hashText.Write(userForSignJSON)
21.
22.    // 加载私钥, LoadpriKey()的代码详见 4.1.3
23.    if err = LoadpriKey(); err != nil {
24.     return err
25.    }
26.
27.    // 签名数据
28.    r, s, err := ecdsa.Sign(randSign.Reader, PriKey, hashText.Sum(nil))
29.    if err != nil {
30.     log.Println(err)
31.    }
32.    userSign["r"], userSign["s"] = r, s
33.    return nil
34.   }
```

2）用户注册信息验证

首先，构造用户注册前的待签名数据结构，使用 SHA-256 算法计算序列化后的用户注册信息 JSON 字符串的哈希摘要，然后使用注册用户的公钥验证用户数字签名。如果验证通过，则返回 true，否则返回 false。

```
1.   func VerifyUserSign(user User) bool {
2.    // 构造用户注册信息
3.    userInfo := User{
4.     UserName: user.UserName,
5.     Password: user.Password,
6.     Name:     user.Name,
7.     ID:       user.ID,
8.     Phone:    user.Phone,
9.     Email:    user.Email,
10.    Role:     user.Role,
11.   }
12.   // 序列化用户信息
13.   userInfoJSON, err := json.Marshal(userInfo)
14.   if err != nil {
15.    return false
16.   }
17.
18.   // 计算哈希摘要
19.   hashText := sha256.New()
20.   hashText.Write(userInfoJSON)
21.
```

```
22.   // 使用公钥验证签名
23.   if !ecdsa.Verify(userInfo.PubKey, hashText.Sum(nil), userInfo.Sign["r"], userInfo.
    Sign["s"]) {
24.     return false
25.   }
26.   return true
27. }
```

3）用户注册信息上链

首先，获取用户上传的注册信息，构建用户注册信息结构体，进行用户注册信息签名并将其保存在用户注册信息结构体中。最后，将用户注册信息结构体序列化后上链存证。

```
1.  func (s *SmartContract) UserRegister(ctx contractapi.TransactionContextInterface,
    userName string, password string, name string, id string, phone string, email string, role
    string) error {
2.    // 加载公钥 PubKey,LoadpubKey()的代码详见 4.1.3 节
3.    if err := LoadpubKey(); err != nil {
4.      return err
5.    }
6.    // 构建用户注册信息结构体
7.    user := User{
8.      UserName: userName,
9.      Password: password,
10.     Name:     name,
11.     ID:       id,
12.     Phone:    phone,
13.     Email:    email,
14.     Role:     role,
15.     PubKey:   PubKey,
16.   }
17.   // 用户信息签名
18.   if err := UserInfoSign(user); err != nil {
19.     return err
20.   }
21.
22.   // 将用户信息序列化
23.   user.Sign = userSign
24.   userJSON, err := json.Marshal(user)
25.   if err != nil {
26.     return err
27.   }
28.   // 用户注册信息上链
29.   if err != ctx.GetStub().PutState(id, userJSON); err != nil {
30.     return err
31.   }
32.   return nil
33. }
```

4）用户注册信息获取

首先，使用用户 ID 从链上获取用户注册信息，验证用户注册信息的数字签名是否有效。如果验证通过，则返回序列化后的用户注册信息 JSON 对象，否则返回错误信息。

```
1.  func (s * SmartContract) GetUser(ctx contractapi.TransactionContextInterface, id
   string) (*User, error) {
2.   userJSON, err := ctx.GetStub().GetState(id)
3.   if err != nil {
4.    return nil, err
5.   }
6.   if userJSON == nil {
7.    return nil, fmt.Errorf("未找到 ID 为 %s 的用户", id)
8.   }
9.
10.  var user User
11.  if err = json.Unmarshal(userJSON, &user); err != nil {
12.   return nil, err
13.  }
14.  // 验证用户签名
15.  if !VerifyUserSign(user) {
16.   return nil, err
17.  }
18.  return &user, fmt.Errorf("用户签名验证失败")
19. }
```

5）相关辅助代码

除了上述主要功能代码，用户注册智能合约还包括通用的 ECDSA 数字签名功能代码以及用户注册信息结构体等相关辅助代码。

```
1.  var userSign map[string]*big.Int
2.  type User struct {
3.   UserName string                     `json:"UserName"`
4.   Password string                     `json:"Password"`
5.   Name     string                     `json:"Name"`
6.   ID       string                     `json:"ID"`
7.   Phone    string                     `json:"Phone"`
8.   Email    string                     `json:"Email"`
9.   Role     string                     `json:"Role"`
10.  Sign     map[string]*big.Int        `json:"Sign"`
11.  PubKey   *ecdsa.PublicKey           `json:"PubKey"`
12. }
```

5.2.2 用户授权

用户授权是在用户注册通过后的步骤，它用于控制用户对数据和操作的访问。在“区块链＋物联网”应用中，用户初始角色通常为普通用户，其权限较低，需要管理员进行授权才能执行一些操作，如设备注册、设备更改等。

1. 设计用户授权信息

用户注册后的默认角色为普通用户，权限较低，无法执行设备注册、设备删除等操作，此时需要管理员为其授予相应权限。如表 5.2 所示，典型的用户授权信息主要包括授权类型(Type)、授权开始时间(StartTime)和授权结束时间(EndTime)等内容。

表 5.2　用户授权信息

字　段	含　义
UserName	用户名
StartTime	授权开始时间
EndTime	授权结束时间
Type	授权类型

在用户授权操作中，这些信息用于验证和控制用户的权限，以确保数据和操作的安全性，还可以利用这些信息对授权进行追溯和查证，便于监管。表 5.2 中关键字段说明如下：

(1) **授权类型**：用户可以对设备执行的操作，包括设备注册、设备更改和设备删除三种。在用户操作设备时，用于用户的权限验证。

(2) **授权开始时间**：用户获得授权的开始时间，在该时间之后用户可以执行已授权操作，使用中国标准时间格式(CST)，如“2023-01-30 11:24:15”。

(3) **授权结束时间**：用户授权的到期时间，在该时间之后用户无法执行授权过期操作，使用中国标准时间格式(CST)，表示用户权限的到期时间，如“2023-12-31 11:24:15”。

2. 实践用户授权

用户授权智能合约与用户注册智能合约类似，包括用户授权信息的签名、验证、上链、获取以及其他相关辅助代码。

1) 用户授权信息签名和验证

用户由管理员进行授权，因此在签名时需要使用管理员私钥，而在验证时需要使用用户注册智能合约中的 GetUser()方法获取管理员的公钥来验证数字签名。

```
1.  // 用户授权信息签名
2.  func UserAuthSign(userAuth UserAuth) error {
3.   userAuthForSign := UserAuth{
4.    UserName:   userAuth.UserName,
5.    StartTime:  userAuth.StartTime,
6.    EndTime:    userAuth.EndTime,
7.    Type:       userAuth.Type,
8.   }
9.
10.  userAuthForSignJSON, err := json.Marshal(userAuthForSign)
11.  if err != nil {
12.   return err
13.  }
14.  hashText := sha256.New()
15.  hashText.Write(userAuthForSignJSON)
16.  // 加载管理员私钥并签名
17.  if err = LoadpriKey(); err != nil {
18.   return err
19.  }
20.  r, s, err := ecdsa.Sign(strings.NewReader(randSign), PriKey, hashText.Sum(nil))
21.  if err != nil {
22.   log.Println(err)
23.  }
```

```
24.    userAuthSign["r"], userAuthSign["s"] = r, s
25.    return nil
26.  }
27.  // 用户授权信息验证
28.  func VerifyUserAuthSign(userAuth UserAuth) bool {
29.    userAuthForSign := UserAuth{
30.      UserName: userAuth.UserName,
31.      StartTime: userAuth.StartTime,
32.      EndTime: userAuth.EndTime,
33.      Type: userAuth.Type,
34.    }
35.
36.    userInfoJSON, err := json.Marshal(userAuthForSign)
37.    if err != nil {
38.      return false
39.    }
40.    hashText := sha256.New()
41.    hashText.Write(userInfoJSON)
42.    // 使用管理员公钥验证数字签名
43.  if !ecdsa.Verify(userAdmin.PubKey, hashText.Sum(nil), userAuth.Sign["r"], userAuth.
     Sign["s"]) {
44.      return false
45.    }
46.    return true
47.  }
```

2）用户授权信息上链和获取

用户授权信息上链和获取的代码与用户注册智能合约相似。

```
1.   // 用户授权信息上链
2.   func (s *SmartContract) UserAuthorise(ctx contractapi.TransactionContextInterface,
     userName string, startTime string, endTime string, type_ string) error {
3.    userAuth := UserAuth{
4.     UserName: userName,
5.     StartTime:startTime,
6.     EndTime:  endTime,
7.     Type:     type_,
8.     PubKey:   PubKey,
9.    }
10.
11.   if err := UserAuthSign(userAuth); err != nil {
12.    return err
13.   }
14.   userAuth.Sign = userAuthSign
15.   userAuthJSON, err := json.Marshal(userAuth)
16.   if err != nil {
17.    return err
18.   }
19.   return ctx.GetStub().PutState(userName, userAuthJSON)
20.  }
21.  // 用户授权信息获取
22.  func (s *SmartContract) GetUserAuth(ctx contractapi.TransactionContextInterface,
     userName string) (*UserAuth, error) {
```

```
23.   userAuthJSON, err := ctx.GetStub().GetState(userName)
24.   if err != nil {
25.    return nil, err
26.   }
27.   if userAuthJSON == nil {
28.    return nil, err
29.   }
30.
31.   var userAuth UserAuth
32.   if err = json.Unmarshal(userAuthJSON, &userAuth); err != nil {
33.    return nil, err
34.   }
35.   // 获取管理员注册信息
36.   userAdmin, _ = s.GetUser(ctx, "【admin ID】")
37.   if !VerifyUserAuthSign(userAuth) {
38.    return nil, err
39.   }
40.   return &userAuth, nil
41.  }
```

3）相关辅助代码

用户授权智能合约需要与用户注册智能合约一起使用，除了主要功能代码外，还包括用户授权信息结构体等相关辅助代码。

```
1.   var userAuthSign map[string]*big.Int
2.   var userAdmin *User
3.
4.   type UserAuth struct {
5.    UserName   string              `json:"UserName"`
6.    StartTime  string              `json:"StartTime"`
7.    EndTime    string              `json:"EndTime"`
8.    Type       string              `json:"Type"`
9.    Sign       map[string]*big.Int `json:"Sign"`
10.   PubKey     *ecdsa.PublicKey    `json:"PubKey"`
11.  }
```

通过这些实践代码，用户可以进行注册和授权的操作，确保应用能够识别和验证用户身份，并进行权限管理，以满足“区块链＋物联网”应用的需求。这些代码将帮助读者更深入地理解用户配置与管理的关键概念。

5.3 本章小结

本章详细讨论了在“区块链＋物联网”应用场景中搭建和管理Fabric区块链网络的步骤和方法。从准备虚拟化环境和操作系统安装，到具体的区块链环境配置，本章提供了全面的指导。同时，本章强调了用户注册和授权流程的重要性，为读者提供了实现这些流程的具体代码，旨在确保网络的有效运行和数据的安全性。读者应当通过实际操作，不仅理解理论知识，而且掌握实践技能，以确保能够在“区块链＋物联网”应用开发中有效地应用本章内容。

习题 5

一、单项选择题

1. 区块链网络搭建的第一步是安装(　　)。
   A. VMware WorkStation 17 Pro 虚拟机
   B. Ubuntu 22.04 操作系统
   C. Docker 和 Docker-Compose
   D. Git
2. 下列哪个不是系统工具安装中的一项?(　　)
   A. Git　　B. cURL　　C. Docker　　D. Adobe Reader
3. 下列哪种工具用于版本控制和协作开发?(　　)
   A. cURL　　B. Go　　C. Git　　D. Docker
4. 下列哪个不是 Hyperledger Fabric 环境搭建的步骤?(　　)
   A. 创建工作目录　　B. 获取 Hyperledger Fabric 源码
   C. 安装 Photoshop 软件　　D. 拉取 Fabric 镜像
5. 用户注册和授权对“区块链＋物联网”应用的作用是(　　)。
   A. 加强网络连接　　B. 提高虚拟机性能
   C. 增加网络带宽　　D. 管理用户权限和记录操作
6. 用户注册智能合约中,使用哪种算法计算哈希摘要?(　　)
   A. RSA　　B. SHA-256　　C. MD5　　D. AES
7. 节点加入通道的主要目的是(　　)。
   A. 安装和部署智能合约　　B. 初始化 Fabric 账本
   C. 启动测试网络　　D. 扩展网络的参与者
8. 为什么在区块链网络搭建过程中需要安装 Docker 和 Docker-Compose?(　　)
   A. 用于创建虚拟机　　B. 用于容器化部署区块链组件
   C. 用于操作系统的管理　　D. 用于注册用户
9. 用户注册信息中通常不包含哪个字段?(　　)
   A. 身份证号(ID)　　B. 用户角色(Role)
   C. 银行账户信息　　D. 用户名
10. 关闭测试网络的主要目的是(　　)。
    A. 增加网络的可用性　　B. 提高系统性能
    C. 进行维护和管理　　D. 初始化区块链账本
11. 在“区块链＋物联网”应用中,为什么用户注册是关键?(　　)
    A. 用于细粒度的用户授权　　B. 用于创建智能合约
    C. 用于加强网络连接　　D. 用于设置区块链节点
12. 用户授权的作用是(　　)。
    A. 识别和验证用户身份　　B. 加强网络连接
    C. 部署智能合约　　D. 控制用户对数据和操作的访问权限

13. 在"区块链＋物联网"应用中，通常情况下，用户在初始角色下具有什么权限？(　　)

A. 最高权限　　B. 普通用户权限　　C. 管理员权限　　D. 设备注册权限

14. 用户授权的有效性通过什么来验证？(　　)

A. 用户的姓名　　B. 用户的生日　　C. 数字签名　　D. 用户密码

15. 在用户授权信息中，Type 字段代表什么？(　　)

A. 用户的密码强度　　B. 授权类型

C. 用户的年龄　　D. 用户注册的时间

二、简答题

1. 请描述区块链网络搭建的基本步骤。
2. 为什么在区块链网络搭建过程中需要安装 Docker 和 Docker-Compose?
3. 简述 Hyperledger Fabric 搭建环境中"创建工作目录"的目的。
4. 节点加入通道的目的是什么？它在区块链网络中有何作用？
5. 描述 Hyperledger Fabric 中"节点加入通道"的基本步骤。
6. 如何关闭测试网络以便维护和管理区块链环境？
7. 为什么用户注册和授权对"区块链＋物联网"应用至关重要？
8. 解释为什么在用户注册时需要对信息进行哈希处理？
9. 怎样通过 Hyperledger Fabric SDK 调用智能合约的功能？
10. 描述用户注册智能合约中"用户注册信息签名"的作用。

三、编程实践

1. 编写一个简单的伪代码，展示在 Hyperledger Fabric 中如何注册一个新用户。

2. 请根据本章已有的内容，设计一个权限审核与审计智能合约，定期审查用户的权限，更新用户的权限，确保授权策略保持最新并与应用的需求一致。请使用 Go 语言完成该编程任务，示例代码中需要有适当的注释。

第6章

“区块链+物联网”应用之物联网设备接入

本章学习目标

(1) 理解物联网设备注册的必要性与过程。

(2) 深入学习物联网设备注册实践。

(3) 掌握物联网设备授权的理论与应用。

(4) 深入探讨物联网设备授权实践。

(5) 理解智能合约在物联网设备注册和授权中的核心作用。

6.1 物联网设备注册

视频讲解

6.1.1 物联网设备注册信息设计

为了实现物联网设备在特定应用中的接入,首先需要对设备进行标准化注册。物联网设备注册涉及设备的识别与验证,其注册信息构成了设备身份的基础。如表 6.1 所示,典型的物联网设备注册信息包括设备 ID、设备类型、设备制造商等字段。

表 6.1 物联网设备注册信息

字 段	含 义
UserName	用户名
UserID	用户 ID
ID	设备 ID
Type	设备类型
Manufacturer	设备制造商
Model	设备型号
SerialNumber	设备序列号
Description	设备描述

在设备注册操作中,这些信息用于建立设备的身份基础,以便于后期应用时进行更复杂的权限控制和管理。通过设备注册,可以对设备进行准确的追踪和监控。这对于检测和防

止未授权访问非常关键，有助于减少潜在的安全风险。配置管理：注册设备时，可以配置设备的初始设置和参数，确保它们按预定的方式运作。设备管理：注册后，设备可以被集中管理，方便对设备的运行状态、位置、健康状况等进行监控和维护。数据管理：注册确保了设备生产的数据可以被正确地归因和收集，对于数据分析和挖掘至关重要。

表6.1中关键字段说明如下：

(1) 设备ID(ID)：作为设备的唯一识别码，这一标识符在设备注册、信息链上操作和信息检索时均发挥着核心作用。

(2) 设备类型(Type)：该字段说明设备的具体类别，例如是否为传感器、摄像头等，有助于对设备功能的快速识别。

(3) 设备制造商(Manufacturer)：制造商名称，提供了设备来源的验证。

(4) 设备型号(Model)：用于区分设备的具体型号，这在同一制造商提供多种产品时尤为重要。

(5) 设备序列号(SerialNumber)：每台设备的独有编号，保证了即使是相同型号和类型的设备也能被区分。

(6) 设备描述(Description)：对设备的功能、特性和技术规格等进行详尽描述，提供了更全面的设备信息。

设备注册的字段和信息结构应根据实际应用需求灵活调整。在注册过程中，确保设备的唯一性和信息的安全性对于保障整个“区块链＋物联网”系统的可靠性至关重要。

6.1.2 物联网设备注册实践

在本节中，我们将深入讨论物联网设备注册实践过程，特别是实现智能合约的编码细节，主要包括物联网设备注册信息签名、验证、上链、获取、用户权限验证、用户权限有效期验证以及其他相关辅助代码。本合约需要与第5章介绍的用户注册、授权合约结合使用。

1. 用户权限验证

这部分代码将核实用户是否拥有注册设备的权限。基于之前章节中用户授权的分类，用户操作权限包括设备注册、设备更改和设备删除三类，设定设备注册权限编号为“0”、设备更改权限编号为“1”、设备删除权限编号为“2”。若用户不具备设备注册权限，则验证失败，返回false，否则返回true。

```
1.  // VerifyDeviceOptType, 检查用户是否具备注册设备的授权
2.  func VerifyDeviceOptType(userAuth UserAuth) bool {
3.   // 如果用户具备注册设备的授权则返回 true,否则返回 false
4.   if userAuth.Type != "0" {
5.    return false
6.   }
7.   return true
8.  }
```

2. 用户权限有效期验证

权限不仅需要存在，还必须在有效期内。此代码段将当前时间、用户权限的开始和结束时间进行对比，从而验证权限的有效性，若验证结果不在起止时间范围内则返回false，否则返回true。

```
1.  // VerifyTime 检查当前时间是否落在用户授权的开始和结束时间内
2.  // 如果当前时间位于 StartTime 和 EndTime 之间,则返回 true,否则返回 false
3.  // 如果解析时间失败,则返回错误
4.  func VerifyTime(userAuth UserAuth) (bool, error) {
5.   now := time.Now()
6.
7.   // 解析授权开始时间
8.   start, err := time.Parse(timeLayout, userAuth.StartTime)
9.    if err != nil {
10.    return false, fmt.Errorf("无效的开始时间: %w", err)
11.   }
12.
13.  // 解析授权结束时间
14.  end, err := time.Parse(timeLayout, userAuth.EndTime)
15.   if err != nil {
16.    return false, fmt.Errorf("无效的结束时间: %w", err)
17.   }
18.
19.  // 检查当前时间是否在开始时间之后和结束时间之前
20.  valid := now.After(start) && now.Before(end)
21.  return valid, nil
22. }
```

3. 物联网设备注册信息签名和验证

注册信息的签名和验证保证了数据的完整性和防篡改特性。注册流程要求有权限的用户使用私钥进行签名,同时在验证时使用智能合约中的方法,使用与私钥相对应的公钥进行签名验证。

```
1.  // DeviceSign 为设备生成签名
2.  func DeviceSign(device Device) error {
3.   // 确定设备信息以生成签名
4.   deviceForSign := *device
5.
6.   // 将设备信息转化为 JSON
7.   deviceForSignJSON, err := json.Marshal(deviceForSign)
8.   if err != nil {
9.    return err
10.  }
11.
12.  // 计算 JSON 的 SHA-256 哈希值
13.  hash := sha256.Sum256(deviceForSignJSON)
14.
15.  // 加载用户私钥
16.  priKey, err := LoadPrivateKey()
17.  if err != nil {
18.   return err
19.  }
20.
21.  // 使用私钥对哈希值签名
22.  r, s, err := ecdsa.Sign(rand.Reader, priKey, hash[:])
23.  if err != nil {
24.   return err          // 如果签名过程出现错误,返回错误
25.  }
```

```
26.
27.   // 将签名存储在 device 的 Sign 字段中
28.   if device.Sign == nil {
29.    device.Sign = make(map[string] * big.Int)
30.   }
31.   device.Sign["r"] = r
32.   device.Sign["s"] = s
33.
34.   return nil                    // 成功返回 nil
35.  }
36.
37.  // VerifyDeviceSign 验证设备签名的正确性
38.  func VerifyDeviceSign(device Device) bool {
39.   // 使用设备信息生成签名的副本
40.   deviceForSign := * device
41.
42.   // 将设备信息转换为 JSON
43.   deviceJSON, err := json.Marshal(deviceForSign)
44.   if err != nil {
45.    return false
46.   }
47.
48.   // 计算 JSON 的 SHA-256 哈希值
49.   hash := sha256.Sum256(deviceJSON)
50.
51.   // 验证签名
52.   valid := ecdsa.Verify(&device.PubKey, hash[:], device.Sign["r"], device.Sign["s"])
53.   return valid
54.  }
```

4. 物联网设备注册信息上链和获取

成功验证注册信息和用户权限后,设备信息将被记录在区块链上。此过程包括信息的签名验证、权限核查和时间验证等步骤。

```
1.  // DeviceRegister 注册新设备
2.  func (s * SmartContract) DeviceRegister(ctx contractapi.TransactionContextInterface,
   userName string, userID string, id string, type_ string, manufacturer string, model string,
   serialNumber string, description string) error {
3.   // 获取注册设备的用户注册信息并验证签名
4.   deviceUser, err = s.GetUser(ctx, id)
5.   if err != nil {
6.    return fmt.Errorf("获取用户注册信息失败: %s", err)
7.   }
8.   if !VerifyUserSign( * deviceUser) {
9.    return fmt.Errorf("用户注册信息签名验证失败!")
10.  }
11.
12.  // 获取用户授权信息并验证签名
13.  deviceUserAuth, err = s.GetUserAuth(ctx, userID)
14.  if err != nil {
15.   return fmt.Errorf("获取用户授权信息失败: %s", err)
16.  }
```

```
17.    if !VerifyUserAuthSign( * deviceUserAuth) {
18.     return fmt.Errorf("用户授权信息签名验证失败!")
19.    }
20.
21.    // 签名验证通过后,验证是否有设备注册权限
22.    if !VerifyDeviceOptType( * deviceUserAuth) {
23.     return fmt.Errorf("用户无设备注册权限!")
24.    }
25.
26.    // 如果用户有设备注册权限,则判断权限是否开启或过期
27.    if !VerifyTime( * deviceUserAuth) {
28.     return fmt.Errorf("用户设备注册权限未到开启时间或已到期!")
29.    }
30.
31.    // 创建设备信息
32.    device : = Device{
33.     UserName:     userName,
34.     UserID:       userID,
35.     ID:           id,
36.     Type:         type_,
37.     Manufacturer: manufacturer,
38.     Model:        model,
39.     SerialNumber: serialNumber,
40.     Description:  description,
41.     PubKey:       deviceUser.PubKey,
42.    }
43.
44.    // 为设备生成签名
45.    if err : = DeviceSign(&device); err != nil {
46.     return err
47.    }
48.
49.    // 将设备信息序列化为 JSON
50.    deviceJSON, err : = json.Marshal(device)
51.    if err != nil {
52.     return err
53.    }
54.    // 用户注册信息上链
55.    return ctx.GetStub().PutState(id, deciceJSON)
56.   }
57.
58.   // GetDevice 从链上获取设备信息
59.   func (s * SmartContract) GetDevice(ctx contractapi.TransactionContextInterface, id
      string) ( * Device, error) {
60.    deviceJSON, err : = ctx.GetStub().GetState(id)
61.    if err != nil {
62.     return nil, fmt.Errorf("获取设备信息失败: %s", err)
63.    }
64.    if deviceJSON == nil {
65.     return nil, fmt.Errorf("设备信息不存在")
66.    }
67.
68.    var device Device
```

```
69.    if err = json.Unmarshal(deviceJSON, &device); err != nil {
70.     return nil, fmt.Errorf("解析设备信息失败: %s", err)
71.    }
72.
73.    // 验证设备签名的正确性
74.    if !VerifyDeviceSign(&device) {
75.     return nil, fmt.Errorf("设备签名验证失败")
76.    }
77.
78.    return &device, nil
79.   }
```

5. 相关辅助代码

此部分提供了智能合约编写过程中的辅助功能,如工具函数等。

```
1.   var deviceSign map[string] * big.Int
2.   // 注册设备的用户注册信息
3.   var deviceUser  * User
4.   // 注册设备的用户授权信息
5.   var deviceUserAuth  * UserAuth
6.   // timeLayout 应该匹配输入时间字符串的格式,例如如果输入格式为 "YYYY-MM-DD HH:MM:SS",
7.   // 那么格式应该是 "2006-01-02 15:04:05"
8.   const timeLayout = "2006-01-02 15:04:05"
9.
10.  // Device 结构体表示物联网设备的信息
11.  type Device struct {
12.   UserName     string                 `json:"UserName"`
13.   UserID       string                 `json:"UserID"`
14.   ID           string                 `json:"ID"`
15.   Type         string                 `json:"Type"`
16.   Manufacturer string                 `json:"Manufacturer"`
17.   Model        string                 `json:"Model"`
18.   SerialNumber string                 `json:"SerialNumber"`
19.   Description  string                 `json:"Description"`
20.   Sign         map[string] * big.Int  `json:"Sign"`
21.   PubKey        * ecdsa.PublicKey     `json:"PubKey"`
22.  }
```

视频讲解

6.2 物联网设备授权

6.2.1 物联网设备授权交易设计

设备注册完成后,为了进一步操作,还需要进行设备授权。授权是权限管理的核心,它确保了设备按照既定的权限执行操作。如表6.2所示,典型的物联网设备授权信息包括设备ID、设备类型、授权开始时间、授权结束时间等字段。

表6.2 物联网设备授权信息

字　段	含　义
ID	设备ID
Type	设备类型

续表

字 段	含 义
StartTime	授权开始时间
EndTime	授权结束时间
AuthLevel	授权级别
AuthObject	授权对象

在设备授权操作中，这些信息用于管理和控制设备的访问权限，确保了设备只能进行其所需的合法操作，从而防止未经授权的访问或不当操作。允许管理员根据授权级别对设备访问进行更精确的控制，以满足不同的业务需求。通过授权时间范围，确保了授权是有限制的，可以在一定时间范围内控制设备访问，提高了系统的安全性。通过授权，可以明确设备的责任和权限，以便在发生问题或纠纷时能够追踪和验证设备的操作。这有助于识别责任方和解决问题。

表 6.2 中关键字段说明如下：

(1) 设备类型(Type)：定义待授权设备的种类，如传感器、摄像头等。

(2) 授权开始时间(StartTime)和结束时间(EndTime)：界定了授权的有效期限。

(3) 授权级别(AuthLevel)：标识授权的级别，包括只读(Read-only)、只写(Write-only)以及读写(Read-Write)。

(4) 授权对象(AuthObject)：指代被授权的具体操作和资源，如上传数据、读取数据、读写数据等。

设备授权的字段和信息结构应根据实际应用需求，定制化设计合适的授权策略。设备授权信息的定义和管理使管理者能够精确控制设备操作，保护数据安全，确保资源的有效使用，以及适应不同的业务需求和法规要求。

6.2.2 物联网设备授权实践

本节深入解析了物联网设备授权的实施，尤其是智能合约的编写。智能合约涉及授权信息的签名、验证、上链和获取，其实践过程包括以下几方面。

1. 物联网设备授权信息签名和验证

与注册相似，授权信息的签名和验证用于确保交易的真实性和防止信息被篡改。

```
1.  // DeviceAuthSign 对设备授权信息进行签名
2.  func DeviceAuthSign(deviceAuth DeviceAuth) error {
3.   // 创建用于签名的临时设备授权信息结构
4.   deviceAuthForSign := DeviceAuth{
5.    ID:         deviceAuth.ID,
6.    Type:       deviceAuth.Type,
7.    StartTime:  deviceAuth.StartTime,
8.    EndTime:    deviceAuth.EndTime,
9.    AuthLevel:  deviceAuth.AuthLevel,
10.   AuthObject: deviceAuth.AuthObject,
11.  }
12.
13.  // 将设备授权信息转换为 JSON 格式
```

```
14.   deviceAuthForSignJSON, err := json.Marshal(deviceAuthForSign)
15.   if err != nil {
16.    return err
17.   }
18.
19.   // 计算设备授权信息的哈希值
20.   hashText := sha256.New()
21.   hashText.Write(deviceAuthForSignJSON)
22.
23.   // 加载管理员私钥
24.   if err = LoadpriKey(); err != nil {
25.    return err
26.   }
27.
28.   // 使用管理员私钥对哈希值进行签名
29.   r, s, err := ecdsa.Sign(strings.NewReader(randSign), PriKey, hashText.Sum(nil))
30.   if err != nil {
31.    log.Println(err)
32.   }
33.
34.   // 存储签名结果
35.   deviceAuthSign["r"], deviceAuthSign["s"] = r, s
36.   return nil
37.  }
38.
39.  // VerifyDeviceAuthSign 验证设备授权信息的签名
40.  func VerifyDeviceAuthSign(deviceAuth DeviceAuth) bool {
41.   // 创建用于验证签名的临时设备授权信息结构
42.   deviceAuthForSign := DeviceAuth{
43.    ID: deviceAuth.ID,
44.    Type: deviceAuth.Type,
45.    StartTime: deviceAuth.StartTime,
46.    EndTime: deviceAuth.EndTime,
47.    AuthLevel: deviceAuth.AuthLevel,
48.    AuthObject: deviceAuth.AuthObject,
49.   }
50.
51.   // 计算待验证的设备授权信息的哈希值
52.   deviceInfoJSON, err := json.Marshal(deviceAuthForSign)
53.   if err != nil {
54.    return false
55.   }
56.
57.   // 将设备授权信息转换为 JSON 格式
58.   hashText := sha256.New()
59.   hashText.Write(deviceInfoJSON)
60.
61.   // 使用管理员公钥验证数字签名
62.    return ecdsa.Verify(userAdmin.PubKey, hashText.Sum(nil), deviceAuth.Sign["r"],
  deviceAuth.Sign["s"])
```

2. 物联网设备授权信息上链和获取

授权信息一旦验证无误，便会记录在区块链上，以此来确保信息的不可逆和透明性。

```
1.  // DeviceAuthorise 用于授权设备
2.  func (s * SmartContract) DeviceAuthorise(ctx contractapi.TransactionContextInterface,
   id string, type_ string, startTime string, endTime strin g, authLevel string, authObject
   string) error {
3.    // 创建设备授权信息结构
4.    deviceAuth := DeviceAuth{
5.     ID:          id,
6.     Type:        type_,
7.     StartTime:   startTime,
8.     EndTime:     endTime,
9.     AuthLevel:   authLevel,
10.    AuthObject:  authObject,
11.    PubKey:      userAdmin.PubKey,      // 使用管理员公钥进行签名
12.   }
13.
14.   // 对设备授权信息进行签名
15.   if err := DeviceAuthSign(&deviceAuth); err != nil {
16.    return err
17.   }
18.
19.   // 将设备授权信息转换为 JSON 格式
20.   deviceAuthJSON, err := json.Marshal(deviceAuth)
21.   if err != nil {
22.    return err
23.   }
24.
25.   // 将设备授权信息存储到区块链状态数据库
26.   if err := ctx.GetStub().PutState(id, deviceAuthJSON); err != nil {
27.    return err
28.   }
29.   return nil
30.  }
31.
32.  // GetDeviceAuth 用于获取设备授权信息
33.  func (s * SmartContract) GetDeviceAuth(ctx contractapi.TransactionContextInterface, id
   string) (* DeviceAuth, error) {
34.   // 从区块链状态数据库中获取设备授权信息的 JSON 表示
35.   deviceAuthJSON, err := ctx.GetStub().GetState(id)
36.   if err != nil {
37.    return nil, err
38.   }
39.   if deviceAuthJSON == nil {
40.    return nil, errors.New("设备授权信息不存在")
41.   }
42.
43.   // 解析设备授权信息 JSON 格式为结构体
44.   var deviceAuth DeviceAuth
45.   if err := json.Unmarshal(deviceAuthJSON, &deviceAuth); err != nil {
46.    return nil, err
47.   }
48.
49.   // 获取管理员注册信息
50.   userAdmin, _ = s.GetUser(ctx, "【admin ID】")
```

```
51.
52.    // 验证设备授权信息的签名
53.    if !VerifyDeviceAuthSign(deviceAuth) {
54.     return nil, errors.New("设备授权信息的签名无效")
55.    }
56.    return &deviceAuth, nil
57.  }
```

3. 相关辅助代码

辅助代码包括智能合约编写中使用的数据结构定义和辅助函数等。

```
1.  // 定义设备授权信息的签名
2.  var deviceAuthSign map[string] * big.Int
3.
4.  // DeviceAuth 表示设备授权信息
5.  type DeviceAuth struct {
6.   ID          string                    `json:"ID"`
7.   Type        string                    `json:"Type"`
8.   StartTime   string                    `json:"StartTime"`
9.   EndTime     string                    `json:"EndTime"`
10.  AuthLevel   string                    `json:"AuthLevel"`
11.  AuthObject  string                    `json:"AuthObject"`
12.  Sign        map[string] * big.Int     `json:"Sign"`
13.  PubKey       * ecdsa.PublicKey        `json:"PubKey"`
14. }
```

6.3 本章小结

本章系统地探讨了物联网设备注册和授权的关键理论基础和实践应用。首先介绍了物联网设备注册的重要性,然后进一步进行了物联网设备注册的智能合约编写实践。在授权部分,我们讨论了授权交易的关键组成部分和不同级别的授权类型,并展示了如何通过智能合约实现授权过程。通过对物联网设备注册和授权过程的细致学习,读者现在应当能够在区块链框架内部署物联网设备,并确保这些设备的交易和操作都是安全和经过验证的。智能合约在这一过程中起到了至关重要的角色,它不仅自动化了流程,还提供了一种可信和可验证的方式来处理设备的注册和授权信息。随着"区块链+物联网"的技术越来越成熟,对这些基础知识的理解将为读者在未来的技术开发和应用实践中打下坚实的基础。

习题 6

一、单项选择题

1. 物联网设备注册信息的哪个字段用于唯一标识一个设备?(　　)

   A. 设备型号　　B. 设备制造商　　C. 设备 ID　　D. 设备描述

2. 物联网设备注册过程中,以下哪个步骤不是必需的?(　　)

   A. 用户权限验证　　B. 设备授权级别指定

C. 注册信息签名　　D. 设备描述提供

3. 在物联网设备注册智能合约中,用户权限的开始和结束时间主要用于(　　)。

A. 确定设备类型　　B. 设备授权时间验证
C. 用户权限有效期验证　　D. 注册设备型号

4. 以下哪个字段不是物联网设备授权信息的一部分?(　　)

A. 授权对象　　B. 设备序列号　　C. 授权开始时间　　D. 授权结束时间

5. 物联网设备授权的哪个级别允许设备进行读写操作?(　　)

A. 只读　　B. 只写　　C. 读写　　D. 无权限

6. 物联网设备注册智能合约中的数字签名用于(　　)。

A. 确认设备型号　　B. 验证设备 ID 的唯一性
C. 验证用户身份和权限　　D. 设备类型分类

7. 在物联网智能合约中,若用户不具备设备注册权限,则返回值是(　　)。

A. true　　B. false　　C. null　　D. error

8. 在物联网设备授权信息上链过程中,需要使用哪个密钥进行签名?(　　)

A. 用户的私钥　　B. 用户的公钥　　C. 管理员的私钥　　D. 管理员的公钥

9. 在“区块链+物联网”应用中,智能合约起到了什么作用?(　　)

A. 仅用于数据存储　　B. 自动化流程和验证操作
C. 限制设备类型　　D. 设计设备外观

10. 若物联网设备的授权结束时间早于当前时间,则设备的授权状态是(　　)。

A. 有效　　B. 失效　　C. 待更新　　D. 暂停

二、简答题

1. 请简述物联网设备注册信息的设计原则。
2. 如何实现物联网设备注册智能合约中的用户权限验证?
3. 在物联网智能合约编程中,如何处理注册信息的签名和验证?
4. 物联网设备授权智能合约应包含哪些基本函数?
5. 设备授权信息应包含哪些关键信息字段?
6. 如何通过智能合约自动化物联网设备的注册流程?
7. 描述在智能合约中处理授权过期的逻辑。

三、编程实践

请根据本章已有的内容,设计一个检查用户是否具备设备注册权限的智能合约。请使用 Go 语言完成该编程任务,示例代码中需要有适当的注释。

第7章

"区块链+物联网"应用之数据上链

本章学习目标

(1) 理解物联网设备在区块链技术应用中的权限验证过程。

(2) 掌握设备注册以及授权数据上链的步骤和原理。

(3) 熟悉数据加密和签名的基础知识。

(4) 了解并实践混合存储解决方案。

(5) 学习链上数据存储的实际操作。

(6) 了解链下数据存储的实践操作,特别是 IPFS 的基本概念、安装流程及其操作方法。

7.1 物联网设备权限验证

物联网(IoT)技术的广泛应用带来了大量的设备联网,设备间的数据交换和处理需要精确的权限验证机制以确保数据的安全性和完整性。在物联网设备注册及其数据上链的背景下,权限验证显得尤为重要。在此环境下,设备在进行注册后,必须要获得系统管理员的明确授权,方可对区块链上的数据进行读写和其他相关操作。

权限验证的重要性不容忽视。一方面,通过精确的权限控制,可以防止未授权的设备提交虚假或无效数据至区块链,这种数据可能会污染数据池,影响数据的准确性和信用度。另一方面,当每一次数据上传都经过验证,数据来源就变得可信且可追溯,这对于建立数据的真实性和完整性至关重要。其中,物联网设备权限验证功能可以通过智能合约技术来实现,以确保只有在满足预设条件的情况下,设备才能对链上数据进行操作。这种基于预设规则的自动执行减少了人工干预,从而提高了系统效率并减少了错误和欺诈的机会。

针对不同的数据类型,区块链上的存储数据可以分为直采数据、设备注册数据、设备授权数据等,每种数据类型都有其特定的上链存证过程。下面,基于数据类型的不同,分别介绍上述各类数据的上链存证过程。

视频讲解

7.1.1 物联网设备直采数据上链

直采数据是指物联网设备直接从环境中采集的未经处理的原始数据,这类数据通常需要实时性和高可信度。直采数据被上传至区块链前,必须经过严格的权限验证过程,以保证数据的安全性和可信度。

智能合约作为这一验证过程的核心，负责自动执行对物联网设备权限的验证。这包括确保只有获得授权的设备能够读取或写入区块链上的数据。权限验证过程主要包括以下三个步骤。

（1）设备身份验证。

在这一步骤中，系统将基于设备ID核实设备的授权状态。如果没有发现有效的授权信息，则系统会拒绝该设备上传数据，并返回错误信息。如果设备的授权信息得到确认，系统会使用管理员的公钥验证设备的私钥签名。只有当签名认证通过后，流程才会继续。

（2）数据操作行为验证。

该步骤确保设备的数据操作行为（如上传或读取数据）与其获得的授权级别相符。操作行为必须与设备的授权级别相匹配，例如上传操作应当与只写或读写权限相对应，而读取操作则与只读或读写权限相对应。只有当操作行为与授权级别相匹配时，才能进入权限有效期的验证。

（3）权限有效期验证。

这个步骤将核实设备授权的时效性，即授权是否仍在有效期内。系统通过比对当前时间戳与授权时间段，若时间戳超出了授权期限，则数据上传将被拒绝；若当前时间戳在授权期内，则执行对应的智能合约，进行相关操作。

在智能合约成功验证物联网设备的权限后，直采数据可以被允许进行链上操作。对于直采数据的信息记录，可以参考表7.1所示的数据结构。

表7.1 直采数据信息记录表

字 段	含 义
DataID	直采数据ID
EquipmentID	设备ID
TimeStamp	时间戳
PeerSign	节点私钥签名
OperateType	操作类型
Data	直采数据

表7.1直采数据信息记录表的具体字段及其含义如下。

（1）直采数据ID（DataID）：为直采数据提供一个唯一标识符，根据不同类型的数据和应用场景设定，用于数据的存证与查询。

（2）设备ID（EquipmentID）：代表物联网设备的唯一标识符，其结构可以根据设备类型自由设定。

（3）时间戳（TimeStamp）：标记数据被上传到链上的确切时间点，用于设备权限的时效验证。

（4）节点私钥签名（PeerSign）：由物联网设备的连接节点私钥生成，对数据进行签名，以便进行链上直采数据的追溯。

（5）操作类型（OperateType）：表示物联网设备进行的具体操作类型，如数据上传或数据读取，在权限验证过程中用于核实设备的行为是否符合其授权级别。

（6）直采数据（Data）：即物联网设备采集的原始数据，待被存证于链上。

以上是对直采数据信息记录的典型描述。根据不同的应用场景和需求，用户可以优化上述的数据结构设计，创建适合自己需求的数据模型。在接下来的章节中，我们将深入探讨智能合约的编码实例，具体展示如何将通用性数据上链，说明该智能合约是如何继承物联网设备注册智能合约和物联网设备授权智能合约的功能，并与它们协同工作的。

1. 设备权限验证功能

1）设备身份验证功能

设备身份验证功能具体智能合约代码如下所示。首先，构建物联网设备授权之前的待授权数据结构，须与管理员授权签名之前的数据结构一致；为了确保数据的一致性和安全性，该结构通过 SHA-256 算法进行哈希运算，生成对应的哈希摘要；最后，使用管理员的公钥对该哈希摘要进行数字签名的解密验证，智能合约的代码会判断签名是否有效，若验证成功返回 true，表示身份验证通过，若失败则返回 false。

```
1.  // VerifyPeerSign 验证设备的签名
2.  // auth DeviceAuth 设备授权信息
3.  // 返回值 bool 验证成功返回 true,否则返回 false
4.  func VerifyPeerSign(auth DeviceAuth) bool {
5.   // 基于待授权数据构造签名的原数据
6.   preAuthData := DeviceAuth{
7.    ID:          auth.ID,
8.    Type:        auth.Type,
9.    StartTime:   auth.StartTime,
10.   EndTime:     auth.EndTime,
11.   Status:      auth.Status,
12.   AuthLevel:   auth.AuthLevel,
13.   AuthObject:  auth.AuthObject,
14.  }
15.
16.  // 将待授权数据转换为 JSON 格式
17.  preAuthData, err := json.Marshal(preAuthData)
18.  if err != nil {
19.   // 如果转换失败,则返回 false
20.   return false
21.  }
22.
23.  // 创建 SHA-256 哈希实例
24.  hash := sha256.New()
25.  // 对 JSON 格式的数据进行哈希运算
26.  hash.Write(preAuthData)
27.  hashed := hash.Sum(nil)
28.
29.  // 使用设备公钥验证签名的正确性
30.  r, s := auth.Sign["r"], auth.Sign["s"]
31.  if r == nil || s == nil {
32.   // 如果签名中的 r 或 s 为 nil,则验证失败
33.   return false
34.  }
35.  if !ecdsa.Verify(auth.Pubkey, hashed, r, s) {
36.   // 如果验证不通过,则返回 false
37.   return false
38.  }
39.
```

```
40.   // 如果一切正常,则返回 true
41.   return true
42.  }
```

2）数据操作行为验证功能

数据操作行为验证功能具体代码如下所示。参见 6.2 节物联网设备授权，根据设备被赋予的权限（只读、只写、读写），它将被分别编码为“0”“1”“2”。智能合约需要检查设备请求的操作类型是否与其授权相符。例如，若设备仅有只读权限但试图执行写操作，验证将不通过，智能合约将返回 false。只有当操作请求与设备权限相符时，验证才会通过，返回 true。

```
1.  // VerifyOperateType 验证物联网设备的操作类型是否符合授权等级
2.  // data IotData 物联网设备的数据
3.  // auth DeviceAuth 设备的授权信息
4.  // 返回值 bool 操作符合授权等级返回 true,否则返回 false
5.  func VerifyOperateType(data IotData, auth DeviceAuth) bool {
6.   // 如果授权等级为读写(2),或者操作类型与授权等级相同,则验证通过
7.   return auth.AuthLevel = 2 || auth.AuthLevel = data.OperateType
8.  }
```

3）权限有效期验证功能

权限有效期验证功能具体代码如下所示。智能合约代码将设备的授权起止时间转换为 int64 类型的时间戳，然后比较当前时间戳是否位于此范围内。如果当前时间戳超出了授权期限，系统将返回 false；如果在有效期内，则返回 true。

```
1.  // VerifyTimeStamp 验证物联网设备数据的时间戳是否在授权时间范围内
2.  // data IotData 物联网设备的数据
3.  // auth DeviceAuth 设备的授权信息
4.  // 返回值 bool 时间戳在授权时间内返回 true,否则返回 false
5.  func VerifyTimeStamp(data IotData, auth DeviceAuth) bool {
6.   // 尝试解析授权起始时间
7.   stime, err := time.Parse(TimeLayout, auth.StartTime)
8.   if err != nil {
9.    // 如果起始时间无法解析,返回 false
10.   return false
11.  }
12.  // 将授权起始时间转换为 Unix 毫秒时间戳
13.  stimeUnix := stime.UnixNano()/int64(time.Millisecond)
14.
15.  // 尝试解析授权结束时间
16.  etime, err := time.Parse(TimeLayout, auth.EndTime)
17.  if err != nil {
18.   // 如果结束时间无法解析,返回 false
19.   return false
20.  }
21.  // 将授权结束时间转换为 Unix 毫秒时间戳
22.  etimeUnix := etime.UnixNano()/int64(time.Millisecond)
23.
24.  // 检查数据的时间戳是否在授权时间范围内
25.  if !( {
26.   return false
```

```
27.    }
28.    return data.TimeStamp >= stimeUnix && data.TimeStamp <= etimeUnix
29.  }
```

2. 直采数据上链功能

直采数据上链功能具体代码如下所示。智能合约首先将二进制格式的直采数据序列化为相应的结构体。然后，通过设备ID查询到设备的授权记录，以此记录和直采数据信息为基础进行权限验证。如果设备通过了验证，那么直采数据就会被上传到区块链进行存证。

```
1.  // SaveIotData 将直采的物联网数据上链
2.  // ctx contractapi.TransactionContextInterface 交易的上下文接口
3.  // iotdatajson string 物联网设备的数据,JSON 字符串格式
4.  // 返回值 error 成功返回 nil,失败返回错误信息
5.  func (Iot *Iot) SaveIotData(ctx contractapi.TransactionContextInterface, iotdatajson
  string) error {
6.    // 将 JSON 格式的物联网数据反序列化到 IotData 结构体中
7.    iotdata := IotData{}
8.    err := json.Unmarshal([]byte(iotdatajson), &iotdata)
9.    if err != nil {
10.     return fmt.Errorf("物联网数据格式错误: %w", err)
11.   }
12.
13.   // 使用设备 ID 读取设备授权信息
14.   deviceAuthjson, err := Read(ctx, iotdata.EquipmentID)
15.   if err != nil {
16.     return err
17.   }
18.
19.   // 反序列化设备授权信息
20.   deviceAuth := DeviceAuth{}
21.   err = json.Unmarshal(deviceAuthjson, &deviceAuth)
22.   if err != nil {
23.     return fmt.Errorf("设备授权信息格式错误: %w", err)
24.   }
25.
26.   // 进行设备身份验证
27.   if !VerifyPeerSign(deviceAuth) {
28.     return fmt.Errorf("设备身份验证失败,数据暂时无法上链!")
29.   }
30.   // 验证数据操作类型是否有权限
31.   if !VerifyOperateType(iotdata, deviceAuth) {
32.     return fmt.Errorf("数据操作类型验证失败,数据暂时无法上链!")
33.   }
34.   // 验证设备权限有效期
35.   if !VerifyTimeStamp(iotdata, deviceAuth) {
36.     return fmt.Errorf("权限有效期验证失败,数据暂时无法上链!")
37.   }
38.
39.   // 序列化物联网数据准备存储
40.   dataJSON, err := json.Marshal(iotdata)
41.   if err != nil {
```

```
42.     return Errorf("物联网数据序列化错误: %w", err)
43.   }
44.
45.   // 存储数据到链上
46.   err = Save(ctx, iotdata.DataId, datajson)
47.   if err != nil {
48.     return Errorf("无法将数据存储到链上: %w", err)
49.   }
50.   return nil
51. }
```

除了上述的设备权限验证功能代码,直采数据上链存证智能合约还包括数据存证的Save函数、数据查询的Read函数、时间格式常量定义以及直采数据记录的结构体定义。这些都是实现直采数据安全上链不可或缺的组成部分,它们共同构成了完整的数据存储与查询的智能合约代码框架。

```
1. // 定义时间格式常量
2.  const TimeLayout = "2006-01-02 15:04:05"
3.
4. // IotData 定义了直采数据的结构体
5.  type IotData struct {
6.   DataId        string                `json:"dataId"`          // 直采数据 ID
7.   EquipmentID   string                `json:"equipmentID"`     // 设备 ID
8.   TimeStamp     int64                 `json:"timeStamp"`       // 时间戳
9.   PeerSign      string                `json:"peerSign"`        // 节点签名
10.  OperateType   int                   `json:"operateType"`     // 操作类型
11.  Data          map[string]string              // 直采数据(key为属性,value为具体的值)
12. }
13.
14. // DeviceAuth 定义了设备授权信息的结构体
15. type DeviceAuth struct {
16.  ID            string                `json:"ID"`
17.  Type          string                `json:"Type"`
18.  StartTime     string                `json:"StartTime"`
19.  EndTime       string                `json:"EndTime"`
20.  Status        string                `json:"Status"`
21.  AuthLevel     int                   `json:"AuthLevel"`
22.  AuthObject    string                `json:"AuthObject"`
23.  Sign          map[string]*big.Int   `json:"Sign"`
24.  Pubkey        *ecdsa.PublicKey      `json:"Pubkey"`
25. }
26.
27. // Save 将数据记录存储到区块链中
28. func Save(ctx contractapi.TransactionContextInterface, key string, payload []byte)
   error {
29.   // 存储数据到链上
30.   err := ctx.GetStub().PutState(key, payload)
31.   if err != nil {
32.     return fmt.Errorf("无法将数据存储到链上: %v", err)
33.   }
34.   return nil
```

```
35.  }
36.
37.  // Read 查询获取链上信息记录
38.  func Read(ctx contractapi.TransactionContextInterface, key string) ([]byte, error) {
39.   // 从链上读取数据
40.   res, err := ctx.GetStub().GetState(key)
41.   if err != nil {
42.    return nil, fmt.Errorf("读取链上数据失败: %v", err)
43.   }
44.   return res, nil
45.  }
```

智能合约的设计必须考虑到各种异常情况，并在代码中进行适当的错误处理和状态回滚。此外，代码必须按照编程最佳实践进行编写，确保其安全、可维护和优化性能。最终，这些代码应通过严格的测试，包括单元测试和集成测试，以验证其功能性和可靠性。通过这样的过程，我们可以确保智能合约不仅在技术上是先进的，而且在法律和商业上也是可行和可信的。

7.1.2 设备注册数据上链

设备注册数据是指物联网设备注册时，存储到链上的设备信息数据，包括设备的标识信息、规格参数等，是进行权限分配的基础。需上链存证数据的物联网设备在上链数据之前，需通过相应的区块链节点进行设备注册信息上链存证，以便于获取系统管理员的授权。设备注册数据的上链则侧重于确保设备的身份和注册信息的真实性与完整性，通常需要通过多步骤的验证流程。

7.1.3 设备授权数据上链

设备授权数据是指物联网设备在完成设备注册信息上链之后，系统管理员需要针对各个设备的注册信息进行读、写权限授权，即采用系统管理员私钥对设备注册信息进行私钥签名，生成对应的设备授权信息并上链存证。具体功能实现，可基于具体场景选用多种不同的方式，例如，智能合约自动化授权、系统平台审核授权等多种方式。

7.2 数据加密和签名

7.2.1 节点密钥算法

在探讨区块链系统的应用与实现时，数据安全性与可靠性是核心考量之一。特别是在物联网(IoT)设备数据的链上存储证明(上链存证)过程中，确保数据的真实性和不可篡改性至关重要。本节深入讨论了通过节点私钥签名的方式来增强链上数据的可追溯性与安全性。该方法通过在数据上附加私钥签名，加强了数据溯源结果的可信度，同时也规范了物联网设备的数据上链行为。

本书选定的区块链技术实践平台为 Hyperledger Fabric 框架，该框架采用了非对称加密技术中的一种——椭圆曲线数字签名算法(ECDSA)。ECDSA 是一种在效率和安全性方面都经过优化的加密技术，非常适用于分布式账本技术的要求。ECDSA 的详细算法描述

及其在区块链中的应用实践，本书已在第4章中进行了系统性的介绍。

7.2.2　节点数字签名

智能合约在确保物联网设备数据处理的公平性、透明性以及安全性方面扮演着不可或缺的角色。智能合约减少了中介干预，增加了链上数据处理的自动化程度。然而，数据的链上公开化也带来了隐私和安全上的挑战。数字签名作为一种证明信息确实来自特定发送者的加密手段，在安全性上尤为重要。鉴于在智能合约中进行数字签名可能会暴露私钥，出于对节点安全性和隐私性的考虑，本书建议使用软件开发工具包(SDK)封装数据上链的API接口，通过该接口实现数字签名的功能，而不是在智能合约中直接执行。

SDK接口封装和节点数字签名的具体代码实现，以及如何在不同区块链环境下应用非对称加密算法和数字签名机制，本书在7.3.2节“链上数据存储与实践”及4.2.2节“非对称加密算法”中提供了详细指导和示例代码。读者可以参考这些章节，思考如何在实际的区块链项目中安全有效地实施这些关键技术。

7.3　混合存储解决方案

在区块链技术的多种应用场景中，存储方案的选择尤为关键。特别是考虑到区块链系统的去中心化、分布式存储特性，以及它依赖的密码学等技术所提供的数据不可篡改性和可追溯性。这些特性确保了链上数据的安全性，但也引入了新的挑战，尤其是与账本容量和数据存储需求的持续增长相关的问题。随着时间的推移，这可能导致存储资源不足，从而威胁到对账本数据的有效控制。此外，区块链本身的吞吐量有限，它可能难以在短时间内处理大量数据的上链存证需求与查询等应用操作需求。

当前针对存储问题的主流解决方案主要分为三类：实时扩容存储资源方案、轻量级账本存储方案以及链上链下混合存储方案。下面将对这三种解决方案逐一阐述并进行详细分析与比较。

1. 实时扩容存储资源方案

实时扩容存储资源方案是根据区块链项目实际需求的变化实施的一种动态资源管理策略。这种方案通常采用与传统数据库管理系统中的归档技术相结合的策略，能够有效减轻设备存储压力。然而，考虑到账本数据多以文本形式存储，且在物联网(IoT)环境中，通常存在IoT终端设备资源受限的问题，该方案并不总是能够满足IoT应用场景中对存储资源的需求。

2. 轻量级账本存储方案

轻量级账本存储方案则着眼于减缓链上数据增长的速度，或直接删除不必要的链上数据。它通常包括数据卸载、区块压缩、区块链分片技术和优化本地交易处理等技术。然而，这些技术往往依赖特定的区块链系统框架，限制了它们作为通用解决方案的适用性，并且在IoT领域中的实际部署仍面临挑战。

3. 链上链下混合存储方案

链上链下混合存储方案通过将数据分散存储在区块链账本和链下存储设备中，显著降低了对链上存储资源的依赖。这种方案在技术上实现起来相对容易，不依赖任何特定的区块链架构,使其更适合于IoT环境中的数据存储需求。链上链下混合存储方案不仅保留了区块链的核心优势,如数据的不可篡改性和可追溯性,还允许更大规模的数据存储和处理,而不会受到区块链性能限制的影响。

在综合分析这三种解决方案时,需要从可行性、成本效益、系统性能和目标应用场景的需求等多个维度进行考虑。链上链下混合存储方案似乎在许多方面提供了一个均衡的考量,尤其是在应对IoT场景中大量数据存储和快速处理的需求时显示出其优势。因此,未来的研究应该集中在进一步优化这种混合存储方案的实现细节,以及在不同区块链平台和IoT环境中的可行性测试上。接下来,将重点分析混合存储方案。

7.3.1 混合存储方案解析

在区块链技术中,混合存储方案被设计以提升系统的效率与可扩展性,它通常包括两个关键组成部分:链上存储和链下存储。链上存储负责记录数据的数字哈希,而链下存储则负责保存哈希所对应的目标数据的详细内容。通过这样的设计,不仅显著降低了对区块链账本存储容量的需求,还确保了数据在不牺牲可验证性的情况下得以完整保存。

具体而言,链上存储的数字哈希提供了一种高效的数据验证机制,使得任何人都可以快速核实链下存储数据的完整性与真实性。这种验证过程是通过加密算法实现的,其结果能在不暴露原始数据的前提下,确保数据的可信性。此外,链上数据具有不可篡改的特点,从而为链下数据的安全性提供了额外的保障。

在混合存储方案中,链下数据的存储形式可以大致划分为两类:中心化数据库存储和分布式存储,如IPFS(InterPlanetary File System)。

中心化数据库存储是一种传统的数据存储方法,以其操作便捷和管理高效而被广泛应用。然而,这种方式存在明显的缺点,即数据存储的集中化控制可能导致数据被恶意篡改的风险。尽管链上存储的哈希可以用来验证数据的初始状态,但一旦数据在中心化数据库中被篡改,原始数据的真实版本就很难恢复。

与中心化存储相对的是IPFS这样的分布式存储方案。IPFS是一个点对点的文件共享系统,它允许用户以去中心化的方式存储、索引和访问数据。由于其数据存储具有永久性和防篡改的特征,IPFS极大地提升了链下数据的安全性。IPFS存储的数据可以通过与区块链相结合的信任网络进行验证,确保了存储数据的完整性、真实性和可信性。基于其稳固的安全特性和与区块链技术的互补性,IPFS已成为混合存储方案中的首选。

总之,混合存储方案优化了数据的存储与管理,实现了区块链数据处理的可靠性与高效性的平衡。在未来,这一方案有望随着技术的进步和新型存储解决方案的出现而不断演化,为区块链数据存储带来更多革新。

视频讲解

7.3.2 链上数据存储与实践

以物联网设备直采数据为例,链上存储的实现流程通常涉及三个基本环节:API接口调用SDK、SDK调用智能合约,以及节点执行智能合约以实现数据的上链操作。

具体到数据链上存储的实践中,这三个环节形成了一个逻辑上的闭环,确保数据从采集到存储的过程安全可靠。在实现过程中,为了确保逻辑的连贯性与可维护性,各环节的代码实现依赖前一环节。以下是依据数据流的逆序来详述各环节实现的详细过程。

1. “数据上链”智能合约

在7.1.1节中已详细讲述了直采数据全部上链存储的智能合约代码，针对混合存储方案，智能合约的修改主要对直采数据记录属性的调整，具体数据属性如表7.2所示。

表7.2 混合存储直采数据信息记录表

字　段	含　义
DataID	直采数据ID
EquipmentID	设备ID
TimeStamp	时间戳
PeerSign	节点私钥签名
OperateType	操作类型
DataAddress	直采数据存储地址
DataHash	直采数据哈希摘要

合约代码如下所示。

```
1.  type IotData struct {
2.    DataId      string     `json:"dataId"`          // 直采数据 ID
3.    EquipmentID string     `json:"equipmentID"`     // 设备 ID
4.    TimeStamp   int64      `json:"timeStamp"`       // 时间戳
5.    PeerSign    string     `json:"peerSign"`        // 节点私钥签名
6.    OperateType int        `json:"operateType"`     // 操作类型
7.    DataAddress string     `json:"dataAddress"`     // 数据存储地址
8.    DataHash    string     `json:"dataHash"`        // 数据哈希摘要
9.  }
```

与表7.1相比，直采数据信息记录属性的主要变化在于删除了Data直采数据，添加了DataAddress、DataHash两个属性，具体属性说明如下。

(1) 直采数据存储地址(DataAddress)：为物联网采集的数据在IPFS中的存储地址，主要用于查询获取对应的直采数据。

(2) 直采数据哈希摘要(DataHash)：为物联网采集的在IPFS中存证的数据的哈希摘要，主要用于验证直采数据的完整性、真实性。

2. SDK调用智能合约

智能合约的调用是通过SDK实现的，主要包括数据上链的Invoke接口和数据查询的Query接口。SDK将负责处理各类调用参数，并确保它们能够被智能合约正确理解和执行。接口参数如表7.3所示。

表7.3 SDK接口参数

字　段	含　义
ChannelId	通道ID
ChainCodeName	链码名称
FunctionName	函数名称
Args	函数参数
Peers	节点名称

具体代码如下所示。

```
1.  type ChainCodeRequest struct {
2.    ChannelId     string          // 通道 ID
3.    ChainCodeName string          // 链码名称
4.    FunctionName  string          // 函数名称
5.    Args          []string        // 函数参数列表
6.    Peers         []string        // 目标节点列表
7.  }
```

如表 7.3 所示，具体属性说明如下。

（1）通道 ID（ChannelId）：区块链账本对应的数据通道 ID，在 Fabric 中，每个通道对应一个区块链账本，账本由加入该通道的节点共同维护。

（2）链码名称（ChainCodeName）：即智能合约的名称，用于指定本地调用的智能合约。

（3）函数名称（FunctionName）：即本次调用的智能合约函数名称，用于指定智能合约中专门的功能函数。

（4）函数参数（Args）：本地调用函数的输入参数。

（5）节点名称（Peers）：发起本次链上数据操作行为的节点名称。

1）Invoke 数据上链接口

Invoke 数据上链接口具体代码如下所示。首先，通过 FabricClient 注册获取账本通道的客户端，FabricClient 为 Fabric 客户端，在 API 接口代码中完成注册；之后，赋值相关参数，发起指定智能合约函数的调用；最后，获取合约调用结果并处理。

```
1.  // Invoke 实现了链码的调用
2.  func Invoke(chaincoderequest * ChainCodeRequest) error {
3.    // 获取通道客户端
4.    channelClient, err := FabricClient.GetChannelClient(chaincoderequest.ChannelId)
5.    if err != nil {
6.      return fmt.Errorf("账本通道客户端创建失败: %v", err)
7.    }
8.
9.    // 调用链码
10.   res, err := channelClient.Execute(
11.     channel.Request{
12.       ChaincodeID: chaincoderequest.ChainCodeName,
13.       Fcn:         chaincoderequest.FunctionName,
14.       Args:        getArgs(chaincoderequest.Args),
15.     },
16.     channel.WithRetry(retry.DefaultChannelOpts),
17.     channel.WithTargetEndpoints(chaincoderequest.Peers...),
18.   )
19.   if err != nil {
20.     return fmt.Errorf("Invoke 调用失败: %v",err)
21.   }
22.   fmt.Printf("Invoke 调用成功,交易 ID: %s\n", res.TransactionID)
23.
24.   return nil
25. }
```

2）Query 链上数据查询接口

Query 链上数据查询接口具体代码如下所示。具体流程与 Invoke 数据上链接口类似，主要区别在于数据查询接口为 Query 函数以及接口参数属性值不同。

```
1.  // Query 实现了链码的查询
2.  func Query(chaincoderequest * ChainCodeRequest) (string, error) {
3.   channelClient, err : = FabricClient.GetChannelClient(chaincoderequest.ChannelId)
4.   if err != nil {
5.    return "", fmt.Errorf("账本通道客户端创建失败: % v", err)
6.   }
7.
8.   res, err : = channelClient.Query(
9.    channel.Request{
10.     ChaincodeID: chaincoderequest.ChainCodeName,
11.     Fcn:         chaincoderequest.FunctionName,
12.     Args:        getArgs(chaincoderequest.Args),
13.    },
14.   )
15.   if err != nil {
16.    return "", fmt.Errorf("Query 调用失败: % v", err)
17.   }
18.
19.   return string(res.Payload), nil
20.  }
```

其中,GetArgs 为参数转换函数,主要作用为将函数输入参数转化为符合智能合约参数的形式,具体代码如下所示。

```
1.  // getArgs 将字符串参数列表转换为字节切片的列表
2.  func getArgs(args [ ]string) [ ][ ]byte {
3.   var byteArgs [ ][ ]byte
4.   for _, arg : = range args {
5.    byteArgs = append(byteArgs, [ ]byte(arg))
6.   }
7.   return byteArgs
8.  }
```

3. API 接口调用 SDK

API 接口层是与 SDK 之间的桥梁,提供了面向应用的接口调用方式。这一层的实现包括了上链存储和数据查询的 InvokeAPI 和 QueryAPI 接口,它们利用 SDK 实现底层的链上交互。API 接口对应的输入参数如表 7.3 所示,输出参数如表 7.4 所示。

表 7.4 API 接口输出参数

字 段	含 义
Res	接口返回消息
Result	接口返回类型
Err	错误描述

具体代码如下所示。

```
1.  // InvokeParams 结构体定义了区块链交易请求所需的参数
2.  type InvokeParams struct {
```

```
3.   Channel   string     // 通道名,表示交易请求所在的区块链网络通道
4.   Chaincode string     // 链码名,指定交易请求调用的智能合约名称
5.   Func      string     // 函数名,指定智能合约中将要执行的函数
6.   Args      []string   // 参数列表,提供给智能合约函数的参数
7.   Peers     []string   // 节点列表,指定交易请求的目标节点
8.  }
9.
10. // ChaincodeRes 结构体定义了智能合约执行后的返回结果
11. type ChaincodeRes struct {
12.  Res     string            // 结果描述
13.  Result  bool              // 返回结果类型
14.  Err     string            // 错误描述
15.  }
```

1) InvokeAPI 接口

InvokeAPI 接口具体代码如下所示。首先,初始化 Fabric 的 SDK 配置文件路径,配置文件主要包括区块链节点、账户的证书、私钥等信息,具体配置方法可参考 Fabric 官网教程;之后,初始化 Fabric 客户端,即 SDK 接口中用到的 FabricClient;最后,调用 SDK 的 Invoke 数据上链接口,并获取返回结果。

```
1.  // InvokeAPI 是一个 SDK 接口,用于处理智能合约的调用请求,并返回执行结果
2.  func InvokeAPI(c *gin.Context) {
3.   var res ChaincodeRes
4.   var params InvokeParams
5.
6.   // 从请求中绑定 JSON 到 params 结构体
7.   if err := c.BindJSON(&params); err != nil {
8.    res.Res = "参数获取失败!"
9.    res.Err = err.Error()
10.   c.JSON(http.StatusBadRequest, res)      // 使用 http 状态码 400 表示请求参数错误
11.   return
12.  }
13.
14.  // 初始化配置路径
15.  if err := sdk.ConfigPathInit(); err != nil {
16.   // 记录日志,允许服务正常返回错误信息
17.   log.Println("配置文件路径初始化失败:", err)
18.   res.Res = "服务配置错误"
19.   res.Err = err.Error()
20.   c.JSON(http.StatusInternalServerError, res) // 使用 http 状态码 500 表示服务器内部错误
21.   return
22.  }
23.
24.  // 初始化 fabric 客户端
25.  if err := sdk.Init(); err != nil {
26.   log.Println("fabric 客户端初始化失败:", err)
27.   res.Res = "服务器初始化失败"
28.   res.Err = err.Error()
29.   c.JSON(http.StatusInternalServerError, res)
30.   return
31.  }
32.
33.  // 调用智能合约
```

```
34.    if err := sdk.Invoke(&sdk.ChainCodeRequest{
35.     ChannelId:        params.Channel,
36.     ChainCodeName:    params.Chaincode,
37.     FunctionName:     params.Func,
38.     Args:             params.Args,
39.     Peers:            params.Peers,
40.    }); err != nil {
41.     res.Res = "数据上链存证失败!"
42.     res.Err = err.Error()
43.     c.JSON(http.StatusInternalServerError, res)
44.     return
45.    }
46.
47.    // 设置成功响应
48.    res.Res = "数据上链存证成功!"
49.    res.Result = true
50.    c.JSON(http.StatusOK, res)      // 使用 http 状态码 200 表示请求成功
51.   }
```

2）QueryAPI 接口

QueryAPI 接口具体代码如下所示。具体流程与 InvokeAPI 接口相似，输出参数的 Res 属性不再是结果标识信息，而是链上查询获取到的数据信息，在此将其设定为字符串的形式，具体应用中，开发者可基于需求自行设定。

```
1.   // QueryAPI 是一个 SDK 接口，用于处理智能合约的查询请求，并返回结果
2.   func QueryAPI(c *gin.Context) {
3.    var res ChaincodeRes
4.    var params InvokeParams
5.
6.    // 从请求中绑定 JSON 到 params 结构体
7.    if err := c.BindJSON(&params); err != nil {
8.     res.Res = "接口参数不符合要求!"
9.     res.Err = err.Error()
10.    c.JSON(http.StatusBadRequest, res)
11.    return
12.   }
13.
14.   // 初始化配置路径和 fabric 客户端，同 InvokeAPI
15.   if err := sdk.ConfigPathInit(); err != nil {
16.    log.Println("配置文件路径初始化失败:", err)
17.    res.Res = "服务配置错误"
18.    res.Err = err.Error()
19.    c.JSON(http.StatusInternalServerError, res)
20.    return
21.   }
22.   if err := sdk.Init(); err != nil {
23.    log.Println("fabric 客户端初始化失败:", err)
24.    res.Res = "服务初始化失败"
25.    res.Err = err.Error()
26.    c.JSON(http.StatusInternalServerError, res)
27.    return
```

```
28.    }
29.
30.    // 查询智能合约
31.    if respon, err := sdk.Query(&sdk.ChainCodeRequest{
32.     ChannelId:        params.Channel,
33.     ChainCodeName:    params.Chaincode,
34.     FunctionName:     params.Func,
35.     Args:             params.Args,
36.    }); err != nil {
37.     res.Res = "数据上链查询失败!"
38.     res.Err = err.Error()
39.     c.JSON(http.StatusInternalServerError, res)
40.     return
41.    } else {
42.     res.Res = response            // 使用查询到的结果作为响应
43.     res.Result = true
44.     c.JSON(http.StatusOK, res)    // 使用 http 状态码 200 表示请求成功
45.    }
46.   }
```

视频讲解

7.3.3 链下数据存储与实践

1. IPFS 简介

星际文件系统(InterPlanetary File System,IPFS),代表了下一代互联网协议的前沿技术。该系统采用分布式网络架构,旨在实现文件的持久化、去中心化存储与共享。它基于点对点(P2P)技术,每个加入网络的节点既是文件的存储者,也是文件的请求者,形成一个全球性的分布式文件系统。IPFS 协议综合了分布式哈希表、BitTorrent 协议、Git 以及自认证文件系统的优势,并在此基础上融入了区块链技术,创建了一个去中介化的内容分发网络。

IPFS 的核心理念在于通过内容而非位置寻址,即用户通过文件的哈希值来检索数据,而不是传统的基于服务器位置的 URL 方式。这一转变带来了几个显著的优势:

(1) 保证了文件的永久性和抗审查性;

(2) 点对点的数据传输增强了系统的容错性和效率;

(3) 版本控制使得文件历史持久化,容易追踪;

(4) 通过文件内容生成独立哈希值来标识文件,而非通过文件保存位置来标识;

(5) 通过去除重复数据,系统节省了大量的存储空间。

2. IPFS 安装

Kubo 是 IPFS 协议的 Go 语言实现,它是一个广泛采用的版本,具有稳定性和高性能的特点。安装 Kubo 需要经过以下步骤:

1) 下载 Linux 二进制文件

在终端中输入如下命令并执行,从官方源下载相应的 Linux 二进制安装包:

```
1.  wget https://dist.ipfs.tech/kubo/v0.19.0/kubo_v0.19.0_linux-amd64.tar.gz
```

2) 文件解压缩

在终端中输入如下命令并执行,解压下载的二进制文件:

```
1.  tar -xvzf kubo_v0.19.0_linux-amd64.tar.gz
```

3）进入 IPFS 安装目录

在终端中输入如下命令并执行，切换至 IPFS 安装目录：

```
1.  cd kubo
```

4）运行安装脚本

在终端中输入如下命令并执行，运行安装 IPFS 的脚本：

```
1.  sudo bash install.sh
```

5）测试 IPFS 是否正确安装

安装完成后，在终端中输入如下命令并执行，验证 IPFS 版本以确保正确安装：

```
1.  ipfs --version
```

3. IPFS 操作

IPFS 成功安装后，可以根据如下步骤完成 IPFS 的运行及文件上传、下载操作。

1）初始化 IPFS

打开终端窗口，输入如下命令并执行，对 IPFS 进行初始化：

```
1.  ipfs init
```

执行该命令后，系统会生成一个唯一的节点 ID，并配置默认的文件存储路径，执行结果如图 7.1 所示。

```
s@s-virtual-machine:~/桌面/kubo$ ipfs init
generating ED25519 keypair...done
peer identity: 12D3KooWD78mr8ZF4AfuMaq8WZeRb27FhKzAbE7a5K2AepqvNx27
initializing IPFS node at /home/s/.ipfs
to get started, enter:

        ipfs cat /ipfs/QmQPeNsJPyVWPFDVHb77w8G42Fvo15z4bG2X8D2GhfbSXc/readme
```

图 7.1 IPFS 初始化

2）启动 IPFS 守护进程

打开另一个终端窗口，输入如下命令并执行，启动 IPFS 守护进程，该进程负责处理网络请求和数据传输：

```
1.  ipfs daemon
```

执行结果如图 7.2 所示。

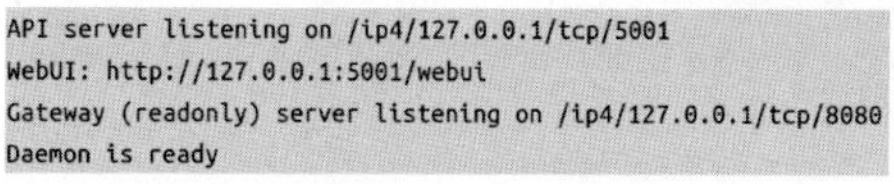

```
API server listening on /ip4/127.0.0.1/tcp/5001
WebUI: http://127.0.0.1:5001/webui
Gateway (readonly) server listening on /ip4/127.0.0.1/tcp/8080
Daemon is ready
```

图 7.2 启动 IPFS 守护进程

3）创建文件并上传

切换到第一个终端窗口，输入如下命令并执行，创建名为 meow.txt 的文件，并将该文件上传到 IPFS 网络，该操作会返回一个内容标识符(CID)，它代表了文件内容的加密哈希值，是文件在 IPFS 中的唯一标识。

```
1.  echo "meow" > meow.txt && ipfs add meow.txt
```

执行结果如图 7.3 所示。

```
s@s-virtual-machine:~/桌面/kubo$ echo "meow" > meow.txt && ipfs add meow.txt
added QmabZ1pL9npKXJg8JGdMwQMJo2NCVy9yDVYjhiHK4LTJQH meow.txt
 5 B / 5 B [=================================================================
```

图 7.3　IPFS 文件上传

4) 下载文件

输入如下命令并执行，根据文件的 CID 实现文件的下载操作：

```
1.  ipfs get QmabZ1pL9npKXJg8JGdMwQMJo2NCVy9yDVYjhiHK4LTJQH
```

执行结果如图 7.4 所示。

```
s@s-virtual-machine:~/桌面/kubo$ ipfs get QmabZ1pL9npKXJg8JGdMwQMJo2NCVy9yDVYjhiHK4LTJQH
Saving file(s) to QmabZ1pL9npKXJg8JGdMwQMJo2NCVy9yDVYjhiHK4LTJQH
 5 B / 5 B [=========================================================================
```

图 7.4　获取文件

5) IPFS 控制台

IPFS 提供了一个基于 Web 的用户界面，可通过浏览器访问 http://127.0.0.1:5001/webui。在这个界面上，用户可以可视化地管理文件、查看网络状态以及执行各项 IPFS 操作，如图 7.5 所示。

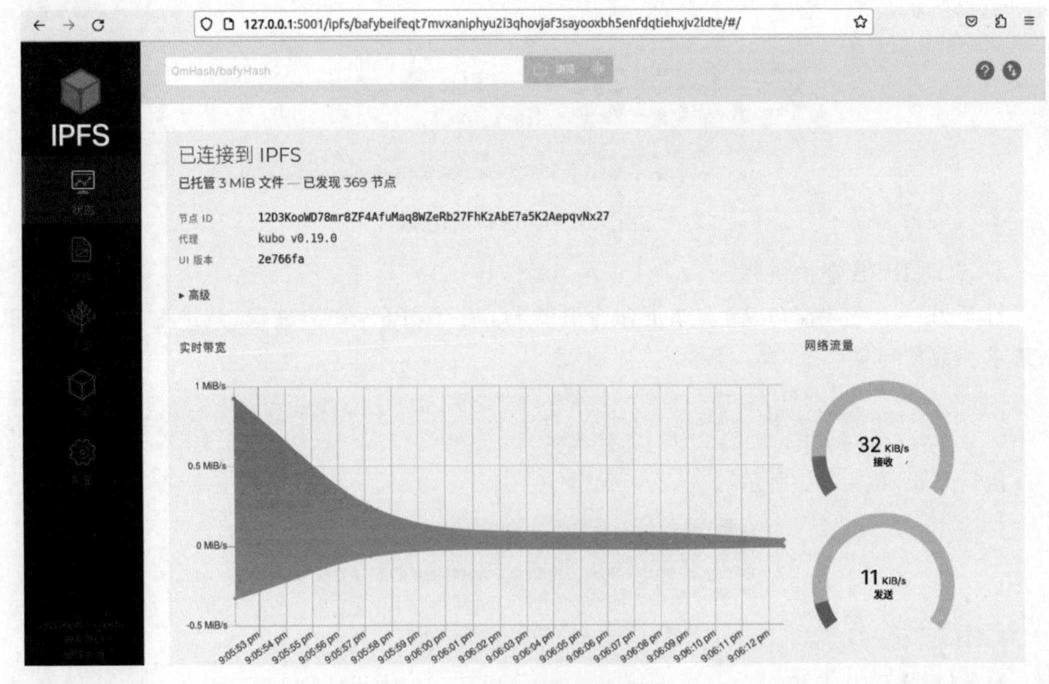

图 7.5　IPFS 可视化管理页面

7.4 本章小结

本章深入探讨了将区块链技术与物联网设备结合使用的方法，这对于保障物联网设备数据的安全性和不可篡改性至关重要。首先，从物联网设备的权限验证开始，讲解了设备如何进行身份验证并直接将数据上链。详细介绍了设备注册与授权数据上链的过程，这些过程对于确保网络中设备的合法性和数据的完整性非常重要。在数据安全方面，本章介绍了密钥算法(如 ECDSA)和数字签名的重要性，并强调了它们在节点通信中的作用。这为保障数据传输的安全性提供了技术保障。

接着，本章深入分析了混合存储解决方案，展示了它如何将链上和链下数据存储相结合，以及这一方案在“区块链＋物联网”中的应用。其中，智能合约的设计与实施、SDK 和 API 的使用是本章的重点，它们是实现数据上链不可或缺的技术工具。

最后，本章对 IPFS 进行了详细的介绍，包括其安装和操作指南，阐明了 IPFS 在提供去中心化的文件存储方面的优势和作用。

通过本章的学习，读者应能够把握“区块链＋物联网”在数据上链方面的关键技术，为今后在这一领域的探索和创新奠定坚实的基础。

习题 7

一、单项选择题

1. 在物联网设备权限验证中，设备直采数据上链前通常需要进行什么？( )
   A. 设备注册　　B. 设备重启　　C. 设备维修　　D. 数据分析
2. 设备授权数据上链的目的是( )。
   A. 提高设备性能　　B. 增强网络信号
   C. 确保数据的合法性和完整性　　D. 减少数据存储空间
3. 节点密钥算法主要用于( )。
   A. 数据加密　　B. 数据压缩
   C. 设备维护　　D. 提高数据传输速度
4. IPFS 的全称是什么？( )
   A. InterPlanetary File Service　　B. Internet Protocol File System
   C. InterPlanetary File System　　D. Internal Protocol File Service
5. 在混合存储解决方案中，链上数据存储主要解决什么问题？( )
   A. 数据的可靠性　　B. 数据的分布式存储
   C. 数据的实时性　　D. 数据的可追溯性
6. 通过什么方式可以调用智能合约？( )
   A. USB 连接　　B. API 接口　　C. 磁带存储　　D. 直接电路接触
7. IPFS 中文件的唯一标识称为( )。
   A. URL　　B. URI　　C. CID　　D. UUID
8. 使用 IPFS 上传文件后，如何确保文件能被访问？( )

A. 文件必须加密　　B. 文件必须有一个唯一 CID

C. 文件必须存储在中心服务器上　　D. 文件必须被备份

9. 哪种技术不是 IPFS 的组成部分？(　　)

A. 分布式哈希表　　B. BitTorrent　　C. Git　　D. SMTP

10. 物联网设备注册数据上链后，以下哪项不是一个直接好处？(　　)

A. 增强了数据的安全性　　B. 提高了设备的运行速度

C. 提高了数据的可信度　　D. 便于设备的管理和跟踪

二、简答题

1. 描述物联网设备直采数据上链的过程。
2. 什么是设备权限验证功能？它在物联网设备中的作用是什么？
3. 解释什么是 ECDSA 算法以及在区块链技术中的应用。
4. 描述数字签名在区块链中的重要性。
5. 解释混合存储方案及其在“区块链＋物联网”中的优势。
6. 概述智能合约的作用以及如何通过 SDK 调用它。
7. 描述 API 接口调用 SDK 的一般流程。
8. IPFS 是如何实现数据的去中心化存储的？

三、编程实践

1. 编写 Go 语言程序，生成 ECDSA 密钥对，并输出到标准输出。
2. 使用 Go 语言实现 IPFS 中的文件添加操作的基本框架，需要用到 shell 包与 IPFS 进行交互。

第8章

“区块链+物联网”应用之性能评测

本章学习目标

（1）掌握 Hyperledger Caliper 的基本功能和用途。

（2）理解 Caliper 的整体架构及各个组件的作用与相互关系。

（3）熟悉 Caliper 提供的命令集，掌握其基本用法。

（4）掌握 Caliper 的安装与配置方法。

（5）掌握在不同测试场景下编写测试脚本的方法。

（6）通过 Caliper 基准测试用例，熟悉 Caliper 测试流程。

（7）通过实际测试案例，掌握如何对自己搭建的区块链系统进行性能评测。

8.1 Caliper 概述

随着区块链技术的不断发展，其在多个行业中的落地应用也展现出了巨大的潜力与价值。在“区块链＋物联网”应用中，区块链网络的性能是决定其可用性和扩展性的关键因素。性能评估不仅可以帮助理解现有区块链解决方案的状况，还可以揭示潜在的性能问题，指导后续的优化决策。而无法满足性能要求的“区块链＋物联网”系统可能会导致交易速度缓慢、成本增加，甚至影响整个业务流程的效率。为了保证“区块链＋物联网”系统的有效运作，对于其性能的测试成为了不可或缺的一环。

8.1.1 什么是 Hyperledger Caliper

Hyperledger Caliper（以下简称 Caliper）是 Hyperledger 项目的一部分，是一个开源的区块链基准测试框架，提供了标准化的方法来衡量和评估不同区块链解决方案的性能。它旨在量化不同负载和情境下区块链系统的关键性能指标，如交易吞吐量、延迟和资源消耗（CPU、内存等）。通过这些综合性能指标，Caliper 帮助开发者和企业理解他们的区块链系统的性能极限和潜在瓶颈，并据此优化系统配置。

Caliper 支持多种区块链平台，例如 Hyperledger Fabric、Ethereum 和 Sawtooth，这种兼容性使其成为在混合链环境中进行性能评估的理想工具。它的测试机制主要围绕智能合约执行，通过模拟不同类型的交易负载对智能合约的性能和稳定性进行压力测试。

为了便于用户进行基准测试，Caliper 提供了一套命令行工具（CLI），允许灵活的配置，涵盖网络、基准测试参数和测试用例等多个层面，支持针对具体测试需求的定制化测试流程。Caliper 在开源社区的广泛支持确保了它的功能性和时效性不断得到改进，社区成员贡献的 benchmark 案例为用户执行通用测试场景提供了便利，同时也支持用户根据特定需求进行定制和扩展。

8.1.2 Caliper 架构

Caliper 是一个区块链性能基准测试框架，其架构设计支持高并发和模块化操作，它通过模拟各种业务场景，向区块链网络提交交易并收集统计数据，允许对多种区块链平台进行性能评估，是区块链开发和测试过程中一个标准化的性能评测工具。

如图 8.1 所示，Caliper 架构展示多个关键组件以及各组件间的交互和数据流。Caliper 命令行接口(Cli)是用户与 Caliper 交互的入口点，用户通过 Cli 配置测试，并启动管理客户端(Admin Client)执行区块链的管理操作。客户端工厂(Client Factory)生成多个客户端工作者节点(Client Worker Nodes)来并发地发送交易或查询请求到被测试系统(System Under Test，SUT)。交易由适配器(Adapter)处理，并发送至区块链系统。同时，性能分析器(Performance Analyzer)和资源监视器(Resource Monitor)负责收集测试数据。所有的数据和分析结果随后由报告生成器(Report Generator)整理，形成最终的测试报告。

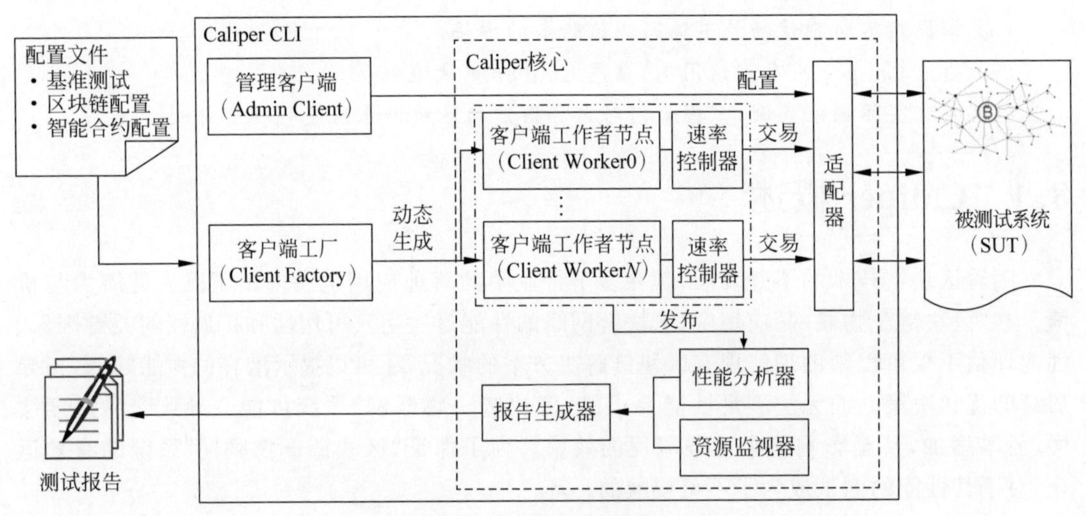

图 8.1 Caliper 架构图

下面将对 Caliper 架构中的几个关键概念进行解释说明。

(1) **适配器**：在架构中充当中介，负责将 Caliper 能够理解的命令翻译为特定区块链平台的命令。每种区块链系统都需要一个特定的适配器。

(2) **速率控制器**：用于控制客户端工作者节点生成交易的速率。

(3) **资源监视器**：启动后可以获取后端区块链系统资源消耗状态，包括 CPU、内存、网络 IO 等。

(4) **性能分析器**：包含读取预定义性能统计信息(例如 TPS、延迟、成功交易数等)，可以打印基准测试结果。

(5) **性能指标**：用于衡量区块链性能的关键参数，包括以下 4 种。

① **吞吐量**：系统在单位时间内处理交易的能力。

② **延迟**：一个交易从提交到确认所需的时间。

③ **资源消耗**：区块链操作过程中计算、存储和网络资源的使用情况。

④ **成功/失败率**：成功处理的交易与提交的总交易数的比例。

这些指标不仅反映了网络的当前性能状态，而且为识别性能瓶颈和后续优化提供了依据。

8.2 Caliper 命令概览

在进行区块链性能和功能的基准测试时，Hyperledger Caliper 工具提供了一系列命令，以支持从环境搭建到测试执行再到结果分析的完整流程。表 8.1 总结了这些命令以及它们的作用和类别，为使用者提供了一个清晰的操作指南。

表 8.1 Hyperledger Caliper 常用命令

命　令	描　述	分类
npm install -g @hyperledger/caliper-cli	全局安装 Hyperledger Caliper 的命令行界面	安装
caliper version	显示 Caliper 的版本信息	版本查询
caliper install	安装 Caliper 的依赖项和样例文件	安装
caliper init	初始化一个新的 Caliper 项目，会生成配置文件和网络文件的模板	配置
caliper bind --caliper-bind-sut fabric：2.2	绑定 Caliper 和特定的区块链系统版本，如 Fabric2.2	配置
caliper network generate	生成区块链网络配置文件（如 Fabric 的网络配置文件）	网络
caliper network start	启动预配置的区块链网络	网络
caliper benchmark validate	验证基准测试配置文件	验证
caliper launch manager	启动 Caliper 管理器以协调基准测试的执行	基准测试
caliper launch worker	启动 Caliper 工作节点以执行测试负载	基准测试
caliper benchmark run	执行基准测试，需要指定工作负载模块和区块链网络配置文件	基准测试
caliper benchmark submit	将性能测试结果提交到区块链网络	基准测试
caliper benchmark report	生成性能测试结果报告	报告
caliper network stop	停止预配置的区块链网络	网络
caliper network clean	清理区块链网络和配置	清理
caliper clear	清除之前的测试配置和结果数据	清理
caliper workspace cleanup	清理由 Caliper 创建的工作空间和临时文件	清理

下面，我们将遵照 Caliper 安装与配置、运行、报告的完整生命周期，有序地介绍 Caliper 的关键命令。

8.3 Caliper 安装与配置

视频讲解

在对 Hyperledger Fabric 进行性能测试之前，必须首先准备并配置好测试环境。本节将详细介绍如何安装 Hyperledger Caliper，准备所需的环境，并配置测试网络与测试台。

8.3.1 Caliper安装

1. 环境要求

Hyperledger Caliper是一个高度可扩展和可配置的区块链性能测试框架。为了顺利安装并运行Caliper,必须满足以下环境要求。

(1) **操作系统**:推荐使用Linux或macOS系统,虽然Windows也支持,但可能需要额外的配置。

(2) **Node.js**:Caliper是用JavaScript编写的,依赖Node.js运行时。通常需要较新版本的Node.js,例如Node.js 12.x或更高版本。

(3) **npm**:npm是Node.js的包管理工具,用于安装Caliper及其依赖。

(4) **Docker**:Hyperledger Fabric网络通常运行在Docker容器中,因此需要Docker环境。

(5) **Docker Compose**:用于定义和运行多容器Docker应用程序的工具。

(6) **Git**:用于克隆必要的代码仓库。

(7) **Python**:某些依赖可能需要Python 2.7或3.5以上版本。

上述软件在第5章区块链网络环境搭建部分,都已安装并配置好了相应的环境变量。

2. npm

一旦环境准备就绪,接下来可以安装Hyperledger Caliper。Caliper可以通过npm直接安装。安装步骤如下。

1) 全局安装Caliper CLI

命令如下:

```
1.  npm install -g @hyperledger/caliper-cli
```

2) 绑定特定的区块链平台

Caliper通过"绑定"与特定区块链平台进行通信。为了测试Hyperledger Fabric,需要安装对应的Fabric绑定。

```
1.  caliper bind --caliper-bind-sut fabric:<version>
```

其中<version>是Hyperledger Fabric的目标版本。

命令示例如下:

```
1.  caliper bind --caliper-bind-sut fabric:2.2
```

3) 校验安装

执行Caliper命令,查看是否显示帮助信息或者显示Caliper版本信息,以校验安装是否成功。

```
1.  caliper --help
2.  caliper version
```

8.3.2 配置

1. 配置测试网络

Hyperledger Caliper 需要与一个已配置好的区块链网络交互。针对 Hyperledger Fabric,需要准备以下配置文件。

(1) 网络配置文件(通常为 network-config. yaml):描述 Fabric 网络的配置,包括组织、对等节点、排序服务节点、通道、链码等信息。网络配置文件是 Hyperledger Fabric 网络的蓝图,它定义了网络的架构和组件。Caliper 使用这个文件与 Fabric 网络建立连接和交互。

(2) 智能合约(链码):必须先将链码安装到目标区块链网络。

2. 配置 Caliper 测试台

Caliper 测试台是一个包含所有测试资产和配置的目录结构。一个典型的测试台应包含以下组成部分。

(1) 基准测试配置文件(例如 benchmark-config. yaml):定义了测试的参数,如测试场景、交易速率、测试持续时间等。

(2) 工作负载文件:JavaScript 模块,定义了生成交易的逻辑。

(3) Caliper 工作空间:测试台的根目录,包含所有配置文件、工作负载模块和测试脚本。

为了进行性能测试,需要在 Caliper 工作空间目录下执行以下命令:

```
1.  caliper launch manager -- caliper - workspace . -- caliper - benchconfig benchmark -
   config.yaml -- caliper - networkconfig network - config.yaml
```

这个命令会启动 Caliper,指定了 Caliper 的工作目录为当前目录(--caliper-workspace 后面的“. ”代表当前目录),根据提供的配置文件执行定义好的测试场景,并在结束后生成性能报告。

这条命令中的两个关键配置文件如下:

① **benchconfig. yaml**:定义了测试的基准配置,包括测试场景、工作负载等。

② **Network-config. yaml**:定义了被测网络的配置,包括节点信息、通道设置、智能合约安装和实例化信息等。

在测试 Hyperledger Fabric 2. 2 的 Go 语言智能合约时,需要确保 network-config. yaml 文件中包含了正确的链码路径、版本号、其他链码参数,以及 Fabric 网络的具体配置信息。

3. 配置示例

1) 网络配置文件(network-config. yaml)示例

具体代码如下:

```
1.  name: Fabric - Sample - Network
2.  version: 1.0.0
3.  caliper:
4.    blockchain: fabric
5.    fabric:
6.      network:
```

```
7.        path: /path/to/fabric-samples
8.        channel: mychannel
9.      organizations:
10.       Org1:
11.         mspid: Org1MSP
12.         certificateAuthorities:
13.           - ca.org1.example.com
14.       Org2:
15.         mspid: Org2MSP
16.         certificateAuthorities:
17.           - ca.org2.example.com
18.     orderers:
19.       - orderer.example.com
20.     peers:
21.       - peer0.org1.example.com
22.       - peer0.org2.example.com
23.     channels:
24.       mychannel:
25.         organizations:
26.           - Org1
27.           - Org2
28.         anchorPeers:
29.           - peer0.org1.example.com
30.           - peer0.org2.example.com
31.     chaincodes:
32.       mychaincode:
33.         version: 1.0
```

这个文件必须详细定义所测试 Hyperledger Fabric 网络的每部分。在这个框架下，用户可以通过提供不同的配置文件来测试不同的网络架构和链码，从而评估不同配置下网络的性能表现。

2）基准测试配置文件(benchconfig.yaml)示例

具体代码如下：

```
1.  caliper:
2.    global:
3.      workers: 4
4.    blockchain: fabric
5.    sut:
6.      type: fabric
7.      label: my-fabric-network
8.    contracts:
9.      - id: mychaincode
10.       language: golang
11.       version: 1.0
12.   discovery:
13.     enabled: true
14.     asLocalhost: true
15.   settings:
16.     key-size: 256
17.     max-transaction-size: 4096
```

```
18.     prometheus:
19.       enable: false
20.       startDelay: 30s
21.
22.   workload:
23.     module: sample - fabric
24.     arguments:
25.         - constant
26.     # ...其他工作负载配置...
27.
28.   monitor:
29.     type: local_prometheus
30.     frequence: 2
31.     labels:
32.         - peer0.org1.example.com
33.         - peer0.org2.example.com
34.
35.   rounds:
36.      - label: first - round
37.        description: First round of tests
38.        number: 1
39.      - label: second - round
40.        description: Second round of tests
41.        number: 1
42.     # ...其他轮次配置...
43.
44.   info:
45.     version: 1.0.0
46.     description: Caliper benchmark configuration for Fabric
```

（1）**caliper**：包含有关性能测试的全局配置，例如测试的区块链类型(fabric)、被测系统的类型和标签(my-fabric-network)等。

（2）**global**：包含了 workers 参数，设置为 4。表示 Caliper 将使用 4 个并发工作线程来执行性能测试。

（3）**contracts**：列出了要在测试中使用的智能合约。在这里，我们定义了一个名为 mychaincode 的合约，使用的编程语言为 golang，版本为 1.0。

（4）**discovery**：定义了是否启用服务发现，以及是否将服务发现的请求定向到本地主机。

（5）**settings**：包含了一些性能测试的全局设置，例如密钥大小和最大事务大小。

（6）**prometheus**：定义了是否启用 Prometheus 监控，Prometheus 是一个开源的系统监控和警报工具套件，在区块链和分布式系统中，被用于监控节点的性能指标、事务速率、网络吞吐量等。

（7）**workload**：指定了要使用的工作负载模块和相应的参数。在这个示例中，工作负载模块是 sample-fabric，它接受参数 constant。

（8）**monitor**：定义了性能监视器的配置，这里是本地的 Prometheus。

（9）**rounds**：定义了要执行的测试轮次，每个轮次可以具有不同的标签、描述和执行次数。

(**10**) **info**：提供了关于此配置文件的一些信息，如版本和描述。

3) 工作负载文件(sample-fabric.js)示例

具体代码如下：

```
1.  'use strict';
2.
3.  /**
4.   * Caliper 的 Fabric 工作负载模块示例
5.   */
6.  module.exports = {
7.      /**
8.       * 执行工作负载
9.       * @param {Object} blockchainContext 区块链上下文
10.      * @param {Object} args 参数
11.      * @param {Object} context 上下文
12.      * @param {Object} client 客户端
13.      */
14.     async workloadModule(blockchainContext, args, context, client) {
15.         // 在这里执行工作负载逻辑
16.         // 例如,发起一个简单的交易
17.         const contractID = args.contractID || 'mychaincode';
18.         const contract = blockchainContext.contracts.get(contractID);
19.         const transactionID = `tx${Math.floor(Math.random() * 1000)}`;
20.         const args = ['arg1', 'arg2'];
21.
22.         try {
23.             // 执行交易
24.             const result = await contract.submitTransaction('invoke', transactionID,
...args);
25.             console.log(result.toString());
26.         } catch (error) {
27.             console.error(`执行交易时出错: ${error.message}`);
28.         }
29.     }
30. };
```

这是一个简单的工作负载模块示例，其中包含了一个用于在Fabric网络上执行事务的函数。读者可以根据实际需求修改工作负载逻辑。

在配置过程中，可能需要多次调整和试验配置文件，以确保它们能正确反映所需测试的网络环境。完成配置后，便可以进行性能测试的下一步，即编写测试脚本。

视频讲解

8.4 编写测试脚本

编写测试脚本是Hyperledger Caliper性能测试的核心环节。测试脚本不仅定义了测试的场景和参数，还指定了在测试过程中将执行哪些操作。本节内容将详细指导如何编写测试脚本，以确保测试能够准确地反映出Hyperledger Fabric网络在各种负载下的性能表现。

8.4.1 定义测试场景

测试场景的定义是编写测试脚本的第一步。一个测试场景描述了将要模拟的业务过

程，它决定了哪些交易类型会被执行，以及这些交易如何影响区块链网络的状态。

在定义测试场景时，应考虑以下因素：

（1）**交易类型**：根据业务逻辑的不同，可能会有不同类型的交易，例如转账、购买、更新数据等。

（2）**交易模式**：交易的发起方式可能是批量的、连续的或随机的，需要确定最能模拟实际业务的模式。

（3）**并发用户数**：模拟的用户数量会对系统产生不同的压力。

（4）**交易间隔**：交易发起的时间间隔。

（5）**测试持续时间**：测试将持续多长时间。

这些因素结合起来，定义了一系列将在测试中执行的事务性操作，形成了一个或多个具体的业务流程模拟。

下面以 Fabcar 合约为例，定义了一个测试场景，模拟汽车交易的注册和查询业务。

```
1.  // File: fabcar-scenario.js
2.
3.  'use strict';
4.
5.  /**
6.   * 定义测试场景:Fabcar 合约测试
7.   */
8.  const fabcarScenario = {
9.    /**
10.    * 定义注册汽车交易类型
11.    */
12.   registerCarTransaction: {
13.     type: 'fabcar-register',
14.     arguments: ['CAR1', 'Toyota', 'Prius', 'Blue', 'Tom'],
15.   },
16.
17.   /**
18.    * 定义查询汽车交易类型
19.    */
20.   queryCarTransaction: {
21.     type: 'fabcar-query',
22.     arguments: ['CAR1'],
23.   },
24.
25.   /**
26.    * 定义测试场景参数
27.    */
28.   options: {
29.     concurrentUsers: 10,          // 并发用户数
30.     transactionInterval: 1000,    // 交易间隔:1 秒
31.     testDuration: 60000,          // 测试持续时间:60 秒
32.   },
33. };
34.
35. module.exports = fabcarScenario;
```

在这个测试场景中，我们定义了两个 Fabcar 合约的交易类型：注册汽车和查询汽车。注册汽车交易类型会将一辆新车的信息写入区块链，而查询汽车交易类型则会查询区块链上特定车辆的信息。测试场景的参数包括并发用户数、交易间隔和测试持续时间。

8.4.2 测试工作负载模型

测试工作负载模型是对测试场景中定义的业务流程的具体实现。在 Caliper 中，工作负载模型通常通过 JavaScript 文件来描述，每个文件定义了一组特定的交易和它们的触发逻辑。

工作负载模型应包含以下内容：

(1) **初始化函数**：在测试开始前执行的代码，通常用于准备测试环境。

(2) **交易生成器**：根据测试场景产生具体的交易请求。

(3) **终结函数**：在测试结束后执行的代码，用于清理环境或进行结果的最后处理。

工作负载模型的编写需要充分理解链码（智能合约）的业务逻辑以及 Hyperledger Fabric 的 API。

下面将编写一个与上述测试场景相关的测试工作负载模型。

```
1.  // File: fabcar-workload.js
2.
3.  'use strict';
4.
5.  /**
6.   * 测试工作负载模型:Fabcar 合约测试
7.   */
8.  module.exports = {
9.    /**
10.     * 初始化函数:在测试开始前执行的代码
11.     * @param {Object} blockchainContext - 区块链上下文
12.     */
13.   async init(blockchainContext) {
14.     // 在 Fabric 中可以进行一些初始化操作,例如创建通道、加入组织等
15.   },
16.
17.   /**
18.     * 交易生成器:根据测试场景产生具体的交易请求
19.     * @param {Object} blockchainContext - 区块链上下文
20.     * @param {Object} args - 测试场景参数
21.     * @returns {Array} - 生成的交易数组
22.     */
23.   async generateTransactions(blockchainContext, args) {
24.     const transactions = [];
25.
26.     // 根据测试场景中定义的注册汽车交易类型生成交易请求
27.     for (let i = 0; i < args.concurrentUsers; i++) {
28.       transactions.push({
29.         contract: 'fabcar', // Fabcar 合约名称
30.         transactionID: `tx${i}`,
31.         methodName: 'createCar', // 注册汽车的合约方法
32.         args: args.registerCarTransaction.arguments,
```

```
33.        });
34.      }
35.
36.      // 根据测试场景中定义的查询汽车交易类型生成交易请求
37.      for (let i = 0; i < args.concurrentUsers; i++) {
38.        transactions.push({
39.          contract: 'fabcar', // Fabcar 合约名称
40.          transactionID: `tx${i + args.concurrentUsers}`,
41.          methodName: 'queryCar', // 查询汽车的合约方法
42.          args: args.queryCarTransaction.arguments,
43.        });
44.      }
45.
46.      return transactions;
47.    },
48.
49.    /**
50.     * 终结函数:在测试结束后执行的代码
51.     * @param {Object} blockchainContext - 区块链上下文
52.     */
53.    async end(blockchainContext) {
54.      // 在 Fabric 中可以进行一些清理操作,例如断开连接、汇总结果等
55.    },
56.  };
```

在这个测试工作负载模型中,我们使用 Fabric 2.2 的 API 来初始化区块链环境、生成注册汽车和查询汽车的交易请求以及在测试结束后进行清理操作。

8.4.3 测试脚本结构

一个典型的测试脚本结构包括以下部分。

1. Header

Header(头部)包含必要的模块导入和配置信息,以确保测试脚本能够正常运行。

```
1.  'use strict';
2.
3.  const { CaliperUtils, Blockchain } = require('caliper-core');
4.  const Fabric = require('fabric-client');
5.  // 其他模块导入和配置信息
```

2. Variables

Variables(变量)定义脚本运行所需的全局变量,包括区块链客户端、合约实例等。

```
1.  const myChaincodeID = 'mychaincode';
2.  const contractID = 'mycontract';
3.  let myClient;
4.  let myContract;
5.  // 其他全局变量定义
```

3. Functions

Functions(函数)定义测试脚本的核心函数,包括初始化环境(init)、执行测试具体操作

(run)、测试结束后的清理工作(end)。

```
1.  const myFunctions = {
2.    init: async function () {
3.      // 初始化环境,设置起始状态
4.      myClient = new Blockchain.Fabric.Client();
5.      myContract = await myClient.installSmartContract('path-to-chaincode', myChaincodeID);
6.      // 其他初始化操作
7.    },
8.
9.    run: async function () {
10.     // 定义执行测试的具体操作
11.     await myFunctions.invokeTransaction();
12.     // 其他测试操作
13.   },
14.
15.   end: async function () {
16.     // 执行测试结束后的清理工作
17.     await myClient.disconnect();
18.     // 其他清理操作
19.   },
20.
21.   invokeTransaction: async function () {
22.     // 具体交易逻辑
23.   },
24.   // 其他自定义函数
25. };
```

4. Main Logic

Main Logic(主体逻辑)指脚本的主体逻辑,包括调用 init、run、end 函数以及处理异常。

```
1.  (async () => {
2.    try {
3.      await myFunctions.init();
4.      await myFunctions.run();
5.    } catch (error) {
6.      console.error(`Error during test execution: ${error.message}`);
7.    } finally {
8.      await myFunctions.end();
9.    }
10. })();
```

测试脚本应该结构清晰,易于阅读和维护,注释充分,逻辑严谨。在 8.4.1 节与 8.4.2 节示例中的测试场景和测试工作负载模型可以作为测试脚本结构中 Header、Variables 和 Functions 部分的一部分,用于定义测试脚本的基本信息、配置参数和核心函数。在实际的测试脚本中,这些部分将被整合在一起,形成一个完整的测试脚本。

8.4.4 使用 Caliper 测试工具

使用 Caliper 测试工具执行编写的测试脚本,允许对区块链网络的性能进行监测和评

估。以下是使用 Caliper 进行性能测试的详细步骤。

1. 启动 Caliper

使用 Caliper CLI 或者编写的脚本来启动测试。通过指定测试配置文件、工作负载文件以及其他相关参数，Caliper 将开始执行测试。

2. 监控和记录性能指标

Caliper 将在测试过程中监控区块链网络的性能，包括交易成功数量、时延、吞吐量等关键指标。这些性能指标将在测试执行过程中实时记录，并可以被用于后续的分析和报告生成。

3. 生成报告

一旦测试完成，Caliper 将输出性能测试报告。该报告通常包括测试的总体性能摘要，以及详细的性能指标数据。报告以可视化的形式展示，提供了对区块链网络性能的深入理解。

4. 调整测试配置

在执行测试时，可以通过 Caliper CLI 提供的各种命令和参数来调整测试配置。这包括调整并发用户数、交易间隔、测试持续时间等参数，以实现对性能测试的更精细控制。

例如：

```
1.  caliper benchmark run -- caliper - benchconfig benchmark - config. yaml -- caliper -
    networkconfig network - config. yaml -c 10 -t 5000
```

上述命令中，-c 表示并发用户数，-t 表示测试持续时间。

5. 分析和优化

分析 Caliper 生成的报告，深入了解区块链网络的性能表现。根据报告的结果，可以进行性能优化和调整测试策略，以满足特定的性能需求或验证网络的可扩展性。

8.5 运行 Caliper 基准测试用例

视频讲解

1. 从 github 上拉取 Caliper Benchmarks

切换到以下目录，下载 caliper-benchmarks。

```
1.  cd ~/go/src/github.com/hyperledger/fabric/scripts
2.  git clone https://github.com/hyperledger/caliper-benchmarks
```

我们在 8.3 节中，已经安装了 Hyperledger Caliper，这里可以通过图 8.2 所示的命令查看所安装的 Caliper 版本。

```
1.  npx caliper --version
```

```
wyt@wyt-virtual-machine:~/go/src/github.com/hyperledger/fabric/caliper-benchmarks$ npx caliper --version
npx caliper --version
v0.4.2
```

图 8.2 查看 Caliper 版本信息

2. 部署链码

在开始测试之前，需要部署适当的链码。在终端执行以下命令，切换回 test-network 目录，启动 Fabric 示例网络。

```
1.  cd ../fabric-samples/test-network
2.  ./network.sh down
3.  ./network.sh up createChannel
```

使用指定的链码名称、路径和语言，执行 Hyperledger Fabric 网络的链码部署操作。在这个示例中，采用 Caliper 自带的 fabcar 为例，部署名为 fabcar，用 Go 语言编写的链码，执行结果如图 8.3 和图 8.4 所示。

```
1.  ./network.sh deployCC -ccn fabcar -ccp ../../caliper-benchmarks/src/fabric/samples/
    fabcar/go -ccl go
```

```
yt@wyt-virtual-machine:~/go/src/github.com/hyperledger/fabric/scripts/fabric-samples/test-network$ sudo ./network.sh deployCC -ccn fabcar -ccp ../../../caliper-benchmarks/src/fabric/samples/fabcar/go -ccl go
Using docker and docker-compose
Deploying chaincode on channel 'mychannel'
executing with the following
- CHANNEL_NAME: mychannel
- CC_NAME: fabcar
- CC_SRC_PATH: ../../../caliper-benchmarks/src/fabric/samples/fabcar/go
- CC_SRC_LANGUAGE: go
- CC_VERSION: 1.0.1
- CC_SEQUENCE: auto
- CC_END_POLICY: NA
- CC_COLL_CONFIG: NA
- CC_INIT_FCN: NA
- DELAY: 3
- MAX_RETRY: 5
- VERBOSE: false
executing with the following
- CC_NAME: fabcar
- CC_SRC_PATH: ../../../caliper-benchmarks/src/fabric/samples/fabcar/go
- CC_SRC_LANGUAGE: go
- CC_VERSION: 1.0.1
```

图 8.3 执行链码 fabcar 部署结果(1)

```
Chaincode definition committed on channel 'mychannel'
Using organization 1
Querying chaincode definition on peer0.org1 on channel 'mychannel'...
Attempting to Query committed status on peer0.org1, Retry after 3 seconds.
+ peer lifecycle chaincode querycommitted --channelID mychannel --name fabcar
+ res=0
Committed chaincode definition for chaincode 'fabcar' on channel 'mychannel':
Version: 1.0.1, Sequence: 1, Endorsement Plugin: escc, Validation Plugin: vscc, Approvals: [Org1MSP: true, Org2MSP: true]
Query chaincode definition successful on peer0.org1 on channel 'mychannel'
Using organization 2
Querying chaincode definition on peer0.org2 on channel 'mychannel'...
Attempting to Query committed status on peer0.org2, Retry after 3 seconds.
+ peer lifecycle chaincode querycommitted --channelID mychannel --name fabcar
+ res=0
Committed chaincode definition for chaincode 'fabcar' on channel 'mychannel':
Version: 1.0.1, Sequence: 1, Endorsement Plugin: escc, Validation Plugin: vscc, Approvals: [Org1MSP: true, Org2MSP: true]
Query chaincode definition successful on peer0.org2 on channel 'mychannel'
```

图 8.4 执行链码 fabcar 部署结果(2)

3. 进行测试

执行基准测试前，请确保已经准备好测试配置文件(benchmark-config.yaml)和网络配置文件(network-config.yaml)。首先，执行以下命令，切换到 caliper-benchmarks 目录。

```
1.  cd ../../caliper-benchmarks/
```

然后执行如下命令，运行与所部署的 fabcar 链码相匹配的测试用例。

```
1.  npx caliper launch manager -- caliper - workspace . -- caliper - networkconfig networks/
    fabric/test - network. yaml -- caliper - benchconfig benchmarks/samples/fabric/fabcar/
    config. yaml -- caliper - flow - only - test -- caliper - fabric - gateway - enabled
```

成功运行测试用例后，Caliper 将会输出测试结果，如图 8.5 所示。在报表中，Succ 表示成功的交易数量，Latency 表示交易时延，Throughput 表示吞吐量。此外，测试结果还将以 HTML 文件的形式保存在 caliper-benchmarks 目录的 report. html 文件中，具体测试报告如图 8.6 所示。

```
2023.11.01-19:58:50.148 info  [caliper] [report-builder]        ### All test results ###
2023.11.01-19:58:50.149 info  [caliper] [report-builder]
+---------------+-------+------+-----------------+-----------------+-----------------+-----------------+------------------+
| Name          | Succ  | Fail | Send Rate (TPS) | Max Latency (s) | Min Latency (s) | Avg Latency (s) | Throughput (TPS) |
|---------------|-------|------|-----------------|-----------------|-----------------|-----------------|------------------|
| Create a car. | 19371 | 0    | 64.6            | 2.04            | 0.03            | 0.11            | 64.1             |
+---------------+-------+------+-----------------+-----------------+-----------------+-----------------+------------------+
```

图 8.5　测试结果

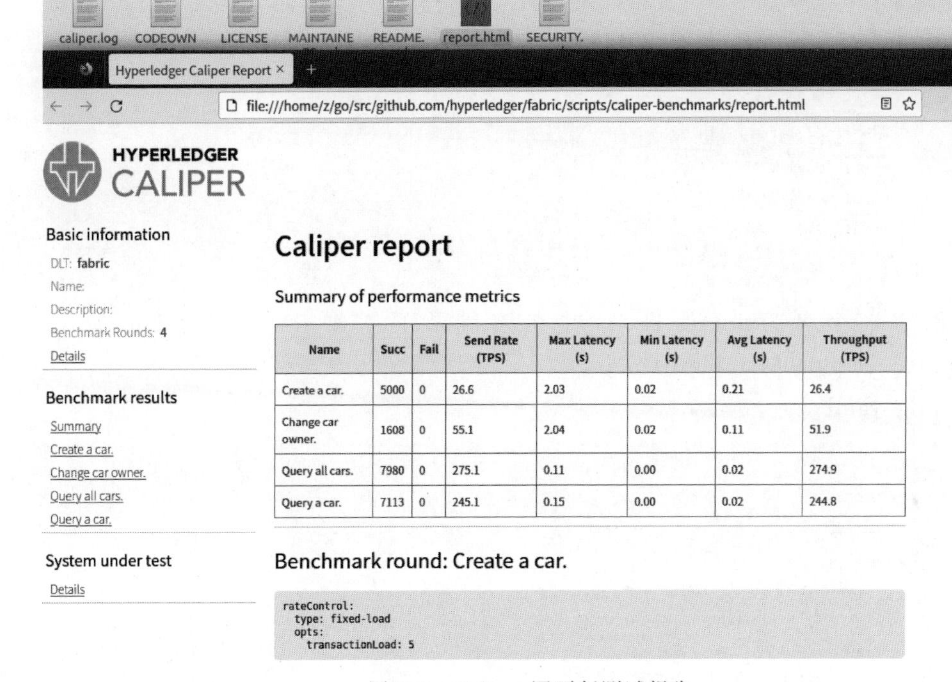

Name	Succ	Fail	Send Rate (TPS)	Max Latency (s)	Min Latency (s)	Avg Latency (s)	Throughput (TPS)
Create a car.	5000	0	26.6	2.03	0.02	0.21	26.4
Change car owner.	1608	0	55.1	2.04	0.02	0.11	51.9
Query all cars.	7980	0	275.1	0.11	0.00	0.02	274.9
Query a car.	7113	0	245.1	0.15	0.00	0.02	244.8

图 8.6　Caliper 网页版测试报告

8.6　区块链系统性能测试实践

视频讲解

本节以第 9 章的 IoT 区块链可信应用平台为例，进行测试。

1. 项目部署与初始化

在进行性能测试之前，请执行以下两个脚本以完成项目的部署和初始化。

```
1.  # 运行项目中的 startFabric.sh 脚本
2.  ./startFabric.sh
3.
4.  # 初始化 IoT 账本
5.  ./init_iot_ledger.sh
```

2. 编写配置文件与测试脚本

执行平台的性能测试步骤。

（1）在 ~/go/src/github.com/hyperledger/fabric/scripts/caliper-benchmarks/networks/fabric 路径下，打开 test-network.yaml 文件，并添加一个新的 id 为 iot 的通道配置。

```
1.  name: Caliper Benchmarks
2.  version: "2.0.0"
3.
4.  caliper:
5.    blockchain: fabric
6.
7.  channels:
8.    # mychannel 的 channelName 与测试网络创建的通道名称匹配
9.    - channelName: mychannel
10.     # caliper-benchmarks 中所有 fabric 链码的 chaincodeID
11.     contracts:
12.     - id: fabcar
13.     - id: fixed-asset
14.     - id: marbles
15.     - id: simple
16.     - id: smallbank
17.     - id: iot
```

（2）创建一个名为 iot 的目录，并在该目录下创建三个文件：config.yaml、GetUserInfo.js、UploadMaintainItem.js。

① config.yaml。

```
1.  test:
2.    workers:
3.      number: 5
4.    rounds:
5.      - label: 维保项上链
6.        txNumber: 2000
7.        rateControl:
8.            type: fixed-rate
9.            opts:
10.             tps: 100
11.       workload:
12.         module: benchmarks/samples/fabric/iot/UploadMaintainItem.js
13.     - label: 链上数据查询
14.       txDuration: 10
15.       rateControl:
16.           type: fixed-rate
```

```
17.             opts:
18.               tps: 100
19.           workload:
20.             module: benchmarks/samples/fabric/iot/GetUserInfo.js
21.             arguments:
22.               assets: 500
23.               startKey: '1'
24.               endKey: '50'
25.     monitors:
26.       resource:
27.       - module: docker
28.         options:
29.           interval: 5
30.           containers:
31.           - all
32.       interval: 1
```

② GetUserInfo.js。

```
1.  'use strict';
2.
3.  const { WorkloadModuleBase } = require('@hyperledger/caliper-core');
4.
5.  // 工作负载模块
6.  class GetUserInfo extends WorkloadModuleBase {
7.      // 初始化工作负载模块实例
8.      constructor() {
9.          super();
10.         this.querytype = 0;
11.         this.username = '';
12. }
13.
14.     /**
15.      * 使用给定参数初始化工作负载模块。
16.      * @param {number} workerIndex 实例化工作负载模块的工作线程,从 0 开始索引。
17.      * @param {number} totalWorkers 参与本轮的 worker 总数
18.      * @param {number} roundIndex 当前正在执行的轮次,从 0 开始索引
19.      * @param {Object} roundArguments 用户为基准配置文件中的轮次提供的参数
20.      * @param {BlockchainInterface} sutAdapter 底层 SUT 的适配器
21.      * @param {Object} sutContext 适配器提供的自定义上下文对象
22.      * @async
23.      */
24.         async initializeWorkloadModule ( workerIndex, totalWorkers, roundIndex,
   roundArguments, sutAdapter, sutContext) {
25.         await super.initializeWorkloadModule(workerIndex, totalWorkers, roundIndex,
   roundArguments, sutAdapter, sutContext);
26.         this.querytype = 0;
27.         this.username = '';
28. }
29.
30.     /**
31.      * 组装某轮次的交易
32.      * @return {Promise<TxStatus[]>}
```

```
33.         */
34.     async submitTransaction() {
35.         let args = {
36.             contractId: 'iot',
37.             contractVersion: 'v1',
38.             contractFunction: 'GetUserInfo',
39.             contractArguments: [this.querytype, this.username],
40.             timeout: 30,
41.             readOnly: true
42.         };
43. 
44.         await this.sutAdapter.sendRequests(args);
45.     }
46. }
47. 
48. /**
49.   * 创建工作负载模块的新实例
50.   * @return {WorkloadModuleInterface}
51.   */
52. function createWorkloadModule() {
53.     return new GetUserInfo();
54. }
55. 
56. module.exports.createWorkloadModule = createWorkloadModule;
```

③ UploadMaintainItem.js。

```
1.  'use strict';
2.  
3.  const { WorkloadModuleBase } = require('@hyperledger/caliper-core');
4.  
5.  const MName = '监看、录像、上电视墙情况';
6.  const MType = '专用项';
7.  const Standard = '监看、录像、上电视墙正常操作执行';
8.  const Project = 'PA_01';
9.  const Belong_subsys = '视频监控系统';
10. const Belong_devType = '视频综合平台';
11. const Create_time = '2022-04-18 09:25:37';
12. const Creator = 'lisi';
13. 
14. // 工作负载模块
15. class UploadMaintainItem extends WorkloadModuleBase {
16.     // 初始化工作负载模块实例
17.     constructor() {
18.         super();
19.         this.txIndex = 0;
20. }
21. 
22.     /**
23.       * 使用给定参数初始化工作负载模块.
24.       * @param {number} workerIndex 实例化工作负载模块的工作线程,从 0 开始索引
25.       * @param {number} totalWorkers 参与本轮的 worker 总数
26.       * @param {number} roundIndex 当前正在执行的轮次,从 0 开始索引
```

```
27.          * @param {Object} roundArguments 用户为基准配置文件中的轮次提供的参数
28.          * @param {BlockchainInterface} sutAdapter 底层 SUT 的适配器
29.          * @param {Object} sutContext 适配器提供的自定义上下文对象
30.          * @async
31.          */
32.        async initializeWorkloadModule(workerIndex, totalWorkers, roundIndex,
   roundArguments, sutAdapter, sutContext) {
33.            await super.initializeWorkloadModule(workerIndex, totalWorkers, roundIndex,
   roundArguments, sutAdapter, sutContext);
34.            this.querytype = 0;
35.            this.username = '';
36.    }
37.
38.        /**
39.         * 组装某轮次的交易
40.         * @return {Promise<TxStatus[]>}
41.         */
42.        async submitTransaction() {
43.            this.txIndex++;
44.
45.            let args = {
46.                contractId: 'iot',
47.                contractVersion: 'v1',
48.                contractFunction: 'UploadMaintainItem',
49.                contractArguments: [MName, MType, Standard, Project, Belong_subsys, Belong
   _devType, Create_time, Creator],
50.                timeout: 30
51.            };
52.
53.            await this.sutAdapter.sendRequests(args);
54.        }
55.    }
56.
57.    /**
58.     * 创建工作负载模块的新实例
59.     * @return {WorkloadModuleInterface}
60.     */
61.    function createWorkloadModule() {
62.        return new UploadMaintainItem();
63.    }
64.
65.    module.exports.createWorkloadModule = createWorkloadModule;
```

3. 测试及结果

最后,通过以下命令执行性能测试:

```
1.  npx caliper launch manager --caliper-workspace ./ --caliper-networkconfig networks/
fabric/test-network.yaml --caliper-benchconfig benchmarks/samples/fabric/iot/config.
yaml --caliper-flow-only-test --caliper-fabric-gateway-enabled
```

测试结果如图 8.7 所示。

Name	Succ	Fail	Send Rate (TPS)	Max Latency (s)	Min Latency (s)	Avg Latency (s)	Throughput (TPS)
维保项上链	1990	10	88.0	17.30	0.43	13.30	56.2
链上数据查询	1005	0	100.1	0.49	0.01	0.10	99.8

图 8.7 Caliper 测试结果

8.7 本章小结

本章详细介绍了 Hyperledger Caliper 的使用及其性能评测方法。Caliper 作为一个区块链性能基准测试工具，其重要性在于能够评估和比较不同区块链解决方案在实际应用中的性能表现。通过本章的学习，我们了解了 Caliper 的基本架构、安装过程、配置方法及如何编写和运行性能测试脚本。实践部分重点介绍了如何在 Fabric 2.2 平台上部署项目、编写配置文件和测试脚本，并执行性能测试，以及如何解读测试结果。本章内容对于理解区块链技术在物联网领域的应用及其性能评估具有重要意义。

习题 8

一、单项选择题

1. Hyperledger Caliper 主要用于(　　)。

A. 智能合约开发　　B. 性能基准测试

C. 数据加密　　D. 交易处理

2. 在 Caliper 的架构中，哪一部分负责管理测试流程？(　　)

A. 测试脚本　　B. 测试网络

C. 测试台　　D. 测试工作负载模型

3. Caliper 安装过程中，环境要求不包括哪一项？(　　)

A. 网络连接　　B. Fabric 2.2　　C. 高性能 CPU　　D. npm

4. Caliper 测试台的主要作用是什么？(　　)

A. 部署智能合约　　B. 管理测试网络

C. 收集和报告测试结果　　D. 编写测试脚本

5. Fabric 2.2 在 Caliper 测试中的作用是(　　)。

A. 提供测试脚本　　B. 作为测试的区块链平台

C. 分析测试结果　　D. 管理数据库

6. 在 Caliper 中，测试工作负载模型主要定义了(　　)。

A. 测试网络的配置　　B. 测试用例的类型

C. 性能测试的参数　　D. 测试结果的格式

7. 编写 Caliper 测试脚本时，主要关注哪些方面？(　　)

A. 测试场景定义　　B. 测试网络部署

C. 数据库管理　　D. 用户界面设计

8. 进行 Caliper 性能测试的主要步骤不包括以下( )。

A. 部署链码　　B. 测试网络配置

C. 用户交互设计　　D. 运行测试用例

9. Caliper 测试结果通常包含哪些内容?( )

A. 交易速度　　B. 安全性评估　　C. 交易吞吐量　　D. 用户满意度

10. 从 GitHub 上拉取 Caliper Benchmarks 的目的是( )。

A. 获取最新的测试脚本　　B. 更新 Caliper 软件

C. 存储测试结果　　D. 部署新的智能合约

11. 配置 Caliper 测试台涉及( )。

A. 测试网络选择　　B. 安全性设置

C. 性能指标定义　　D. 用户界面配置

12. 进行区块链系统性能测试时,不需要考虑的因素是( )。

A. 网络延迟　　B. 交易吞吐量

C. 智能合约的复杂性　　D. 用户界面的美观度

13. Caliper 测试中,测试场景的定义包括哪些要素?( )

A. 交易类型　　B. 测试时间　　C. 用户数量　　D. 数据库类型

14. 进行 Caliper 测试的主要目的是( )。

A. 验证智能合约的正确性　　B. 测试区块链网络的性能

C. 改进用户界面　　D. 增加交易的数量

15. 在 Caliper 性能测试中,链码部署的主要作用是( )。

A. 增强网络安全　　B. 提高数据库效率

C. 实施特定的业务逻辑　　D. 优化用户体验

16. 在 Caliper 中,caliper bind 命令的作用是( )。

A. 解除绑定现有测试网络　　B. 启动基准测试

C. 绑定特定的区块链后端到 Caliper　　D. 安装 Caliper 测试用例

17. 如何从 GitHub 上拉取 caliper-benchmarks?( )

A. 使用 git push 命令　　B. 使用 git clone 命令

C. 使用 npm install 命令　　D. 使用 docker pull 命令

18. 在进行 Caliper 测试前,需要部署( )。

A. 测试报告　　B. 链码　　C. 用户文档　　D. 安全证书

19. caliper launch master 命令的作用是( )。

A. 启动 Caliper 测试网络　　B. 启动 Caliper 主节点

C. 安装 Caliper 客户端　　D. 生成测试报告

20. 在 Caliper 的配置中,“网络配置”通常包括哪些信息?( )

A. 测试网络的地址和端口　　B. 区块链平台的版本

C. 测试案例的详细描述　　D. A 和 B

二、简答题

1. 解释 Caliper 在区块链性能测试中的作用。

2. Caliper 的架构包括哪些主要组件?

3. 简述使用 Caliper 进行性能测试的基本步骤。

4. 如何配置 Caliper 测试网络?

5. 编写 Caliper 测试脚本时应注意哪些因素?

6. 链码在 Caliper 性能测试中扮演什么角色?

7. Caliper 测试中吞吐量和延迟的区别是什么?

8. Caliper 测试结果如何帮助提升区块链系统的性能?

9. 为什么要在 Caliper 测试中配置多种测试场景?

10. 描述从 GitHub 拉取 Caliper Benchmarks 的步骤。

11. Caliper 的基准测试用例通常包含哪些内容?

12. 如何判断 Caliper 测试是否成功执行?

三、编程实践

1. 使用 npm 在本地安装 Caliper,并列出安装后的基本验证步骤。

2. 描述如何使用 Caliper 对某区块链应用(例如 Hyperledger Fabric 的一个智能合约)进行性能测试。

3. 设计一个基于 Fabric 2.2 的小型区块链网络,并使用 Caliper 对其进行性能测试。

4. 基于 Hyperledger Caliper,编写一个测试脚本,用于评估特定智能合约在处理高频交易时的性能。

第9章

IoT区块链可信应用平台

本章学习目标

(1) 了解 IoT 区块链可信应用平台的背景、关键角色、业务场景及需求。

(2) 掌握并实践 IoT 区块链可信应用平台相关区块链网络的搭建方法。

(3) 掌握并实践 IoT 区块链可信应用平台相关智能合约的实现与部署。

本章以 IoT 区块链可信应用平台项目为实践案例，从目前 IoT 应用平台所面临的诸多挑战和局限性出发，进行了业务场景的分析，遵循软件工程原则，对系统进行了需求分析、区块链网络设计与搭建、详细介绍了核心功能的智能合约设计，最后进行了项目的部署与智能合约的调用。在 IoT 区块链可信应用平台系统开发的过程中，智能合约及 SDK 的开发均选用 Java 语言。

9.1 系统分析

9.1.1 项目背景

随着物联网的快速发展，越来越多的设备和传感器利用互联网形成了庞大的数据网络。这些设备和传感器收集并传输大量数据，包括大量可能涉及个人和组织敏感信息的内容。传统 IoT 应用平台大多采用中心化架构，数据由中心化架构的集中式服务器进行管理和控制，存在数据安全、隐私和信任等方面的挑战。一旦服务器受到攻击，可能导致大量敏感数据被泄露或篡改，对个人或组织的隐私及业务安全造成严重威胁。此外，集中式服务器还存在单点故障的风险，一旦服务器发生故障，整个系统将无法正常运行。

区块链是一种去中心化的分布式账本技术，通过将数据以区块的形式连接起来，形成不可篡改的链条。每个区块包含了多个交易记录，并通过密码学算法进行加密和验证，以此来确保数据的安全和完整。将区块链和 IoT 应用平台结合，可以实现去中心化的物联网数据交换和信任机制，有效消除了中心化架构的诸多风险，如单点故障和数据泄露等。

IoT 区块链可信应用平台的构建，不仅可以有效解决当前物联网领域面临的数据安全、隐私和信任等问题，推动物联网技术的广泛应用和发展，为用户提供更强大的数据安全保障，为企业创造更安全的服务环境，并为所有参与者建立一个更可靠、更安全的物联网生态系统。

9.1.2 角色分析

在 IoT 区块链可信应用平台中，平台的运行涉及多个角色，这些角色的有效协作对于平台的正常运行和数据安全至关重要。下面，我们将详细探讨这些角色及其主要职责，以提供对平台运作的深入理解。表 9.1 是对这些角色及其主要工作的规范性描述。

表 9.1 IoT 区块链可信应用平台的角色及其主要工作

角　色	主要工作
平台用户	平台用户主要负责管理和监控其所属的 IoT 设备组,包括设备的配置、状态监控、数据上传和处理,以及对设备运行情况的响应
平台管理员	平台管理员负责整个平台的维护和管理,包括管理平台用户账户、监控设备组的整体运行状况

在 IoT 区块链可信应用平台中,这些角色的相互作用和协作对于确保平台的安全性、稳定性和用户体验至关重要。因此,了解每个角色的职责不仅有助于管理者和用户更有效地使用平台,也是理解和评估整个系统性能的关键。

9.1.3 业务场景分析

通过对 IoT 区块链可信应用平台使用角色及其主要工作进行分析,如图 9.1 所示,主要包括以下六个典型的应用场景。

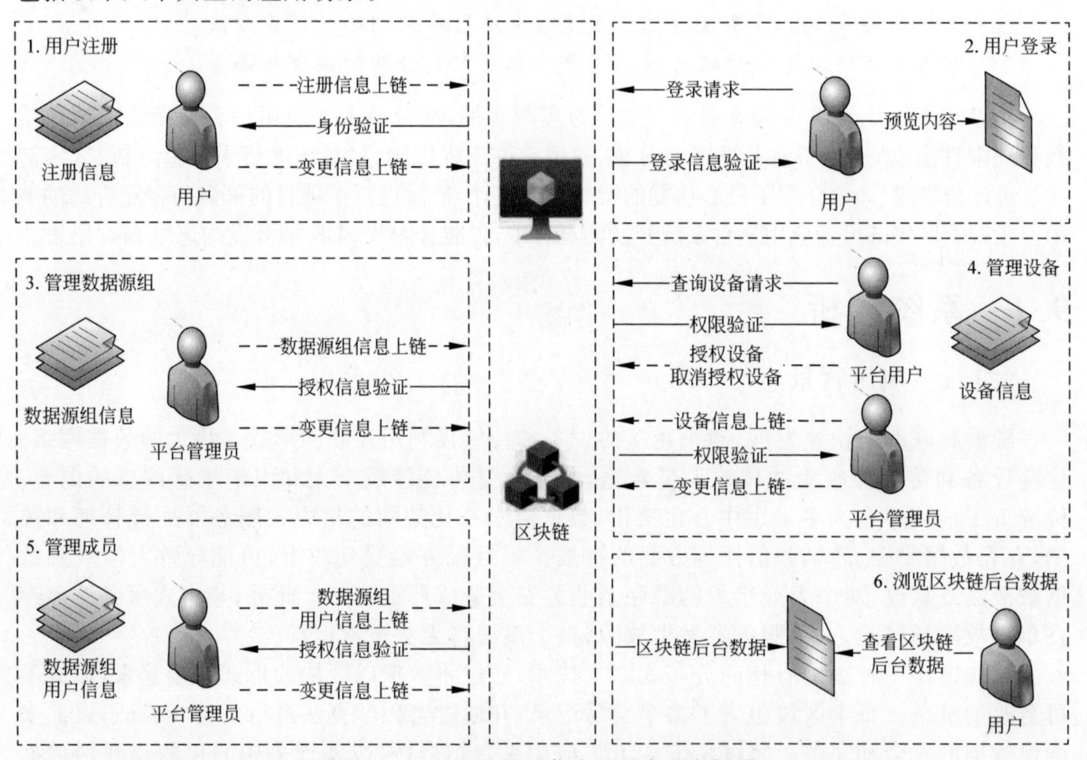

图 9.1 IoT 区块链可信应用平台业务场景

1. 场景 1:用户注册

在用户首次访问系统之前,必须完成注册流程。系统提供不同身份选项,每种身份对应不同的权限集合。这种设计确保了系统的安全性和数据访问的合理控制。

2. 场景 2:用户登录

用户登录系统后,根据其角色(管理员或普通成员)被重定向到不同的界面。管理员用户可以访问用户列表和管理界面,而普通成员则进入与其数据源组相关的界面,可查看属于该组的设备。

3. 场景3：管理数据源组

系统在进行IoT数据存证过程中，需要先把IoT设备对应的IoT数据源组在系统中注册，注册授权成功后，才可以将相关IoT设备采集的数据向区块链上发送。管理员用户可以管理数据源组，包括添加、编辑和授权数据源组，以及执行冻结操作。

4. 场景4：管理设备

普通成员在产品组界面内可对设备信息进行编辑和设备状态调整（如冻结）。管理员除了拥有普通成员的权限外，还可以对产品组进行信息更新和管理。

5. 场景5：管理成员

管理员通过数据源组界面可查看组内成员，管理成员资料，并执行成员权限的更改、冻结和授权操作，以确保数据访问的正确性和安全性。

6. 场景6：浏览区块链后台数据

所有用户均可通过Fabric Explorer浏览器访问和查看详细的区块链网络数据，如通道名称、交易数量、链码数量、哈希值等。这个功能不仅提供了区块链网络的透明视图，还有助于用户了解整个网络的运行状态。

9.1.4 需求分析

通过深入的业务场景分析和角色细化，IoT区块链可信应用平台主要有两类角色：平台用户和平台管理员。平台用户主要负责管理和监控其所属的IoT设备组，包括IoT数据的上传和查看，以及对设备的配置、状态监控和维护。用户在平台中的活动反映了IoT应用的实际操作和日常管理。平台管理员的管理职责，包括对平台用户账户的管理、监控整个设备组的运行状态、确保数据的安全性和隐私保护。

图9.2详细展示了两类角色各自的功能和其在平台中的交互关系。

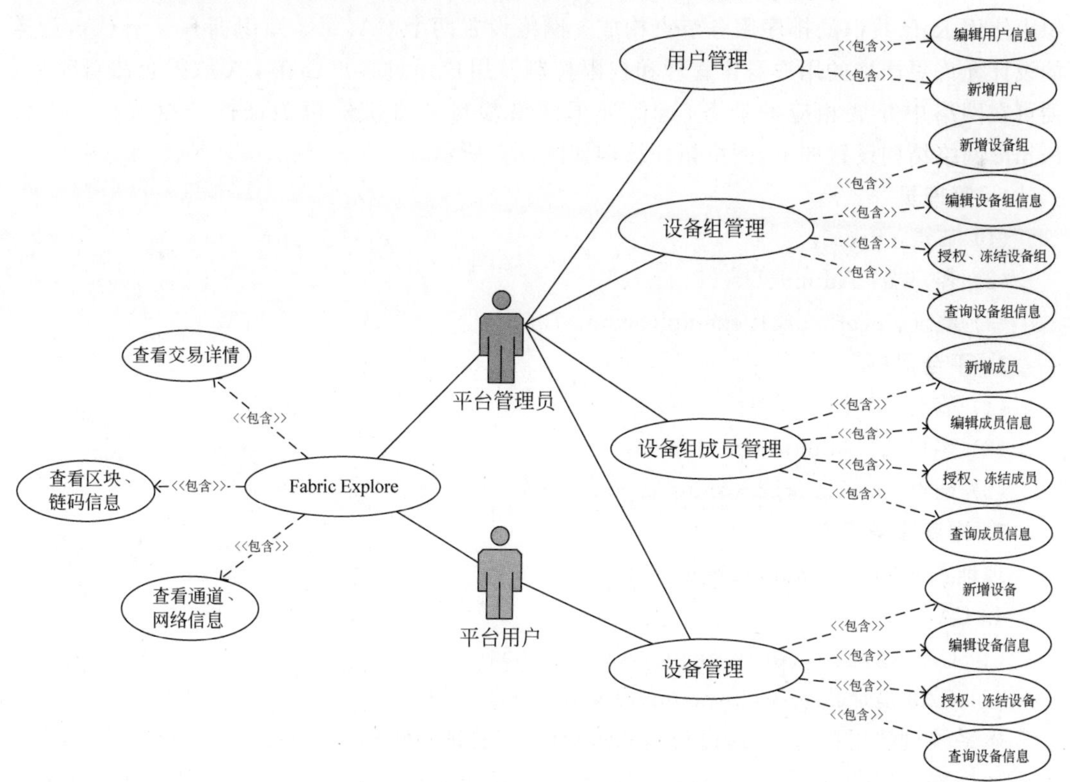

图9.2 IoT区块链可信应用平台用例图

9.2 系统总体设计

为满足 IoT 区块链可信应用平台在数据安全性、不可篡改性、可追溯性方面的需求，系统采用将区块链技术与 IoT 平台相结合的设计方案。这种融合方案旨在充分利用区块链技术在数据安全和透明度方面的优势，以满足 IoT 应用的特定需求。

系统要求所有平台用户通过一个严格的注册和审核流程。这一过程旨在确保只有验证过的用户能够访问和操作 IoT 设备和数据。IoT 设备被划分到不同的数据源组中，且只有经过授权的设备收集的数据才能被上传至区块链网络。这种授权机制加强了数据的安全性和可靠性。数据源组内的设备需要通过组内用户或管理员的授权。这确保了设备的操作和数据收集过程在受控环境下进行。数据源组的用户管理由管理员负责，管理员负责授权用户加入特定的数据源组，进一步加强了数据管理的安全性和有效性。

本节基于系统需求分析，进行了区块链网络规划与设计，并设计智能合约，以实现数据源组、设备和平台用户管理的业务逻辑。

9.2.1 区块链网络规划设计

平台采用典型的联盟链 Fabric 框架，根据需求分析，按实际场景中的角色，在 Fabric 网络中设计了两个组织、一个排序组织、一个客户端及两个 CA，两个组织加入了一个通道，以实现不同组织间的通信和数据共享。每个组织包含一个 Peer 节点，Peer 节点同时兼有锚节点、主节点、记账节点、背书节点的职责，以便高效地处理交易和维护网络的稳定性。排序组织由使用 Raft 共识的排序服务节点构成。网络设置两个 CA，每个组织拥有一个 CA，这样的设计允许更严格的用户身份管理和权限控制。用户通过客户端在 CA 取得合法身份后，便可在网络中开展相应的业务，这保证了网络参与者身份的可验证性和权威性。平台 Fabric 网络结构设置如下，网络拓扑结构如图 9.3 所示。

1. 管理员

(1) 节点：Peer0。

(2) 客户端：Admin、User1。

(3) 地址：peer0. org1. example. com：7051。

2. 平台用户

(1) 节点：Peer0。

(2) 客户端：Admin、User1。

(3) 地址：peer0. org2. example. com：9051。

3. 排序服务节点

地址：orderer. example. com：7050。

4. CA

(1) CA1 地址：ca. org1. example. com：7054。

(2) CA2 地址：ca. org2. example. com：8054。

本系统创建用户时，要通过公钥私钥验证，若验证不正确，则会发生背书错误，保障了区块链中数据的安全、可信。在 peer 节点上进行链码部署，两个 peer 节点均含有同样的合

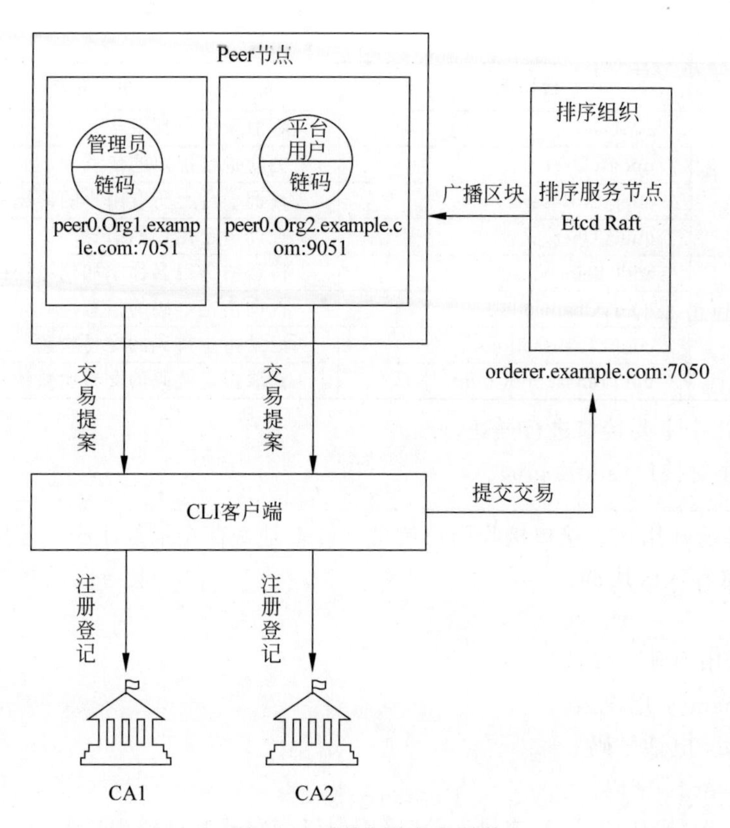

图 9.3　系统网络拓扑结构

约,一方发起交易请求,另一方同时也会记录,使得系统安全可靠。

9.2.2　智能合约设计

基于前文所述的需求分析和业务流程,本平台设计了五个智能合约,包含共计 19 个功能接口,以满足不同用户角色的数据交互和共享需求。具体接口如表 9.2 所示。

表 9.2　相关合约接口

合约名称	接口名称	接口描述
Device (设备管理)	addDevice	添加新的 IoT 设备到平台
	updateDevice	更新指定 IoT 设备的信息
	queryAllDevice	查询平台上所有 IoT 设备的信息
	queryDevice	查询指定 IoT 设备的信息
Group (数据源组管理)	addGroup	添加新的数据源组到平台
	updateGroup	更新指定数据源组的信息
	queryAllGroups	查询平台上所有数据源组的信息
	queryGroup	查询指定数据源组的信息
Login (注册管理)	addLogin	注册新用户到平台
	updateLogin	更新用户的注册信息
	queryLogin	查询指定用户的注册信息

续表

合约名称	接口名称	接口描述
User (用户管理)	addUser	添加新用户到平台
	updateUser	更新指定用户的信息
	queryAllUsers	查询平台上所有用户的信息
	queryUser	查询指定用户的信息
ChaincodeOperation (链码操作)	addChaincode	将新的链码名称添加到区块链
	queryChaincode	查询指定链码的信息
	countTransactions	记录指定链码的交易次数
	getTransactionCount	获取指定链码的交易次数统计

下面选择几个主要接口进行描述。

(1) 用户注册接口(addLogin)。

> 描述：注册新用户。接口接收用户信息并检查是否存在重复注册。若用户不存在，将新用户信息存入区块链。
>
> 输入：
>
> ① key：用户唯一标识符。
>
> ② username：用户名。
>
> ③ phone：电话号码。
>
> ④ password：密码。
>
> 返回值：无(操作成功时)或错误消息(用户已存在或其他错误)。

(2) 修改注册信息接口(updateUser)。

> 描述：更新已注册用户的信息。若用户存在，则更新其信息。
>
> 输入：
>
> ① key：用户唯一标识符。
>
> ② password：更新后的密码。
>
> ③ username：更新后的用户名。
>
> ④ phone：更新后的电话号码。
>
> 返回值：无(操作成功时)或错误消息(用户不存在或其他错误)。

(3) 查询平台上所有数据源组信息接口(queryAllGroups)。

> 描述：查询所有数据源组的信息，并返回 JSON 格式的字符串。
>
> 输入：
>
> ① startKey：查询起始键。
>
> ② endKey：查询结束键。
>
> 返回值：JSON 格式的字符串，包含所有数据源组的信息。

(4) 查询指定数据源组信息接口(queryGroup)。

描述：根据给定的键查询特定数据源组的信息，返回 JSON 格式的字符串。
输入：
① key：数据源组的唯一标识。
返回值：JSON 格式的字符串，表示特定数据源组的信息。

（5）记录指定链码交易次数接口。

接口：countTransactions
描述：初始化交易计数为 1，并在后续操作中递增，用于记录合约使用次数。
输入：
① chaincodeName：链码名称。
返回值：无。

（6）获取指定链码交易次数接口。

接口：getTransactionCount
描述：从区块链中获取指定链码当前交易计数。
输入：
① chaincodeName：链码名称。
返回值：整数，表示交易次数。

9.3　智能合约实现与部署

视频讲解

在 9.2 节中，我们详细设计了针对 IoT 区块链可信应用平台的智能合约。现在，在本节中，我们将详细介绍这些智能合约的实现过程，以及如何在 Hyperledger Fabric 平台上部署它们。

9.3.1　智能合约的实现

1. 用户注册接口

用户注册接口负责注册新用户，接口接收用户信息并检查是否存在重复注册。若用户不存在，将新用户信息存入区块链。用户实体结构体 user 包括以下字段：用户唯一标识符 key、用户名 username、电话号码 phone、密码 password。该接口首先判断要注册的用户的唯一标识是否已存在，如果存在则返回错误并结束执行。否则构造用户实体结构体对象 user，将传入的参数赋值给 user，序列化为 JSON 格式并上链存储。

```
1.  'use strict';
2.
3.  const { Contract } = require('fabric - contract - api');
4.
5.  class MyContract extends Contract {
6.
```

```
7.      //用户注册接口
8.      async addLogin(ctx, key, username, phone, password) {
9.          const userAsBytes = await ctx.stub.getState(key);
10.         if (userAsBytes && userAsBytes.length > 0) {
11.             throw new Error(`User with key ${key} already exists`);
12.         }
13.         const user = {
14.             key,
15.             username,
16.             phone,
17.             password,
18.             docType: 'user',
19.         };
20.         await ctx.stub.putState(key, Buffer.from(JSON.stringify(user)));
21.         return JSON.stringify(user);
22.     }
```

2. 修改注册信息接口

修改注册信息接口负责更新已注册用户的信息。通过接收上下文 ctx、用户唯一标识符 key、密码 password、用户名 username 和电话号码 phone 等参数，首先获取指定标识的用户信息。若用户不存在，抛出错误并将结束执行；否则，解析用户信息为 JSON 格式，更新其密码、用户名和电话号码，并将更新后的用户信息重新上链存储。最后，返回更新后的用户信息的 JSON 表示。

```
1.  async updateUser(ctx, key, password, username, phone) {
2.    const userAsBytes = await ctx.stub.getState(key);
3.    if (!userAsBytes || userAsBytes.length === 0) {
4.      throw new Error(`User with key ${key} does not exist`);
5.    }
6.    const user = JSON.parse(userAsBytes.toString());
7.    user.password = password;
8.    user.username = username;
9.    user.phone = phone;
10.   await ctx.stub.putState(key, Buffer.from(JSON.stringify(user)));
11.   return JSON.stringify(user);
12. }
```

3. 查询平台上所有数据源组信息接口

查询平台上所有数据源组信息接口用于查询所有数据源组的信息，并返回 JSON 格式的字符串。通过接收上下文 ctx、查询起始键 startKey 和查询结束键 endKey 等参数，使用区块链迭代器从指定范围内获取数据。在一个无限循环中，代码迭代检查每个数据记录，将其解析为 JSON 格式，然后将结果添加到一个数组中。一旦迭代完成，关闭迭代器并返回包含所有数据源组信息的 JSON 数组。

```
1.  async queryAllGroups(ctx, startKey, endKey) {
2.    const iterator = await ctx.stub.getStateByRange(startKey, endKey);
3.    const allResults = [];
4.    while (true) {
```

```
5.      const res = await iterator.next();
6.      if (res.value && res.value.value.toString()) {
7.        let Record;
8.        try {
9.          Record = JSON.parse(res.value.value.toString('utf8'));
10.       } catch (err) {
11.       console.log(err);
12.       Record = res.value.value.toString('utf8');
13.       }
14.       allResults.push(Record);
15.     }
16.     if (res.done) {
17.       await iterator.close();
18.       return JSON.stringify(allResults);
19.     }
20.   }
21. }
```

4. 查询指定数据源组信息接口

查询指定数据源组信息接口负责根据给定的键查询特定数据源组的信息，返回 JSON 格式的字符串。通过接收上下文 ctx 和数据源组的唯一标识 key 等参数，函数使用链码上下文的存根对象获取指定标识的数据源组的原始字节表示。如果数据源组不存在，抛出错误；否则，将数据源组的字节表示转换为字符串并返回。

```
1. async queryGroup(ctx, key) {
2.   const groupAsBytes = await ctx.stub.getState(key);
3.   if (!groupAsBytes || groupAsBytes.length === 0) {
4.     throw new Error(`Group with key ${key} does not exist`);
5.   }
6.   return groupAsBytes.toString();
7. }
```

5. 记录指定链码交易次数接口

记录指定链码交易次数接口负责初始化交易计数为 1，并在后续操作中递增，用于记录合约使用次数。函数接受链码上下文 ctx 和链码名称 chaincodeName 作为参数。首先，通过调用 getTransactionCount 函数获取指定链码的当前交易次数，然后将其转换为整数并加 1。最后，使用链码上下文的存根对象将更新后的交易次数存储在区块链中，以便跟踪链码的交易活动。

```
1. async countTransactions(ctx, chaincodeName) {
2.   let count = await this.getTransactionCount(ctx, chaincodeName);
3.   count = parseInt(count) + 1;
4.   await ctx.stub.putState(chaincodeName, Buffer.from(count.toString()));
5. }
```

6. 获取指定链码交易次数接口

获取指定链码交易次数接口负责从区块链中获取指定链码当前交易计数。通过接收链码上下文 ctx 和链码名称 chaincodeName 作为参数，函数使用链码上下文的存根对象获取存储在区块链中的指定链码的交易次数。如果未找到相应的计数值，返回字符串 '0'；否则，将获取到的字节表示转换为字符串并返回。

```
1.  async getTransactionCount(ctx, chaincodeName) {
2.    const countAsBytes = await ctx.stub.getState(chaincodeName);
3.    if (!countAsBytes || countAsBytes.length === 0) {
4.        return '0';
5.    }
6.    return countAsBytes.toString();
7.  }
```

9.3.2 智能合约的部署

1. 智能合约打包

1）打包为JAR文件

将IntelliJ IDEA编写的智能合约代码打包为JAR文件，并将JAR文件放置于虚拟机中的以下路径：

```
1.  /home/sym/go/src/github.com/hyperledger/fabric/scripts/fabric-samples/chaincode
```

2）启动网络并创建通道

在test-network目录下执行以下命令启动Hyperledger Fabric网络：

```
1.  ./network.sh up
```

继续执行命令创建通道：

```
1.  ./network.sh createChannel
```

3）设置环境变量

配置环境变量PATH和FABRIC_CFG_PATH，以指向必要的二进制文件和配置文件：

```
1.  export PATH=${PWD}/../bin:$PATH
2.  export FABRIC_CFG_PATH=$PWD/../config/
```

4）创建链码包

使用peer lifecycle chaincode package命令为每个智能合约创建链码包：

```
1.  peer lifecycle chaincode package User.tar.gz --path ../chaincode/User/ --lang java --
   label User
2.  peer lifecycle chaincode package Group.tar.gz --path ../chaincode/Group/ --lang java
   --label Group
3.  peer lifecycle chaincode package Login.tar.gz --path ../chaincode/Login/ --lang java
   --label Login
4.  peer lifecycle chaincode package Device.tar.gz --path ../chaincode/Device/ --lang java
   --label Device
```

2. 安装链码包

我们将设置背书策略，要求该链码满足来自 Org1 和 Org2 的背书，所以需要在两个组织的 Peer 节点上安装链码：peer0.org1.example.com 和 peer0.org2.example.com。

为不同组织的 Peer 节点设置环境变量。例如，对于 Org1，以 Org1 管理员的身份操作设置环境变量：

```
1.  export CORE_PEER_TLS_ENABLED=true
2.  export CORE_PEER_LOCALMSPID="Org1MSP"
3.  export CORE_PEER_TLS_ROOTCERT_FILE=${PWD}/organizations/peerOrganizations/org1.example.com/peers/peer0.org1.example.com/tls/ca.crt
4.  export CORE_PEER_MSPCONFIGPATH=${PWD}/organizations/peerOrganizations/org1.example.com/users/Admin@org1.example.com/msp
5.  export CORE_PEER_ADDRESS=localhost:7051
```

使用"peer lifecycle chaincode install"命令在 Org1 和 Org2 的 Peer 节点上安装链码。

```
1.  peer lifecycle chaincode install Group.tar.gz
2.  peer lifecycle chaincode install Login.tar.gz
3.  peer lifecycle chaincode install Device.tar.gz
4.  peer lifecycle chaincode install User.tar.gz
```

3. 链码定义与提交

安装链码包后，需要通过组织的链码定义。该定义包括链码管理的重要参数，例如名称、版本和链码认可策略。

1）查询包 ID

首先，使用如下命令查询已安装的链码包 ID：

```
1.  peer lifecycle chaincode queryinstalled
```

包 ID 是链码标签和链码二进制文件的哈希值的组合，每个 Peer 节点将生成相同的包 ID。执行上述命令，可以看到类似于以下内容的输出：

```
1.  Installed chaincodes on peer:
2.  Package ID: Device:cecbec53a61092a0474dae5eb079efcb82119dbba96ded1d1c70c9aa7db581c6, Label: Device
3.  Package ID: User:5314f3c6d2b508944fb2a9756597e0cffa5aaedb28db1bf36cc920cb346a1129, Label: User
4.  Package ID: Group:988d416bd2bb7f9880b3e1f8a03c1339b1470588991360c67f765a0fa1aff8c8, Label: Group
5.  Package ID: Login:a7fd2aeef32d43dd1fd73daf2096dbc9d1562e4a412923345365ca50de65450f, Label: Login
```

然后执行下列命令，将包 ID 设置为环境变量，以便在后续步骤中使用：

```
1.  export CC_PACKAGE_ID=Login:a7fd2aeef32d43dd1fd73daf2096dbc9d1562e4a412923345365ca50de65450f
```

2）通过链码定义

将环境变量切换到需要通过链码定义的组织，然后使用 peer lifecycle chaincode approveformyorg 命令为该组织批准链码定义。以下是通过链码 Login 的定义。

```
1. peer lifecycle chaincode approveformyorg -o localhost:7050 --ordererTLSHostnameOverride orderer.example.com --channelID mychannel --name Login --version 1.0 --package-id $CC_PACKAGE_ID --sequence 1 --tls --cafile ${PWD}/organizations/ordererOrganizations/example.com/orderers/orderer.example.com/msp/tlscacerts/tlsca.example.com-cert.pem
```

4. 提交到通道

首先，使用 peer lifecycle chaincode checkcommitreadiness 命令检查是否所有组织都批准了链码。下面仍然以链码 Login 为例：

```
1. peer lifecycle chaincode checkcommitreadiness --channelID mychannel --name Login --version 1.0 --sequence 1 --tls --cafile ${PWD}/organizations/ordererOrganizations/example.com/orderers/orderer.example.com/msp/tlscacerts/tlsca.example.com-cert.pem --output json
```

该命令将生成一个 JSON 映射，以显示通道成员是否批准了 checkcommitreadiness 命令中指定的参数，以下是一个示例。

```
1. {
2.     "approvals": {
3.         "Org1MSP": true,
4.        "Org2MSP": true
5.     }
6. }
```

然后，使用 peer lifecycle chaincode commit 命令将链码提交到通道，这个操作需要 Org1 与 Org2 都执行。

```
1. peer lifecycle chaincode commit -o localhost:7050 --ordererTLSHostnameOverride orderer.example.com --channelID mychannel --name Login --version 1.0 --sequence 1 --tls --cafile ${PWD}/organizations/ordererOrganizations/example.com/orderers/orderer.example.com/msp/tlscacerts/tlsca.example.com-cert.pem --peerAddresses localhost:7051 --tlsRootCertFiles ${PWD}/organizations/peerOrganizations/org1.example.com/peers/peer0.org1.example.com/tls/ca.crt --peerAddresses localhost:9051 --tlsRootCertFiles ${PWD}/organizations/peerOrganizations/org2.example.com/peers/peer0.org2.example.com/tls/ca.crt
```

最后，可以使用 peer lifecycle chaincode querycommitted 命令来确认链码定义是否已提交到通道。

```
1. peer lifecycle chaincode querycommitted --channelID mychannel --name User --cafile ${PWD}/organizations/ordererOrganizations/example.com/orderers/orderer.example.com/msp/tlscacerts/tlsca.example.com-cert.pem
```

如果链码已成功提交到通道，则该查询命令将返回链码定义的顺序和版本，如下所示：

```
1. Version: 1.0, Sequence: 1, Endorsement Plugin: escc, Validation Plugin: vscc, Approvals: [Org1MSP: true, Org2MSP: true]
```

9.4　系统运行

1. 用户注册

调用链码的 addLogin ()接口注册用户信息，然后调用 queryLogin ()接口，查询注册成功的用户信息，查询结果如图 9.4 所示。

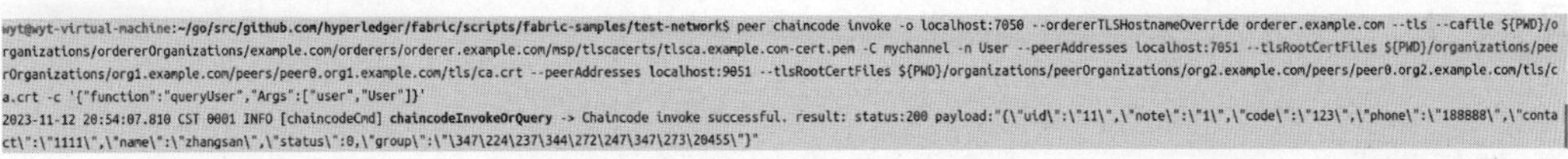

```
wyt@wyt-virtual-machine:~/go/src/github.com/hyperledger/fabric/scripts/fabric-samples/test-network$ peer chaincode invoke -o localhost:7050 --ordererTLSHostnameOverride orderer.example.com --tls --cafile ${PWD}/organizations/ordererOrganizations/example.com/orderers/orderer.example.com/msp/tlscacerts/tlsca.example.com-cert.pem -C mychannel -n User --peerAddresses localhost:7051 --tlsRootCertFiles ${PWD}/organizations/peerOrganizations/org1.example.com/peers/peer0.org1.example.com/tls/ca.crt --peerAddresses localhost:9051 --tlsRootCertFiles ${PWD}/organizations/peerOrganizations/org2.example.com/peers/peer0.org2.example.com/tls/ca.crt -c '{"function":"queryUser","Args":["user","User"]}'
2023-11-12 20:54:07.810 CST 0001 INFO [chaincodeCmd] chaincodeInvokeOrQuery -> Chaincode invoke successful. result: status:200 payload:"{\"uid\":\"11\",\"note\":\"1\",\"code\":\"123\",\"phone\":\"188888\",\"contact\":\"1111\",\"name\":\"zhangsan\",\"status\":0,\"group\":\"\347\224\237\344\272\247\347\273\20455\"}"
```

图 9.4　查询用户信息的结果

2. 用户信息修改

先调用链码的 updateUser ()接口修改用户信息，然后调用链码的 queryLogin ()接口，查询修改后的用户信息，查询结果如图 9.5 所示。

```
wyt@wyt-virtual-machine:~/go/src/github.com/hyperledger/fabric/scripts/fabric-samples/test-network$ peer chaincode invoke -o localhost:7050 --ordererTLSHostnameOverride orderer.example.com --tls --cafile ${PWD}/organizations/ordererOrganizations/example.com/orderers/orderer.example.com/msp/tlscacerts/tlsca.example.com-cert.pem -C mychannel -n User --peerAddresses localhost:7051 --tlsRootCertFiles ${PWD}/organizations/peerOrganizations/org1.example.com/peers/peer0.org1.example.com/tls/ca.crt --peerAddresses localhost:9051 --tlsRootCertFiles ${PWD}/organizations/peerOrganizations/org2.example.com/peers/peer0.org2.example.com/tls/ca.crt -c '{"function":"queryUser","Args":["user"]}'
2023-11-13 09:56:10.816 CST 0001 INFO [chaincodeCmd] chaincodeInvokeOrQuery -> Chaincode invoke successful. result: status:200 payload:"{\"uid\":\"11\",\"note\":\"1\",\"code\":\"123\",\"phone\":\"188888\",\"contact\":\"1111\",\"name\":\"zhangsan\",\"status\":1,\"group\":\"\347\224\237\344\272\247\347\273\204551\"}"
```

图 9.5　用户信息修改的结果

3. 将新的链码名称添加到区块链

调用 addChaincode()接口，将新的链码名称添加到区块链，执行结果如图 9.6 所示。

```
wyt@wyt-virtual-machine:~/go/src/github.com/hyperledger/fabric/scripts/fabric-samples/test-network$ peer chaincode invoke -o localhost:7050 --ordererTLSHostnameOverride orderer.example.com --tls --cafile ${PWD}/organizations/ordererOrganizations/example.com/orderers/orderer.example.com/msp/tlscacerts/tlsca.example.com-cert.pem -C mychannel -n User --peerAddresses localhost:7051 --tlsRootCertFiles ${PWD}/organizations/peerOrganizations/org1.example.com/peers/peer0.org1.example.com/tls/ca.crt --peerAddresses localhost:9051 --tlsRootCertFiles ${PWD}/organizations/peerOrganizations/org2.example.com/peers/peer0.org2.example.com/tls/ca.crt -c '{"function":"addChaincode","Args":["1111","User"]}'
2023-11-12 22:20:47.236 CST 0001 INFO [chaincodeCmd] chaincodeInvokeOrQuery -> Chaincode invoke successful. result: status:200
```

图 9.6　添加新链码名称的结果

4. 记录指定链码调用次数

调用 countTransactions ()接口，开始记录当前链码交易次数，执行结果如图 9.7 所示。

```
wyt@wyt-virtual-machine:~/go/src/github.com/hyperledger/fabric/scripts/fabric-samples/test-network$ peer chaincode invoke -o localhost:7050 --ordererTLSHostnameOverride orderer.example.com --tls --cafile ${PWD}/organizations/ordererOrganizations/example.com/orderers/orderer.example.com/msp/tlscacerts/tlsca.example.com-cert.pem -C mychannel -n User --peerAddresses localhost:7051 --tlsRootCertFiles ${PWD}/organizations/peerOrganizations/org1.example.com/peers/peer0.org1.example.com/tls/ca.crt --peerAddresses localhost:9051 --tlsRootCertFiles ${PWD}/organizations/peerOrganizations/org2.example.com/peers/peer0.org2.example.com/tls/ca.crt -c '{"function":"count","Args":[]}'
2023-11-12 22:23:30.413 CST 0001 INFO [chaincodeCmd] chaincodeInvokeOrQuery -> Chaincode invoke successful. result: status:200
```

图 9.7　开始记录指定链码调用次数的执行结果

5. 获取指定链码交易次数

调用链码的 getTransactionCount ()接口，查询指定链码的交易次数，查询结果如图 9.8 所示。

```
wyt@wyt-virtual-machine:~/go/src/github.com/hyperledger/fabric/scripts/fabric-samples/test-network$ peer chaincode invoke -o localhost:7050 --ordererTLSHostnameOverride orderer.example.com --tls --cafile ${PWD}/organizations/ordererOrganizations/example.com/orderers/orderer.example.com/msp/tlscacerts/tlsca.example.com-cert.pem -C mychannel -n User --peerAddresses localhost:7051 --tlsRootCertFiles ${PWD}/organizations/peerOrganizations/org1.example.com/peers/peer0.org1.example.com/tls/ca.crt --peerAddresses localhost:9051 --tlsRootCertFiles ${PWD}/organizations/peerOrganizations/org2.example.com/peers/peer0.org2.example.com/tls/ca.crt -c '{"function":"getCount","Args":[]}'
2023-11-12 22:23:49.204 CST 0001 INFO [chaincodeCmd] chaincodeInvokeOrQuery -> Chaincode invoke successful. result: status:200 payload:"1"
```

图 9.8　指定链码交易次数的查询结果

9.5　本章小结

本章详细介绍了 IoT 区块链可信应用平台的设计和实现。从系统分析到智能合约的实现和部署，本章提供了一个全面的视角来理解如何在 IoT 场景中应用区块链技术。在系统分析部分，我们探讨了项目背景、角色、业务场景和需求，为整个平台的设计奠定了基础。随后，在系统总体设计部分，我们深入了解了区块链网络的规划以及智能合约的设计策略。智能合约的实现与部署是本章的重点。我们从编写合约代码开始，详细介绍了每个步骤，包括智能合约的打包、安装、链码定义和提交过程。这些内容为理解智能合约在区块链系统中的重要作用提供了实践指导。最后，在系统运行部分，展示了平台的运行结果。

习题 9

编程实践

请使用 Node.js 编程语言，实现如下编程任务，要求编写的代码清晰，并对各个功能进行注释，确保智能合约能够处理异常情况。

1. 基于 Hyperledger Fabric 2.2，设计并实现一个智能合约用于管理 IoT 设备。该智能合约应包含以下功能：

(1) addDevice(key,deviceData)：添加一个新的 IoT 设备到区块链网络。deviceData 应包含设备的详细信息，如型号、位置、状态等。

(2) updateDevice(key,updatedData)：更新已存在的 IoT 设备信息。

(3) queryDevice(key)：根据设备的唯一标识符 key 查询特定的 IoT 设备信息。

(4) queryAllDevices()：查询平台上所有注册的 IoT 设备信息。

2. 在 Hyperledger Fabric 2.2 环境下，开发一个管理数据源组的智能合约。该合约应实现以下接口：

(1) addGroup(groupId,groupInfo)：创建一个新的数据源组，并存储相关信息，如组名称、描述、成员等。

(2) updateGroup(groupId,updatedInfo)：更新已存在的数据源组信息。

(3) queryGroup(groupId)：根据数据源组的唯一标识符 groupId 查询特定的数据源组信息。

(4) queryAllGroups()：查询平台上所有数据源组的详细信息。

第10章

基于区块链的产品质量追溯系统

本章学习目标

(1) 了解基于区块链的产品质量追溯系统的背景、关键角色、业务场景及需求。

(2) 掌握并实践基于区块链的产品质量追溯系统相关区块链网络的搭建方法。

(3) 掌握并实践基于区块链的产品质量追溯系统相关智能合约的实现与部署。

本章将以基于区块链的产品质量追溯系统项目为实战案例，深入探讨如何通过区块链技术解决传统产品溯源方式所面临的挑战。首先从业务场景的分析入手，按照软件工程的步骤，对系统进行了需求分析、区块链网络设计与搭建，并详细介绍了核心功能的智能合约设计，最后进行了项目的部署与智能合约的调用。在基于区块链的产品质量追溯系统开发的过程中，智能合约及 SDK 的开发均选用 Go 语言。

10.1 系统分析

10.1.1 项目背景

产品质量追溯(Product Quality Traceability，PQT)系统核心目标是通过对产品实体的标识，实现对其来源、用途、位置等信息的追踪和管理。在特定的时间和空间范围内，PQT 允许对产品进行持续的跟踪和追溯。

随着 IoT 技术的发展和普及，越来越多的企业开始利用 IoT 设备收集产品质量相关数据。这些设备能够在产品的整个生命周期中自动记录关键信息，如温度、湿度、位置、状态等，为产品质量追溯提供了实时、准确的数据源。经济全球化推进下，产品质量和安全保障成为企业竞争的关键。在这一背景下，IoT 技术的引入使得产品质量管理更为高效和透明。

在传统的追溯系统中，存在追溯效率低下、系统易用性不足等问题。IoT 的引入极大地优化了数据收集过程，提高了追溯的准确性和效率。基于区块链的产品质量全链追溯系统结合 IoT 技术，不仅提高了数据收集的自动化程度，还利用区块链的不可篡改性和分布式特性来保障数据的真实性和安全性。这一系统的主要优势包括：

(1) **自动化数据采集**：IoT 设备自动记录关键质量参数，确保数据的实时性和准确性。

(2) **高效数据追溯**：区块链技术实现了有效的数据追溯和查询。

(3) **系统可用性与安全性**：通过 IoT 和区块链技术的结合，提高系统的可用性和抵御单点故障的能力，同时确保了数据安全性。

10.1.2 角色分析

在产品质量追溯系统中，对角色及其职责的划分是确保系统高效、安全运行的关键。本系统采用角色权限控制（Role-Based Access Control，RBAC）模型，确保每个角色访问的信息范围和操作权限均符合其职责范围。

1. 系统初始化与管理员角色

在系统部署启动时，会自动初始化一个系统管理员（Admin）用户。系统管理员拥有最高权限，负责管理系统中的用户信息和产品全链信息，包括但不限于用户的增加、删除和权限配置，以及对产品质量信息的管理和追溯查询。

2. 部门角色与责任

如表10.1所示，系统中包含以下部门及其用户角色：

(1) 生产部门用户（Production Department）：负责维护产品的生产阶段信息，如原材料来源、生产日期、批次等。

(2) 加工部门用户（Process Department）：负责记录产品加工过程的详细信息，包括加工方式、加工时间、质量检测结果等。

(3) 运输部门用户（Transport Sector）：负责更新产品的运输信息，例如运输路线、运输时间等。

(4) 销售部门用户（Sale Department）：负责维护产品的销售信息，如销售渠道、销售日期、客户反馈等。

各部门用户仅在成功注册后才能访问和管理与其部门相关的信息。

3. 普通用户与运维用户

(1) 普通用户（General Customers）：该角色允许用户查询产品的全链溯源信息，了解产品从生产到销售的整个过程。

(2) 运维用户（Operation and Maintenance）：负责通过区块链浏览器监控和维护区块链网络的健康状态，确保系统的稳定运行。

表10.1 基于区块链的产品质量追溯系统的角色及主要工作

角色	主要工作
系统管理员用户	管理用户信息，进行产品全链信息管理及溯源查询
生产部门用户	维护产品生产信息
加工部门用户	维护产品加工信息
运输部门用户	维护产品运输信息
销售部门用户	维护产品销售信息
普通用户	查看产品的全链溯源信息
运维用户	运维区块链网络

10.1.3 业务场景分析

在本节中，我们将详细探讨基于区块链的产品质量追溯系统的关键业务场景。这些场景反映了系统中不同角色的交互方式及其在产品质量管理链中的作用，如图10.1所示，展示了基于区块链的产品质量追溯系统中的三个主要应用场景，每个场景都涉及不同角色的具体职责和操作流程。

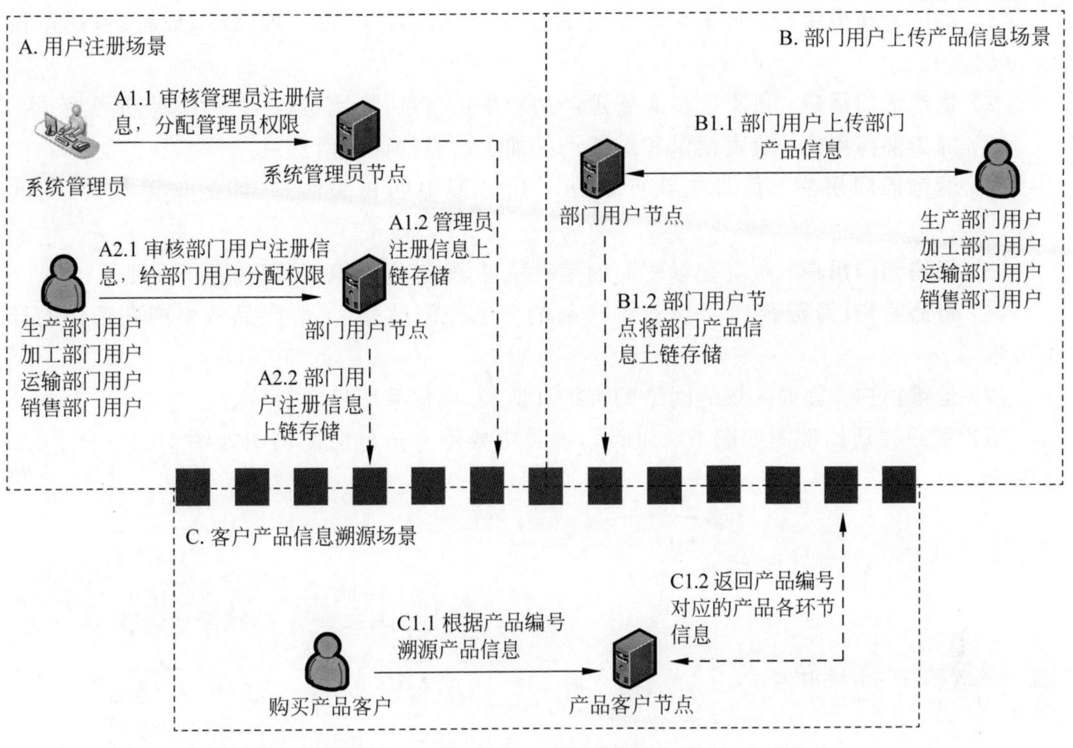

图 10.1 基于区块链的产品质量追溯系统业务场景

1. 场景 A：用户管理

在这个场景中，区块链系统管理员负责审核新用户并将其身份信息上链。这包括生产部门、加工部门、运输部门、销售部门以及普通客户的信息。通过这种方式，系统能够确保所有用户的身份得到验证和记录，增加了系统的安全性和可信度。

管理员审核用户提交的认证信息，如通过则将用户信息上链存储，确保用户身份的不可篡改性和可追溯性。

2. 场景 B：部门用户上传产品信息

各部门用户（如生产、加工、运输和销售部门）负责维护和上传本部门的产品信息。这些信息将被上传到区块链上，保证了信息的真实性、透明性和不可篡改性。

部门用户在完成各自职责的同时，将相关产品信息记录并上链，如生产日期、加工细节、运输路径、销售数据等。

3. 场景 C：客户产品信息溯源

消费者或客户可以通过产品编号在区块链上查询产品的溯源信息。这为消费者提供了一个透明的方式来验证产品的真实性和质量。

消费者输入产品编号，系统通过区块链查询并返回产品的全链路历史信息，包括生产、加工、运输和销售的详细数据。

10.1.4 需求分析

通过对业务场景的细致分析，系统被划分为七类主要用户角色，每个角色都有其独特的需求和职责。以下是对这些角色的描述和分析。

(1) **系统管理员用户**：负责整个系统的管理，包括用户账户管理、权限设置、数据审核和系统监控。

(2) **生产部门用户**：负责上传和管理产品的生产信息，如原材料、生产日期、批次号等。

(3) **加工部门用户**：负责记录和维护产品加工过程的详细信息。

(4) **运输部门用户**：负责更新产品在运输过程中的相关信息，如运输路径、时间和条件。

(5) **销售部门用户**：负责记录产品的销售信息，如销售渠道、日期和客户反馈。

(6) **普通客户(消费者)**：可以查询产品的全链溯源信息，了解产品从生产到销售的详细历程。

(7) **运维用户**：负责区块链网络的维护和监控，确保系统稳定运行。

用户登录注册用例图如图10.2所示，七类主要用户角色的用例图如图10.3～图10.9所示。

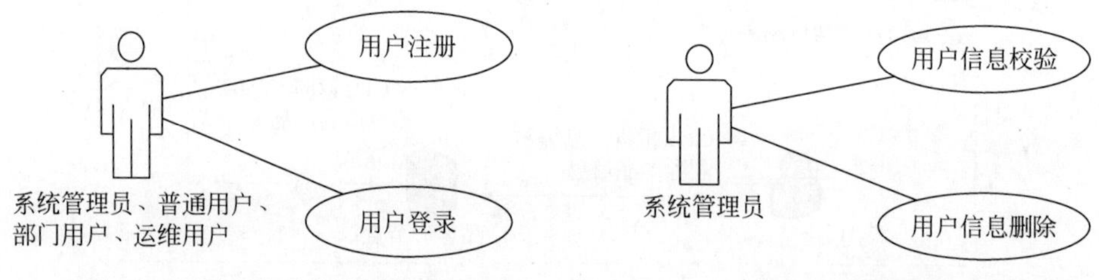

图10.2 用户登录注册用例图　　图10.3 系统管理员用例图

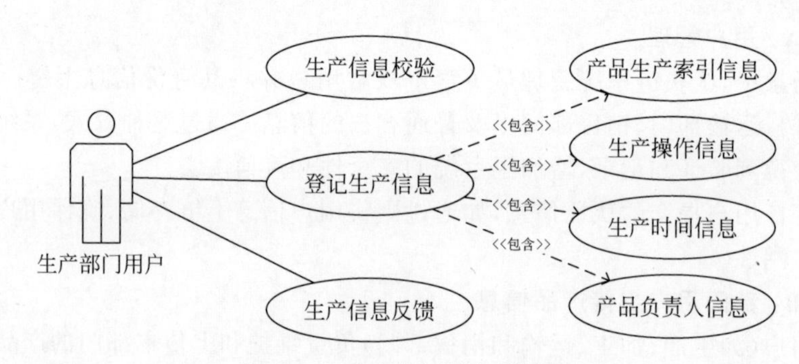

图10.4 生产部门用户用例图

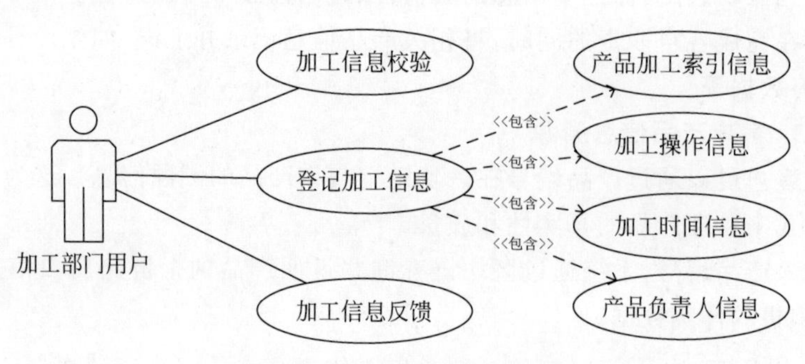

图10.5 加工部门用户用例图

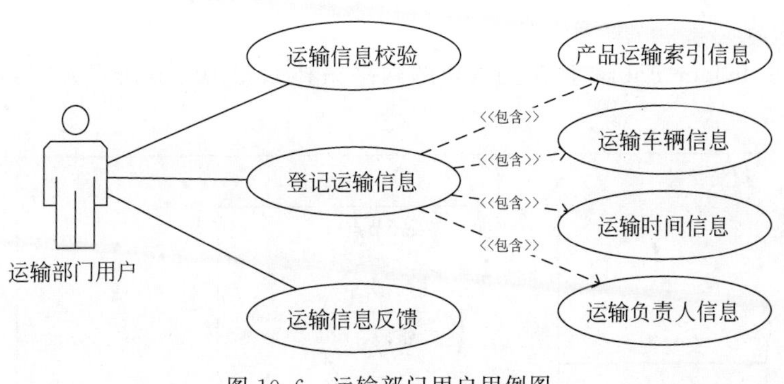

图 10.6　运输部门用户用例图

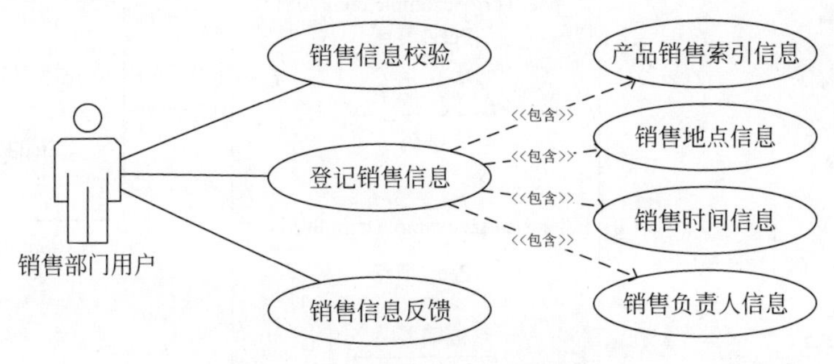

图 10.7　销售部门用户用例图

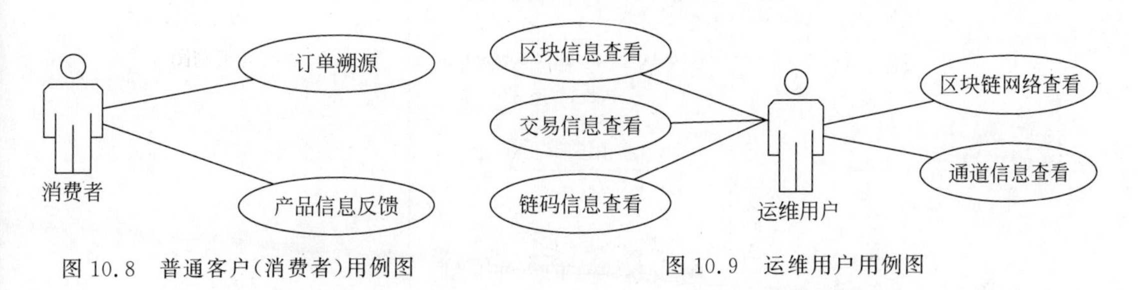

图 10.8　普通客户(消费者)用例图　　图 10.9　运维用户用例图

10.2　系统总体设计

为满足产品质量溯源对数据安全性、不可篡改性、可追溯性的需求，系统采用将区块链技术与产品质量溯源系统相结合的方案。系统中所有用户角色都需要经过注册与审核，各个部门用户维护对应部门产品信息也需要经过监督机构的审核，这种类型的系统就需要采用联盟链。本节基于系统需求分析，进行了区块链网络规划与设计，并根据产品质量溯源业务流程进行智能合约的设计。

10.2.1　区块链网络规划设计

为满足对数据安全性、不可篡改性和可追溯性的需求，本系统采用了将区块链技术与产品质量追溯系统相结合的方案。所有用户角色在使用系统前需经过注册与审核，并且系统的运作基于联盟链模型，以确保各部门信息的准确性和安全性。

1. 网络构成

基于 Hyperledger Fabric 构建的区块链网络拓扑如图 10.10 所示，具备以下主要构成元素。

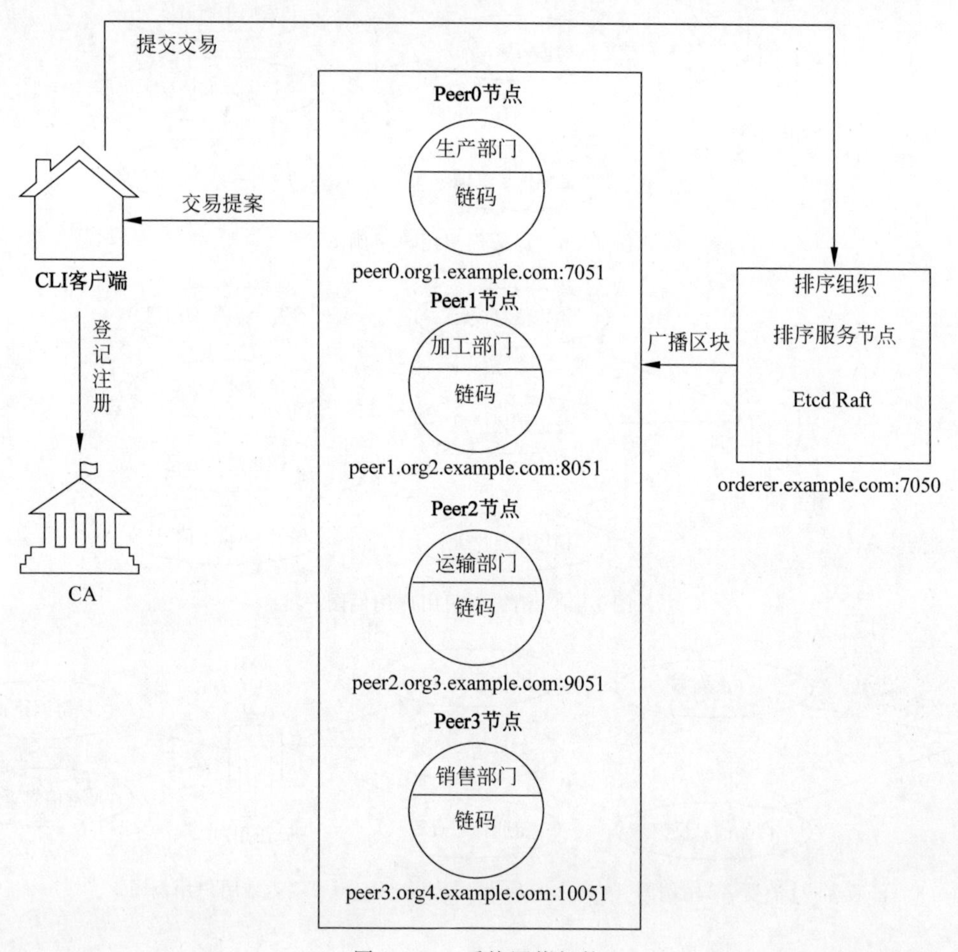

图 10.10 系统网络拓扑

(1) 组织节点：包括四个主要组织——生产部门、加工部门、运输部门、销售部门，每个组织拥有至少一个 Peer 节点。

① 生产部门。

a. 节点：Peer0。

b. 客户端：Admin、User1。

c. 地址：peer0. org1. example. com：7051。

② 加工部门。

a. 节点：Peer1。

b. 客户端：Admin、User1。

c. 地址：peer1. org2. example. com：8051。

③ 运输部门。

a. 节点：Peer2。

b. 客户端：Admin、User1。

c. 地址：peer2. org3. example. com：9051。

④ 销售部门。

a. 节点：Peer3。

b. 客户端：Admin、User1。

c. 地址：peer3. org4. example. com：10051。

(2) 排序服务节点：由使用 Raft 共识机制的排序节点组成，负责维护网络中的交易顺序。地址：orderer. example. com：7050。

(3) 客户端与 CA(认证机构)：用于用户身份的验证和管理，确保网络参与者的合法性。

2. 节点配置

(1) Peer 节点配置：每个 Peer 节点配置信息包括组织名、域名、节点 OU 等。

下面以 Peer0 节点的配置信息为示例。

```
1.  Name: Org1                   # 表示节点所属组织的名称
2.  Domain: org1.example.com     # 指定节点的域名，用于网络内的定位和通信
3.  EnableNodeOUs: true          # 启用节点 OU(Organizational Units).这意味着组织的成员身份和
    角色(如 Peer、Admin)将通过证书中的 OU 字段进行定义和识别.
4.  Template:                    # 定义了节点实例的模板配置
5.    Count: 1                   # 指明在这个组织中有多少个实例被创建
6.    SANS: localhost            # 指定 Subject Alternative Names(主题备用名称)，允许节点在
    localhost 地址上被正确识别
7.  User:                        # 定义了关于组织用户的配置信息
8.    Count: 1                   # 表示为该组织创建了 1 个用户实例
```

(2) Orderer 节点配置：包括节点名称、域名、TLS 证书等信息。

下面是 Orderer 节点的配置信息。

```
1.  Name: Orderer           # 排序节点(Orderer)的名称
2.  Domain: example.com     # 指定了排序节点所属的域名，用于网络中的节点识别和通信
3.  EnableNodeOUs: true     # 表示启用了节点的组织单位，允许网络中的身份管理系统根据证书中
    的 OU 字段来识别和区分不同节点的角色和权限
4.  Specs:                  # 定义排序节点的具体规格
5.    - Hostname: orderer   # 指定了排序节点的主机名
6.      SANS: localhost     # 为排序节点添加了"localhost"作为备用名称
```

3. 通道配置

通道配置包含六个模块：Organizations、Capabilities、Application、Orderer、Channel、Profiles。每个模块的配置旨在细化网络中的各种功能和策略。

(1) Organizations 模块：定义了组织的 MSP(成员服务提供商)信息、政策和端点。

下面只列出排序组织与组织 1 生产部门的信息，其他 3 个组织的信息类似。

```
1.  - &OrdererOrg
2.    Name: OrdererOrg          # 定义了排序组织的名称
3.    ID: OrdererMSP            # 指定了排序组织的成员服务提供商(MSP)标识符
```

```
4.      MSPDir: ../organizations/ordererOrganizations/example.com/msp #指定了排序组织的
   MSP目录的路径,包含了该组织的证书和密钥等重要信息
5.      Policies: #定义了组织的策略
6.        Type: Signature #表明策略是基于签名的
7.        Rule: "OR('OrdererMSP.member')" #指定了满足策略所需的规则,这里表示"OrdererMSP"
   的任何成员签名都可以满足策略.
8.      OrdererEndpoints: orderer.example.com:7050 #指定了排序组织可访问的排序节点的端点
   地址
9.
10.   - &Org1
11.     Name: Org1MSP #定义了参与组织的名称
12.     ID: Org1MSP #指定了参与组织的MSP标识符
13.     MSPDir: ../organizations/peerOrganizations/org1.example.com/msp #指定了参与组织的
   MSP目录的路径
14.     Policies: #定义了参与组织的策略,包括读者、写者、管理员和背书策略
15.       Readers: #定义了读者操作的签名规则
16.         Type: Signature #表明策略是基于签名的
17.         Rule: "OR('Org1MSP.admin', 'Org1MSP.peer', 'Org1MSP.client')" #允许"Org1MSP"的管
   理员、节点和客户端进行读取操作
18.       Writers: #定义了写者操作的签名规则
19.         Type: Signature
20.         Rule: "OR('Org1MSP.admin', 'Org1MSP.client')"
21.       Admins: #定义了管理员操作的签名规则
22.         Type: Signature
23.         Rule: "OR('Org1MSP.admin')"
24.       Endorsement: #定义了背书操作的签名规则
25.         Type: Signature
26.         Rule: "OR('Org1MSP.peer')"
```

（2）**Capabilities 模块**：规定了通道、排序器和应用的功能级别。

```
1.  Channel: &ChannelCapabilities            #定义了通道(Channel)的能力设置
2.    V2_0: true
3.
4.  Orderer: &OrdererCapabilities            #定义了排序服务(Orderer)的能力设置
5.    V2_0: true
6.
7.  Application: &ApplicationCapabilities    #涉及应用层(Application)的能力配置
8.    V2_0: true
```

（3）**Application 模块**：包含应用层面的政策和功能设置。

```
1.  Policies:                  #定义了网络操作的访问控制和权限管理规则
2.    Readers:
3.      Type: ImplicitMeta #指策略类型为隐式元数据类型,这意味着策略的结果是基于下级组
   织策略的评估结果
4.      Rule: "ANY Readers" #此规则表示任何具有"Readers"权限的组织成员都可以读取信息
5.    Writers:
6.      Type: ImplicitMeta   #同样为隐式元数据类型策略
7.      Rule: "ANY Writers"  #表示任何具有"Writers"权限的组织成员都可以写入信息
8.    Admins:
9.      Type: ImplicitMeta   #隐式元数据类型
```

```
10.        Rule: "MAJORITY Admins" #表示大多数具有"Admins"权限的组织成员需要同意,才能执行
   相关的管理操作
11.      LifecycleEndorsement:
12.        Type: ImplicitMeta                #隐式元数据类型策略
13.        Rule: "MAJORITY Endorsement" #在链码生命周期操作(如安装、升级链码)中,需要大多数
   具有背书权限的组织成员的同意
14.      Endorsement:
15.        Type: ImplicitMeta                #隐式元数据类型策略
16.        Rule: "MAJORITY Endorsement" #对于普通的交易背书,也需要大多数背书权限组织的
   同意
17.
18.    Capabilities: #引用了先前定义的 * ApplicationCapabilities,通常位于配置文件的开头
   部分
19.      <<: * ApplicationCapabilities #表示当前配置区块继承了在 * ApplicationCapabilities
   中定义的所有能力设置
```

（4）**Orderer 模块**：配置排序服务的类型、地址、批处理策略等。

```
1.  OrdererType: etcdraft #指定了使用的排序服务类型,是一种基于 Raft 共识算法的排序服务
2.  Addresses: orderer.example.com:7050          #定义了排序服务节点的地址
3.  EtcdRaft:
4.    Host: orderer.example.com                  #排序服务节点的主机名
5.    Port: 7050                                 #排序服务节点的端口号
6.     ClientTLSCert: ../organizations/ordererOrganizations/example.com/orderers/orderer.
   example.com/tls/server.crt #指定了排序节点的客户端 TLS 证书路径
7.     ServerTLSCert: ../organizations/ordererOrganizations/example.com/orderers/orderer.
   example.com/tls/server.crt #指定了排序节点的服务器 TLS 证书路径
8.  BatchTimeout: 2s                             #设置了批处理超时时间为 2 秒
9.  BatchSize:                                   #定义了区块中交易的批处理大小限制
10.   MaxMessageCount: 10                        #一个区块中可以包含的最大交易数
11.   AbsoluteMaxBytes: 99 MB                    #一个区块的最大字节大小
12.   PreferredMaxBytes: 512 KB                  #一个区块的首选最大字节大小
13. Policies: #针对排序服务的策略配置,类似于 Peer 节点的策略,它们定义了谁可以读取、写
   入、管理排序节点,以及谁可以进行区块验证
14.   Readers:                                   #定义读者权限
15.     Type: ImplicitMeta                       #隐式元数据类型
16.     Rule: "ANY Readers"                      #任何读者都有权访问
17.   Writers:
18.     Type: ImplicitMeta
19.     Rule: "ANY Writers"
20.   Admins:
21.     Type: ImplicitMeta
22.     Rule: "MAJORITY Admins"
23.   BlockValidation:
24.     Type: ImplicitMeta                       #区块验证规则
25.     Rule: "ANY Writers"                      #任何读者都有权验证新区块的合法性
```

（5）**Channel 模块**：定义了通道的基本政策和能力。

```
1.  Policies:
2.    Readers:
3.      Type: ImplicitMeta          #表示策略的类型为隐式元数据
4.      Rule: "ANY Readers"         #表示任何具有"Readers"权限的组织成员都可以读取信息
```

```
5.    Writers:
6.      Type: ImplicitMeta          # 表示策略的类型为隐式元数据
7.      Rule: "ANY Writers"         # 表示任何具有"Writers"权限的组织成员都可以写入信息
8.    Admins:
9.      Type: ImplicitMeta          # 表示策略的类型为隐式元数据
10.     Rule: "MAJORITY Admins"     # 表示大多数具有"Admins"权限的组织成员需要同意,才能执行相关的管理操作
11.
12.  Capabilities:                  # 引用了先前定义的 * ChannelCapabilities
13.    <<: * ChannelCapabilities
```

(6) **Profiles 模块**:定义了网络启动和通道创建时使用的配置文件。

```
1.  FourOrgsOrdererGenesis:                # 定义了用于启动排序服务的初始区块配置
2.    <<: * ChannelDefaults                # 继承了在配置文件中定义的 ChannelDefaults 设置
3.    Orderer:                             # 定义了排序服务节点的相关配置
4.      <<: * OrdererDefaults              # 继承了预定义的 OrdererDefaults 设置
5.      Organizations: * OrdererOrg        # 指定了排序服务节点所属的组织
6.      Capabilities:
7.        <<: * OrdererCapabilities        # 继承了预定义的 OrdererCapabilities 设置
8.    Consortiums:                         # 定义了联盟的配置
9.      SampleConsortium:
10.       Organizations: # 列出了加入"SampleConsortium"联盟中的组织,包括 Org1, Org2, Org3 和 Org4
11.         - * Org1
12.         - * Org2
13.         - * Org3
14.         - * Org4
15.
16. FourOrgsChannel:                       # 定义了一个名为"FourOrgsChannel"的通道配置
17.   <<: * ChannelDefaults                # 继承了预定义的 ChannelDefaults 设置
18.   Consortium: SampleConsortium         # 指定了通道所属的联盟名称
19.   Application:                         # 定义了应用层的配置
20.     <<: * ApplicationDefaults          # 继承了预定义的 ApplicationDefaults 设置
21.     Organizations: # 列出了加入该通道的组织,包括 Org1, Org2, Org3 和 Org4
22.       - * Org1
23.       - * Org2
24.       - * Org3
25.       - * Org4
26.     Capabilities:
27.       <<: * ApplicationCapabilities    # 继承了预定义的 ApplicationCapabilities 设置
```

为确保数据安全和网络可靠性,本系统在用户创建和数据交易过程中采取了多项措施。

(1) **公钥私钥验证**:通过数字签名确保交易的安全性和用户身份的真实性。

(2) **链码部署**:在 Peer 节点部署智能合约,保证了网络中数据处理的一致性和准确性。

(3) **交易处理**:每个节点在接收到交易请求时,都会进行相应的记录和处理,增加了整个网络的可靠性和透明度。

10.2.2 智能合约设计

智能合约是区块链技术的核心组成部分,它们自动执行、验证或执行合同上记录的协

议。在我们的系统中，智能合约用于处理和维护各部门的产品信息，以及用户的管理操作。根据系统的需求分析，我们设计了多个智能合约，涵盖了13个功能接口，以满足不同用户角色的需求并实现数据交互和共享。具体接口如表10.2所示。

表10.2　相关合约接口

合约名称	接口名称	接口描述
UserManager（用户管理合约）	VerifySignature	校验用户签名是否正确
	InitUserInfo	注册新用户信息
	GetUserInfo	查询现有用户信息
	DeleteUserInfo	注销用户信息
ProductionManage（生产管理合约）	UploadProductionInfo	生产信息上传
	GetProductionInfo	查询生产信息
ProcessManage（加工管理合约）	UploadProcessInfo	加工信息上传
	GetProcessInfo	查询加工信息
TransportationManage（运输管理合约）	UploadTransportationInfo	运输信息上传
	GetTransportationInfo	查询运输信息
SalesManage（销售管理合约）	UploadSaleInfo	销售信息上传
	GetSaleInfo	查询销售信息

下面选择几个主要接口进行描述。

(1) 注册新用户信息接口(InitUserInfo)。

描述：用于新用户注册。若链上已存在相同用户信息，则返回错误；否则，创建新用户对象，存储为JSON格式，并写入区块链。

输入：

① key：用户唯一标识。

② username：用户名。

③ pwd：密码。

④ pubKey：公钥。

⑤ department：部门。

返回值：无(操作成功时)或错误消息(用户已存在或其他错误)

(2) 查询现有用户信息接口(GetUserInfo)。

描述：根据用户输入的信息查询用户信息。若查询失败，返回错误信息。

输入：

① key：用户唯一标识。

② username：用户名，如果为空字符串，表示查询所有用户信息。

③ queryType：查询方式。如果queryType==0，则查询所有用户的用户信息；如果queryType==1，则按照用户名查询指定用户的用户信息。

返回值：

① []User：用户信息列表，包含用户名、用户密码、用户公钥、用户部门等信息。

② error：查询失败的错误信息。

(3) 注销用户信息(DeleteUserInfo)。

> 描述：注销指定用户信息。若用户不存在或操作失败，返回错误信息。
> 输入：
> ① key：用户唯一标识。
> ② name：待注销用户名。
> 输出：无(操作成功时)或错误消息(用户不存在或其他错误)

(4) 生产信息查询接口(GetProductionInfo)。

> 描述：根据条件查询生产信息。若查询失败，返回错误信息。
> 输入：
> ① key：生产编号。
> ② batchid：生产批次编号。
> ③ queryType：查询方式。如果 queryType==0，则查询所有生产信息；如果 queryType==1，则按照批次查询生产信息；如果 queryType==2，则按照产品编号查询生产信息。
> 返回值：
> ① []Production：产品信息列表，包含产品编号、产品名称、批次编号、操作类型、操作描述、操作员姓名、上传者人员姓名等信息。
> ② error：查询失败的错误信息。

视频讲解

10.3 智能合约实现与部署

在10.2节中，我们详细设计了基于区块链的产品质量追溯系统的智能合约。本节我们将详细介绍这些智能合约的实现过程，以及如何在Hyperledger Fabric平台上部署它们。

10.3.1 智能合约的实现

1. 注册新用户信息接口

注册新用户信息接口负责注册新用户，接口接收用户信息并检查是否存在重复注册。若用户不存在，将新用户信息存入区块链。用户实体结构体user包括以下字段：用户名username、密码password、公钥pubKey、是否管理员标识Is_admin、部门department、是否被注销Is_delete。该接口首先判断要注册的用户的唯一标识是否已存在，如果存在则返回错误并结束执行。否则构造用户实体结构体对象user，将传入的参数赋值给user，序列化为JSON格式并上链存储。此外，接口还会构建复合键存储，以方便后续进行批量查询操作。

```
1.  func (s *SmartContract) InitUserInfo(ctx contractapi.TransactionContextInterface,
2.    username, pwd, pubKey, department string) error {
3.    //1 判断链内是否有该用户信息(不支持重名)
```

```
4.    APIstub := ctx.GetStub()
5.    if username == "" || pwd == "" {
6.     return fmt.Errorf("param1[username] and param2[pwd] can not be empty")
7.    }
8.    //1.1 获取全部用户的用户信息
9.    Iterator, err := APIstub.GetStateByPartialCompositeKey("allUsers~uname",
10.    []string{"allUsers"})
11.   if err != nil {
12.    return err
13.   }
14.   var u User
15.   defer Iterator.Close()
16.   for Iterator.HasNext() {
17.    kv, _ := Iterator.Next()
18.    //1.2 用户信息解码
19.    err = json.Unmarshal(kv.Value, &u)
20.    if err != nil {
21.     //若出错,跳过,遍历下一条信息
22.     continue
23.    }
24.    //1.3 判断是否有重名的
25.    if u.User_name == username {
26.     return fmt.Errorf("this name has exists,plz choose a new name")
27.    }
28.   }
29.   //2 组合为结构体
30.   var user = User{
31.    User_name: username,
32.    User_pwd: pwd,
33.    User_pub: pubKey,
34.    Is_admin: 0,
35.    Department: department,
36.    Is_delete: "no",
37.   }
38.   //3 序列化后上传
39.   recordAsBytes, _ := json.Marshal(user)
40.   err = APIstub.PutState("user_" + username, recordAsBytes)
41.   if err != nil {
42.    return err
43.   }
44.   //4 构造复合键存储,便于后续批量查询
45.   compositeKey, _ := APIstub.CreateCompositeKey("allUsers~uname",
46.    []string{"allUsers", username})
47.   return APIstub.PutState(compositeKey, recordAsBytes)
48. }
```

2. 查询现有用户信息接口

根据用户输入的信息查询用户信息。通过 queryType 指定查询方式。如果 queryType 为 0,则查询所有用户的用户信息并存入用户列表 userList；如果 queryType 为 1,则按照用户名查询指定用户的用户信息并存入用户列表。如果用户列表不为空,则返回用户列表,否则返回查询成功提示。

```
1.  func (s * SmartContract) GetUserInfo(ctx contractapi.TransactionContextInterface,
  queryType int, username string) ([]User, error) { APIstub := ctx.GetStub()
2.  var userList []User
3.  var user User
4.  if queryType == 0 {
5.   //1 获取全部用户的用户信息
6.   Iterator, err := APIstub.GetStateByPartialCompositeKey("allUsers~uname", []string
  {"allUsers"})
7.   if err != nil {
8.    return nil, err
9.   } else if Iterator == nil {
10.    return nil, fmt.Errorf("链上无用户信息")
11.   }
12.   defer Iterator.Close()
13.   for Iterator.HasNext() {
14.    kv, _ := Iterator.Next()
15.    //获取该条 kv 的 value(即用户信息)并解码
16.    err = json.Unmarshal(kv.Value, &user)
17.    if err != nil {
18.     //若出错,跳过,遍历下一条信息
19.     continue
20.    }
21.    //将用户信息放入列表中
22.    userList = append(userList, user)
23.   }
24.  } else if queryType == 1 {
25.   //2 查询指定用户的用户信息
26.   state, err := APIstub.GetState("user_" + username)
27.   if err != nil {
28.    return nil, err
29.   }
30.   err = json.Unmarshal(state, &user)
31.   if err != nil {
32.    return nil, err
33.   }
34.   userList = append(userList, user)
35.  } else {
36.   return nil, fmt.Errorf("请输入正确的参数 1[queryType],0:全查,1:查指定用户")
37.  }
38.  //如果用户列表为空,返回空错误
39.  if len(userList) == 0 {
40.   return nil, fmt.Errorf("Ledger doesn't have user info ")
41.  } else {
42.   return userList, nil
43.  }
44. }
```

3. 注销用户信息

首先查询指定用户名的用户信息,并将第一个用户的 Is_delete 属性设为 yes,表示注销。然后,将更新后的用户信息存储到区块链上,并更新复合键,方便后续进行批量查询。如果待注销用户不存在或操作失败,将返回相应的错误信息。

```
1.  func (s * SmartContract) DeleteUserInfo(ctx contractapi.TransactionContextInterface,
2.   name string) error {
3.   APIstub := ctx.GetStub()
4.   // 查询指定用户的信息
5.   userList, err := s.GetUserInfo(ctx, 1, name)
6.   if err != nil {
7.    return err
8.   }
9.   userList[0].Is_delete = "yes"
10.  user := userList[0]
11.  recordAsBytes, _ := json.Marshal(user)
12.  err = APIstub.PutState("user_" + name, recordAsBytes)
13.  if err != nil {
14.   return err
15.  }
16.  //构造复合键存储,便于后续批量查询
17.  compositeKey, _ := APIstub.CreateCompositeKey("allUsers~uname",
18.   []string{"allUsers", name})
19.  return APIstub.PutState(compositeKey, recordAsBytes)
20. }
```

4. 生产信息查询接口

根据查询方式查询生产信息的功能,并根据查询结果返回相应的信息。如果查询失败,将返回错误信息。

(1) 当 queryType 为 0 时,将查询所有的生产信息。

(2) 当 queryType 为 1 时,将按照批次查询生产信息。

(3) 当 queryType 为 2 时,将按照产品编号查询生产信息。

函数根据不同的查询类型执行相应的查询操作,并将查询结果解码后存入生产信息列表中。最后,根据生产信息列表的长度判断查询结果是否为空,若为空则返回相应的错误信息,否则返回查询到的生产信息列表。

```
1.  func (s * SmartContract) GetProductionInfo(ctx contractapi.TransactionContextInterface,
2.   queryType int, batchid, productionid string) ([]Production, error) {
3.   APIstub := ctx.GetStub()
4.   var productionList []Production
5.   var production Production
6.   if queryType == 0 {
7.    //1 获取全部批次的产品信息
8.     Iterator, err := APIstub.GetStateByPartialCompositeKey("department~batch~
   production",
9.     []string{"Production_department"})
10.   if err != nil {
11.    return nil, err
12.   } else if Iterator == nil {
13.    return nil, fmt.Errorf("链上无产品信息")
14.   }
15.   defer Iterator.Close()
16.   for Iterator.HasNext() {
```

```
17.      kv, _ := Iterator.Next()
18.      //获取该条 kv 的 value(即产品信息)并解码
19.      err = json.Unmarshal(kv.Value, &production)
20.      if err != nil {
21.       //若出错,跳过,遍历下一条信息
22.       continue
23.      }
24.      //将产品信息放入列表中
25.      productionList = append(productionList, production)
26.     }
27.    } else if queryType == 1 {
28.     //2 查询指定批次的产品信息
29.      Iterator, err := APIstub.GetStateByPartialCompositeKey("department~batch~
   production",
30.      []string{"Production_department", batchid})
31.     if err != nil {
32.      return nil, err
33.     } else if Iterator == nil {
34.      return nil, fmt.Errorf("链上无产品信息")
35.     }
36.     defer Iterator.Close()
37.     for Iterator.HasNext() {
38.      kv, _ := Iterator.Next()
39.      //获取该条 kv 的 value(即产品信息)并解码
40.      err = json.Unmarshal(kv.Value, &production)
41.      if err != nil {
42.       //若出错,跳过,遍历下一条信息
43.       continue
44.      }
45.      //将产品信息放入列表中
46.      productionList = append(productionList, production)
47.     }
48.    } else if queryType == 2 {
49.     state, err := APIstub.GetState("production_info_" + productionid)
50.     if err != nil {
51.      return nil, err
52.     }
53.     err = json.Unmarshal(state, &production)
54.     if err != nil {
55.      return nil, err
56.     }
57.     productionList = append(productionList, production)
58.    } else {
59.     return nil, fmt.Errorf("请输入正确的参数 1[queryType],0:全查,1:查指定批次产品,2:
   查询指定产品")
60.    }
61.    //如果产品列表为空,返回空错误
62.    if len(productionList) == 0 {
63.     return nil, fmt.Errorf("Ledger doesn't have user info ")
64.    } else {
65.     return productionList, nil
66.    }
67.   }
```

10.3.2　智能合约的部署

1. 智能合约打包

1）将智能合约文件放置在指定目录下

命令如下：

```
1.  /home/sym/go/src/github.com/hyperledger/fabric/scripts/fabric-samples/chaincode/pqt
```

2）启动网络和创建通道

切换至 test-network 目录，执行脚本，启动网络，然后创建通道。

```
1.  ./network.sh up
2.  ./network.sh createChannel
```

3）设置环境变量

将当前工作目录的上级目录中的 bin 目录添加到 PATH 环境变量中，确保 bin 目录中的可执行文件可以在任意目录下执行。环境变量 FABRIC_CFG_PATH 指向当前工作目录的上一级目录中的 config 子目录路径，告诉 Fabric 网络去哪里查找其配置文件。

```
1.  export PATH=${PWD}/../bin:$PATH
2.  export FABRIC_CFG_PATH=$PWD/../config/
```

4）创建链码包

使用 peer lifecycle chaincode package 命令打包智能合约。例如，下列命令将位于../chaincode/pqt/路径下、使用 Go 语言编写的链码打包为名为 pqt.tar.gz 的文件，并且给这个包指定了标签 pqt。

```
1.  peer lifecycle chaincode package pqt.tar.gz --path ../chaincode/pqt/ --lang go --label pqt
```

2. 安装链码包

在每个 Peer 节点上安装链码包以确保所有节点都能访问和执行智能合约。因为背书策略设置为要求来自多个组织的背书，此处以 Org1 和 Org2 中节点智能合约安装为例，Org1 与 Org2 中的 Peer 节点均需要部署链码。

首先，为不同组织的 Peer 节点设置环境变量。例如，对于 Org2，以 Org2 管理员的身份操作设置环境变量：

```
1.  export CORE_PEER_TLS_ENABLED=true
2.  export CORE_PEER_LOCALMSPID="Org2MSP"
3.  export CORE_PEER_TLS_ROOTCERT_FILE=${PWD}/organizations/peerOrganizations/org2.example.com/peers/peer0.org2.example.com/tls/ca.crt
4.  export CORE_PEER_MSPCONFIGPATH=${PWD}/organizations/peerOrganizations/org2.example.com/users/Admin@org2.example.com/msp
5.  export CORE_PEER_ADDRESS=localhost:9051
```

使用 peer lifecycle chaincode install 命令在 Org1 和 Org2 的 peer 节点上安装链码。

```
1.  peer lifecycle chaincode install pqt.tar.gz
```

3. 链码定义与提交

安装链码包后，需要通过组织的链码定义。该定义包括链码管理的重要参数，例如名称、版本和链码认可策略。

1）查询包 ID

首先，使用如下命令查询已安装的链码包 ID：

```
1.  peer lifecycle chaincode queryinstalled
```

包 ID 是链码标签和链码二进制文件的哈希值组合，每个 Peer 节点将生成相同的包 ID。执行上述命令，你可以看到类似于以下内容的输出：

```
1.  Installed chaincodes on peer:
2.  Package ID: pqt_1:762e0fe3dbeee0f7b08fb6200adeb4a3a20f649a00f168c0b3c2257e53b6e506, Label: pqt
```

然后执行下列命令，将包 ID 设置为环境变量，以便在后续步骤中使用：

```
1.  export CC_PACKAGE_ID=pqt_1:762e0fe3dbeee0f7b08fb6200adeb4a3a20f649a00f168c0b3c2257e53b6e506
```

2）通过链码定义

将环境变量切换到需要通过链码定义的组织，然后使用 peer lifecycle chaincode approveformyorg 命令为该组织批准链码定义。以下是通过链码 pqt 的定义：

```
1.  peer lifecycle chaincode approveformyorg -o localhost:7050 --ordererTLSHostnameOverride orderer.example.com --channelID mychannel --name pqt --version 1.0 --package-id $CC_PACKAGE_ID --sequence 1 --tls --cafile ${PWD}/organizations/ordererOrganizations/example.com/orderers/orderer.example.com/msp/tlscacerts/tlsca.example.com-cert.pem
```

4. 提交到通道

首先，使用 peer lifecycle chaincode checkcommitreadiness 命令检查是否所有组织都批准了链码。下面仍然以链码 pqt 为例：

```
1.  peer lifecycle chaincode checkcommitreadiness --channelID mychannel --name pqt --version 1.0 --sequence 1 --tls --cafile ${PWD}/organizations/ordererOrganizations/example.com/orderers/orderer.example.com/msp/tlscacerts/tlsca.example.com-cert.pem --output json
```

该命令将生成一个 JSON 映射，以显示通道成员是否批准了 checkcommitreadiness 命令中指定的参数，以下是一个示例。

```
1.  {
2.      "approvals": {
3.          "Org1MSP": true,
4.          "Org2MSP": true
5.      }
6.  }
```

然后，使用 peer lifecycle chaincode commit 命令将链码提交到通道，这个操作需要 Org1 与 Org2 都执行。

```
1.  peer lifecycle chaincode commit -o localhost:7050 --ordererTLSHostnameOverride orderer.example.com --tls --cafile $ORDERER_CA --channelID mychannel --name pqt --peerAddresses localhost:7051 --tlsRootCertFiles ${PWD}/organizations/peerOrganizations/org1.example.com/peers/peer0.org1.example.com/tls/ca.crt --peerAddresses localhost:9051 --tlsRootCertFiles ${PWD}/organizations/peerOrganizations/org2.example.com/peers/peer1.org2.example.com/tls/ca.crt --version 1 --sequence 1
```

最后，可以使用 peer lifecycle chaincode querycommitted 命令来确认链码定义是否已提交到通道。

```
1.  peer lifecycle chaincode querycommitted --channelID mychannel --name pqt --cafile ${PWD}/organizations/ordererOrganizations/example.com/orderers/orderer.example.com/msp/tlscacerts/tlsca.example.com-cert.pem
```

如果将链码已成功提交到通道，则该查询命令将返回链码定义的顺序和版本，如下所示：

```
1.  Version: 1.0, Sequence: 1, Endorsement Plugin: escc, Validation Plugin: vscc, Approvals: [Org1MSP: true, Org2MSP: true]
```

10.4　系统运行

视频讲解

1. 注册新用户

调用链码的 InitUserInfo()接口注册新用户信息，注册成功结果如图 10.11 所示。

```
fabric@ubuntu:~/go/src/github.com/hyperledger/fabric-samples/test-network$ peer chaincode invoke -o localhost:70
50 --ordererTLSHostnameOverride orderer.example.com --tls true --cafile $ORDERER_CA -C mychannel -n pqt --peerAd
dresses localhost:7051 --tlsRootCertFiles ${PWD}/organizations/peerOrganizations/org1.example.com/peers/peer0.or
g1.example.com/tls/ca.crt --peerAddresses localhost:9051 --tlsRootCertFiles ${PWD}/organizations/peerOrganizatio
ns/org2.example.com/peers/peer0.org2.example.com/tls/ca.crt -c '{"Args":["InitUserInfo","zhangsan","zhangsan","-
----BEGIN PUBLIC KEY-----\\nMHYwEAYHKoZIzj0CAQYFK4EEACIDYgAEuRa/GXaKcs/bwqu6GqGhSLn41sqvMEgw\\nFHboWeFP91uQfJq2U
q1PhTb0ImRpvcvmex5Jadr84mIv8rqiTob8i4SEfjp51QQu\\npoiTVCqIT82vpJAqAsYxBGwMlCoNqfjD\\n-----END PUBLIC KEY-----","
Transport_sector","no"]}' --waitForEvent
2023-11-13 19:26:18.176 +08 [chaincodeCmd] ClientWait -> INFO 001 txid [93052973e0c797ea827f27a27471ea74f08d88a2
45c7dbcb1698af04dbadfd38] committed with status (VALID) at localhost:7051
2023-11-13 19:26:18.207 +08 [chaincodeCmd] ClientWait -> INFO 002 txid [93052973e0c797ea827f27a27471ea74f08d88a2
45c7dbcb1698af04dbadfd38] committed with status (VALID) at localhost:9051
2023-11-13 19:26:18.207 +08 [chaincodeCmd] chaincodeInvokeOrQuery -> INFO 003 Chaincode invoke successful. resul
t: status:200
```

图 10.11　注册新用户成功的显示结果示意图

2. 查询现有用户信息

调用 GetUserInfo()接口，查询注册成功的用户信息。查询所有用户结果如图 10.12 所示，查询指定用户结果如图 10.13 所示。

3. 注销用户信息

调用 DeleteUserInfo()接口，通过改变 Is_delete 将用户信息标记为注销。注销用户结果如图 10.14 所示，调用 GetUserInfo()接口查询已注销用户结果如图 10.15 所示，Is_delete 标记为 yes。

```
fabric@ubuntu:~/go/src/github.com/hyperledger/fabric-samples/test-network$ peer chaincode query -C mychannel -n
pqt -c '{"Args":["GetUserInfo","0",""]}' | jq
[
  {
    "user_name": "admin",
    "user_pwd": "admin",
    "user_pub": "-----BEGIN PUBLIC KEY-----\nMHYwEAYHKoZIzj0CAQYFK4EEACIDYgAEbjLgsPHr1xpPY4w4xm6xjo1t9/F7Jcn5\nL
+5hzVatTh5abb9zm8ZYxiylIJI/2HHd0F32vKqrfc3aVa+sVQLEucFdH+Gj644i\nKCw5GjCKtGd9oHJ6nEioEcuCexJkJ15K\n-----END PUBL
IC KEY-----",
    "is_admin": 1,
    "department": "Header",
    "is_delete": "no"
  },
  {
    "user_name": "lisi",
    "user_pwd": "lisi",
    "user_pub": "-----BEGIN PUBLIC KEY-----\\nMHYwEAYHKoZIzj0CAQYFK4EEACIDYgAEuRa/GXaKcs/bwqu6GqGhSLn41sqvMEgw\\
nFHboWeFP91uQfJq2Uq1PhTb0ImRpvcvmex5Jadr84mIv8rqiTob8i4SEfjp51QQu\\npoiTVCqIT82vpJAqAsYxBGwMlCoNqfjD\\n-----END
PUBLIC KEY-----",
    "is_admin": 0,
    "department": "Sale_department",
    "is_delete": "yes"
  },
  {
    "user_name": "wangxu",
    "user_pwd": "wangxu",
    "user_pub": "-----BEGIN PUBLIC KEY-----\\nMHYwEAYHKoZIzj0CAQYFK4EEACIDYgAEuRa/GXaKcs/bwqu6GqGhSLn41sqvMEgw\\
nFHboWeFP91uQfJq2Uq1PhTb0ImRpvcvmex5Jadr84mIv8rqiTob8i4SEfjp51QQu\\npoiTVCqIT82vpJAqAsYxBGwMlCoNqfjD\\n-----END
PUBLIC KEY-----",
    "is_admin": 0,
    "department": "Production_department",
    "is_delete": "no"
  },
  {
    "user_name": "zhangsan",
    "user_pwd": "zhangsan",
    "user_pub": "-----BEGIN PUBLIC KEY-----\\nMHYwEAYHKoZIzj0CAQYFK4EEACIDYgAEuRa/GXaKcs/bwqu6GqGhSLn41sqvMEgw\\
nFHboWeFP91uQfJq2Uq1PhTb0ImRpvcvmex5Jadr84mIv8rqiTob8i4SEfjp51QQu\\npoiTVCqIT82vpJAqAsYxBGwMlCoNqfjD\\n-----END
PUBLIC KEY-----",
    "is_admin": 0
```

图 10.12　查询所有用户的显示结果示意图

```
fabric@ubuntu:~/go/src/github.com/hyperledger/fabric-samples/test-network$ peer chaincode query -C mychannel -n
pqt -c '{"Args":["GetUserInfo","1","zhangsan"]}' | jq
[
  {
    "user_name": "zhangsan",
    "user_pwd": "zhangsan",
    "user_pub": "-----BEGIN PUBLIC KEY-----\\nMHYwEAYHKoZIzj0CAQYFK4EEACIDYgAEuRa/GXaKcs/bwqu6GqGhSLn41sqvMEgw\\
nFHboWeFP91uQfJq2Uq1PhTb0ImRpvcvmex5Jadr84mIv8rqiTob8i4SEfjp51QQu\\npoiTVCqIT82vpJAqAsYxBGwMlCoNqfjD\\n-----END
PUBLIC KEY-----",
    "is_admin": 0,
    "department": "Transport_sector",
    "is_delete": "no"
  }
]
```

图 10.13　查询指定用户的显示结果示意图

```
fabric@ubuntu:~/go/src/github.com/hyperledger/fabric-samples/test-network$ peer chaincode invoke -o localhost:70
50 --ordererTLSHostnameOverride orderer.example.com --tls true --cafile $ORDERER_CA -C mychannel -n pqt --peerAd
dresses localhost:7051 --tlsRootCertFiles ${PWD}/organizations/peerOrganizations/org1.example.com/peers/peer0.or
g1.example.com/tls/ca.crt --peerAddresses localhost:9051 --tlsRootCertFiles ${PWD}/organizations/peerOrganizatio
ns/org2.example.com/peers/peer0.org2.example.com/tls/ca.crt -c '{"Args":["DeleteUserInfo","lisi"]}' --waitForEve
nt
2023-11-13 19:56:11.802 +08 [chaincodeCmd] ClientWait -> INFO 001 txid [71d3d4eed9118003a8fc21ee3ce4158805b16dd8
11abfcad4f5f751d63190c93] committed with status (VALID) at localhost:9051
2023-11-13 19:56:11.815 +08 [chaincodeCmd] ClientWait -> INFO 002 txid [71d3d4eed9118003a8fc21ee3ce4158805b16dd8
11abfcad4f5f751d63190c93] committed with status (VALID) at localhost:7051
2023-11-13 19:56:11.815 +08 [chaincodeCmd] chaincodeInvokeOrQuery -> INFO 003 Chaincode invoke successful. resul
t: status:200
```

图 10.14　注销用户的显示结果示意图

4. 生产信息查询

调用 GetProductionInfo()接口可以进行生产信息的查询，并可以指定查询方式。如果 queryType==0，查询所有生产信息，结果如图 10.16 所示；如果 queryType==1，按照批次查询生产信息结果如图 10.17 所示；如果 queryType==2，则按照产品编号查询生产信

```
fabric@ubuntu:~/go/src/github.com/hyperledger/fabric-samples/test-network$ peer chaincode query -C mychannel -n
pqt -c '{"Args":["GetUserInfo","1","lisi"]}' | jq
[
  {
    "user_name": "lisi",
    "user_pwd": "lisi",
    "user_pub": "-----BEGIN PUBLIC KEY-----\\nMHYwEAYHKoZIzj0CAQYFK4EEACIDYgAEuRa/GXaKcs/bwqu6GqGhSLn41sqvMEgw\\
nFHboWeFP91uQfJq2Uq1PhTb0ImRpvcvmex5Jadr84mIv8rqiTob8i4SEfjp51QQu\\npoiTVCqIT82vpJAqAsYxBGwMlCoNqfjD\\n-----END
PUBLIC KEY-----",
    "is_admin": 0,
    "department": "Sale_department",
    "is_delete": "yes"
  }
]
```

图 10.15　查询已注销用户的显示结果示意图

息，结果如图 10.18 所示。

```
fabric@ubuntu:~/go/src/github.com/hyperledger/fabric-samples/test-network$ peer chaincode query -C mychannel -n
pqt -c '{"Args":["GetProductionInfo","0","",""]}'|jq
[
  {
    "p_id": "20220501-001-001",
    "p_name": "主板",
    "p_batchid": "001",
    "p_type": "焊接主板",
    "p_time": "20220501",
    "p_describe": "对主板电路进行焊接",
    "User_name": "zhangsan",
    "upload_username": "wangxu"
  },
  {
    "p_id": "20220501-001-003",
    "p_name": "触摸屏",
    "p_batchid": "001",
    "p_type": "1",
    "p_time": "20220501",
    "p_describe": "对触摸屏进行组装",
    "User_name": "zhangsan",
    "upload_username": "wangxu"
  },
  {
    "p_id": "20220501-001-002",
    "p_name": "摄像头",
    "p_batchid": "002",
    "p_type": "组装摄像头",
    "p_time": "20220501",
    "p_describe": "对摄像头进行组装",
    "User_name": "zhangsan",
    "upload_username": "wangxu"
  }
]
```

图 10.16　查询所有生产信息的显示结果示意图

```
fabric@ubuntu:~/go/src/github.com/hyperledger/fabric-samples/test-network$ peer chaincode query -C mychannel -n
pqt -c '{"Args":["GetProductionInfo","1","001",""]}'|jq
[
  {
    "p_id": "20220501-001-001",
    "p_name": "主板",
    "p_batchid": "001",
    "p_type": "焊接主板",
    "p_time": "20220501",
    "p_describe": "对主板电路进行焊接",
    "User_name": "zhangsan",
    "upload_username": "wangxu"
  },
  {
    "p_id": "20220501-001-003",
    "p_name": "触摸屏",
    "p_batchid": "001",
    "p_type": "1",
    "p_time": "20220501",
    "p_describe": "对触摸屏进行组装",
    "User_name": "zhangsan",
    "upload_username": "wangxu"
  }
]
```

图 10.17　按批次查询生产信息的显示结果示意图

```
fabric@ubuntu:~/go/src/github.com/hyperledger/fabric-samples/test-network$ peer chaincode query -C mychannel -n
pqt -c '{"Args":["GetProductionInfo","2","","20220501-001-002"]}'|jq
[
  {
    "p_id": "20220501-001-002",
    "p_name": "摄像头",
    "p_batchid": "002",
    "p_type": "组装摄像头",
    "p_time": "20220501",
    "p_describe": "对摄像头进行组装",
    "User_name": "zhangsan",
    "upload_username": "wangxu"
  }
]
```

图 10.18 按产品编号查询生产信息的显示结果示意图

10.5 本章小结

本章深入探讨了基于区块链的产品质量追溯系统的设计和实现，从系统的需求分析开始，详细介绍了基于 Hyperledger Fabric 2.2 的区块链网络的规划和设计。通过对角色功能和业务场景的深入分析，我们展示了如何构建一个适应实际业务需求的区块链系统。随后，本章详细介绍了智能合约的实现与部署过程，包括合约打包、链码安装、链码定义与提交，以及如何将链码成功提交到通道。最后，在系统运行部分，展示了应用系统的运行结果。

习题 10

编程实践

请使用 Go 编程语言，实现如下编程任务，要求编写的代码清晰，并对各个功能进行注释，确保智能合约能够处理异常情况。

1. 基于 Hyperledger Fabric 2.2，设计并实现一个用户信息管理的智能合约。该合约应该能够注册新用户、查询用户信息、更新用户信息以及删除用户信息。要求如下：

(1) 函数实现。

① InitUser：接受用户 ID、姓名、部门等信息，注册新用户。若用户已存在，则返回错误。

② QueryUser：根据用户 ID 查询用户信息，返回用户的所有详细信息。

③ UpdateUser：更新用户的信息，如姓名或部门。

④ DeleteUser：根据用户 ID 删除用户，实际上是将用户标记为不活跃。

(2) 错误处理：每个函数都应适当处理错误，并返回清晰的错误信息。

(3) 数据结构：定义合适的数据结构来存储用户信息。

(4) 链码部署：实现链码，确保其可以被打包并在 Hyperledger Fabric 网络上的 Peer 节点上安装和实例化。

2. 在 Hyperledger Fabric 2.2 环境下，设计并实现一个智能合约来管理产品的生命周期信息，包括生产、加工、运输和销售等阶段的数据。要求如下：

(1) 函数实现。

① AddProductInfo：添加新的产品信息，包括产品 ID、生产日期、批次号等。

② GetProductInfo：根据产品 ID 查询产品的所有历史记录。

③ UpdateProductInfo：更新产品信息，如运输状态或销售信息。

④ DeleteProductInfo：删除产品信息，通常用于错误数据的校正。

（2）数据存储：使用 Fabric 的状态数据库来持久化存储产品信息。

（3）权限管理：确保只有授权用户（如生产者、运输者等）才能添加或修改产品信息。

（4）链码测试：编写测试用例以验证链码的功能正确性。

参考文献

[1] 袁勇,王飞跃. 区块链理论与方法[M]. 北京：清华大学出版社,2019.

[2] 华为区块链技术开发团队. 区块链技术及应用[M]. 2 版. 北京：清华大学出版社,2021.

[3] 熊丽兵,董一凡,周小雪. 区块链应用开发指南：业务场景剖析与实战[M]. 北京：清华大学出版社,2021.

[4] 郑子彬,陈伟利,郑沛霖. 区块链原理与技术[M]. 北京：清华大学出版社,2021.

[5] 宋航. 万物互联：物联网核心技术与安全[M]. 北京：清华大学出版社,2019.

[6] 丹尼尔·周. 物联网：无线通信、物理层、网络层与底层驱动[M]. 李晶,孙茜,译. 北京：清华大学出版社,2021.

[7] 弗洛肖斯·齐阿齐斯,斯塔马蒂斯·卡尔诺斯科斯,杨·霍勒,等. 物联网：架构、技术及应用(原书第2 版)[M]. 王慧娟,邢艺兰,译. 北京：机械工业出版社,2021.

[8] 中国(无锡)物联网研究院,华为技术有限公司. 物联网创新技术与产业应用蓝皮书：物联网感知技术及系统应用[R/OL]. 2022-08.

[9] 中国通信标准化协会."区块链+物联网"应用与发展白皮书(2019)[R/OL]. 2019-11.

[10] Uddin M A,Stranieri A,Gondal I,et al. A survey on the adoption of blockchain in IoT：Challenges and solutions[J]. Blockchain：Research and Applications,2021,2(2)：100006.

[11] Hyperledger Fabric[EB/OL]. (2020-07-09)[2023-05-10]. https://www. hyperledger. org/projects / fabric.

[12] Hyperledger Caliper[EB/OL]. (2023-3-22)[2023-05-10]. https://github. com/hyperledger/ caliper.